网络设备配置与管理

——基于 Cisco Packet Tracer 7.0

覃达贵　主　编

谌志辉　黎文科　王国平　副主编

電子工業出版社

Publishing House of Electronics Industry

北京·BEIJING

内 容 简 介

本书是面向“网络设备配置与管理”课程的案例驱动式教材。通过43个典型案例，深入浅出地讲解了网络设备的常规配置及其应用配置。

全书共分5章。第1章介绍简单局域网组建；第2章介绍交换机配置；第3章介绍路由器配置；第4章介绍防火墙配置；第5章介绍物联网配置。

本书所有案例均以Cisco Packet Tracer 7.0软件为实验平台，只需一台计算机就能让读者学习网络互联技术原理和网络设备配置方法，实现了学习的低成本和高效率。本书中的所有案例均配有操作视频、实验源文件和测评文件等立体化教学资源，全过程、全方位辅助读者，帮助读者轻松学习和掌握知识点。

本书可作为职业院校计算机网络专业学生学习网络设备配置的教材，也可作为CCNA认证考试、技能大赛学生训练或教师辅导的参考用书，还可作为从事计算机网络工作的技术人员的参考用书。

图书在版编目（CIP）数据

网络设备配置与管理：基于Cisco Packet Tracer 7.0 / 覃达贵主编. —北京：电子工业出版社，2019.9

ISBN 978-7-121-37153-0

Ⅰ. ①网… Ⅱ. ①覃… Ⅲ. ①网络设备—配置—职业教育—教材②网络设备—设备管理—职业教育—教材

Ⅳ. ①TN915.05

中国版本图书馆CIP数据核字（2019）第160887号

责任编辑：杨　波
印　　刷：三河市良远印务有限公司
装　　订：三河市良远印务有限公司
出版发行：电子工业出版社
　　　　　北京市海淀区万寿路173信箱　邮编　100036
开　　本：787×1 092　1/16　印张：14.25　字数：364.8千字
版　　次：2019年9月第1版
印　　次：2023年8月第3次印刷
定　　价：39.80元

凡所购买电子工业出版社图书有缺损问题，请向购买书店调换。若书店售缺，请与本社发行部联系，联系及邮购电话：（010）88254888，88258888。

质量投诉请发邮件至zlts@phei.com.cn，盗版侵权举报请发邮件至dbqq@phei.com.cn。

本书咨询联系方式：（010）88254247，liyingjie@phei.com.cn。

前言 | PREFACE

“网络设备配置与管理”课程是职业院校计算机网络专业中的核心课程，也是职业院校计算机网络专业的必开课程。由于网络设备比较昂贵，很多院校不能为学生提供“人手一台”设备的实训环境，造成学生学习知识不够全面和深入，而 Cisco Packet Tracer 软件能够很好地解决因没有硬件无法实训的问题。

Cisco Packet Tracer 软件是思科公司针对思科网络技术学院的 CCNA 认证考试开发的一个辅助学习工具，是一款功能强大的网络仿真程序。它为学习思科网络课程的网络初学者提供了网络模拟环境，允许用户设计各类模拟实验，提供仿真、可视化、编辑、评估等功能，有利于教师实际教学和读者对复杂技术概念的学习。

本书案例均以 Cisco Packet Tracer 7.0 软件为实验平台，只需一台计算机就能让读者学习网络互联技术原理和网络设备配置方法，实现了学习的低成本和高效率。本书中的所有案例均配有操作视频、实验源文件和测评文件等立体化教学资源，全过程、全方位辅助读者，帮助读者轻松学习和掌握知识点。

本书共分为 5 章，有 43 个案例，涉及交换机、路由器、防火墙等网络设备的常规配置及其应用配置，建议教师开设 80 个课时进行授课。

1. 本书特点

（1）本书利用 Cisco Packet Tracer 7.0 软件版本新增加的功能，讲解了 ASA 防火墙、IoE 物联网等知识点，使读者更全面地掌握网络设备配置技能。

（2）本书为所有案例精心设计制作了 PKA 实验测评文件，与 CCNA 认证考试接轨。读者学完后，可利用测评文件对自身学习知识点的掌握程度进行评估，然后根据学习情况调整学习进度。由于网络设备配置命令较多，检查配置结果和故障排查是“网络设备配置与管理”课程的一大难题，本书所提供的测评文件能够轻松解决这一教学评价难题。

（3）本书赠送立体化教学资源。除了提供教学 PPT 和实验源文件等教学资源，还提供了操作视频和测评文件，让读者学习更加直观和有效。

2. 本书定位

（1）职业院校计算机网络专业学生学习网络设备配置的教材；
（2）CCNA 认证考试的参考用书；
（3）技能大赛学生训练或教师辅导的参考用书；
（4）从事计算机网络工作技术人员的参考用书。

3. 使用说明

（1）本书所有案例均需在 Cisco Packet Tracer 7.0 软件中进行调试，请读者安装此软件版本进行实操学习，可登录华信教育资源网下载本书的配套资源。

（2）本书所有案例均配有操作视频，建议读者扫描书中的二维码进行学习，帮助读者轻松掌握知识。

（3）本书所有案例均配有测评文件，读者学习完成后可利用测评文件评估对知识点掌握程度。

（4）在本书背景色为灰色的代码块中，“//”符号后的内容为编者添加的注释。

本书由覃达贵担任主编，谌志辉、黎文科和王国平担任副主编。第 1 章由黎文科编写，第 2 章由谌志辉编写，第 3 章由王国平和覃达贵编写，第 4 章和第 5 章由覃达贵编写。感谢电子工业出版社编辑们的悉心指导，感谢各编写人员的辛勤付出。

尽管编者尽了最大的努力编写本书，但编者水平有限，加之编写时间仓促，书中在所难免存在疏漏之处，敬请广大读者批评指正。

编　者

CONTENTS | 目录

第1章

简单局域网组建

1.1 认识 Cisco Packet Tracer 软件

预备知识

Cisco Packet Tracer 软件是思科公司针对思科网络技术学院的 CCNA 认证考试开发的一个辅助学习工具，是一款功能强大的网络仿真软件。

1. 学习目标

（1）了解 Cisco Packet Tracer 软件的功能。

（2）掌握 Cisco Packet Tracer 软件的安装及汉化方法。

（3）熟悉 Cisco Packet Tracer 软件的界面。

2. 应用情境

Cisco Packet Tracer 软件为学习思科网络课程的初学者设计、配置和排除网络故障提供了网络模拟环境，解决了因没有硬件设备而无法实训的问题。

3. 实训要求

（1）文件要求：Cisco Packet Tracer 软件安装包及汉化文件。

（2）配置要求：正确安装并汉化 Cisco Packet Tracer 软件。

4. 实训效果

打开 Cisco Packet Tracer 软件汉化后的界面。

5. 实训思路

（1）安装 Cisco Packet Tracer 7.0 软件版本。

（2）汉化 Cisco Packet Tracer 软件。

6. 详细步骤

（1）安装软件。

认识 Cisco Packet Tracer 软件

① 双击 Cisco Packet Tracer 安装包文件，打开软件安装运行窗口，单击

“Next”按钮，如图 1-1 所示。

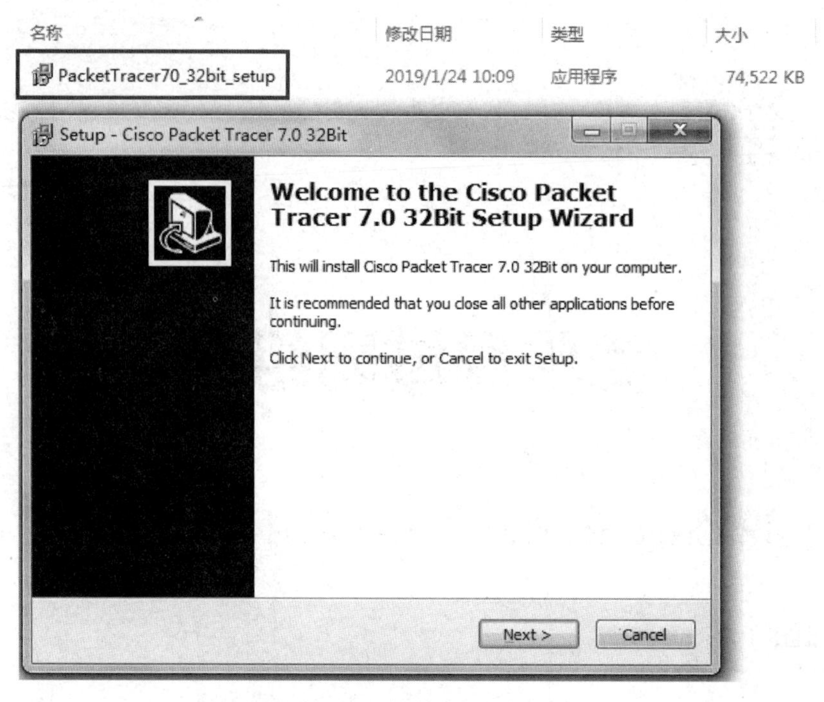

图 1-1　打开软件安装运行窗口

② 选中“I accept the agreement”单选按钮，单击“Next”按钮，如图 1-2 所示。

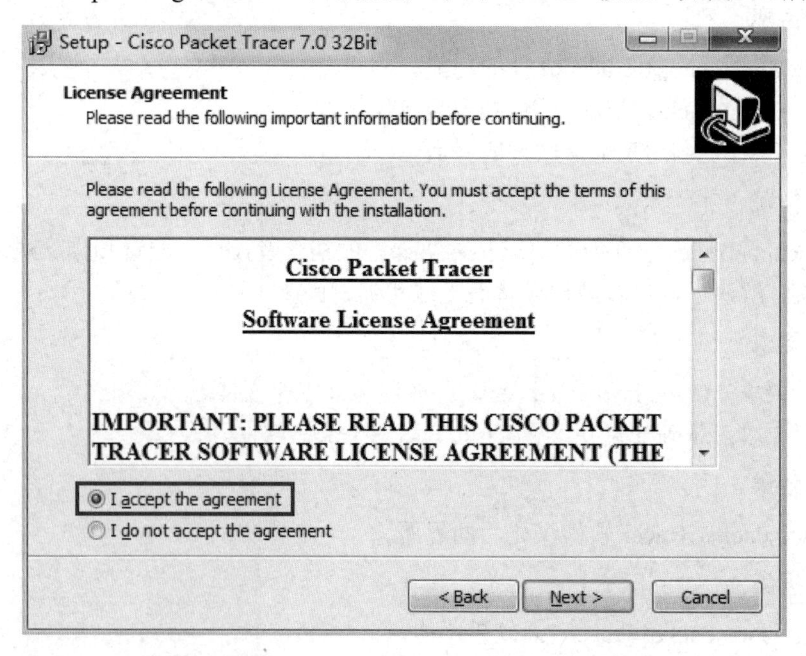

图 1-2　选中“I accept the agreement”单选按钮

③ 选择安装路径后，其他全部选择默认选项即可，依次单击“Next”按钮，如图 1-3～图 1-5 所示。

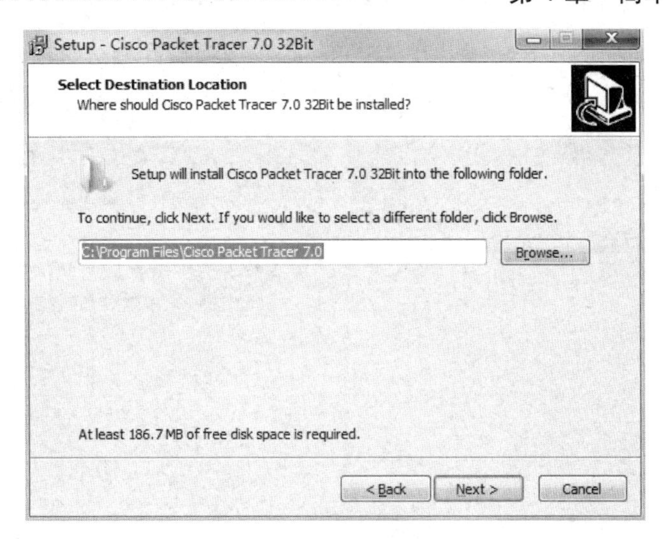

图 1-3　选择安装路径

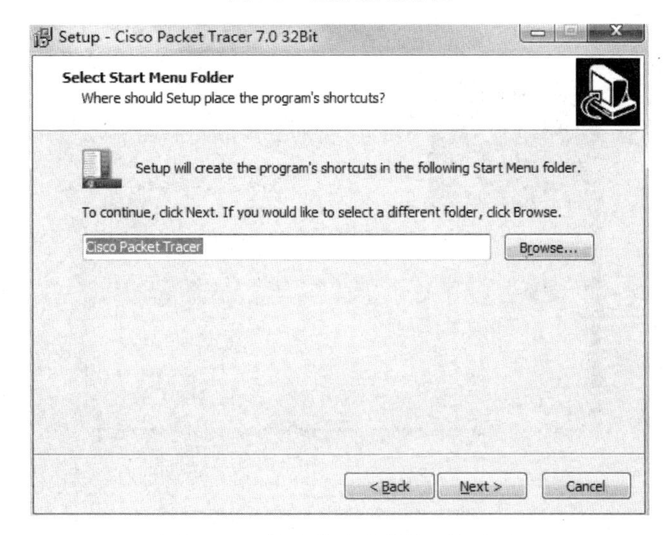

图 1-4　开始菜单中的快捷图标名称

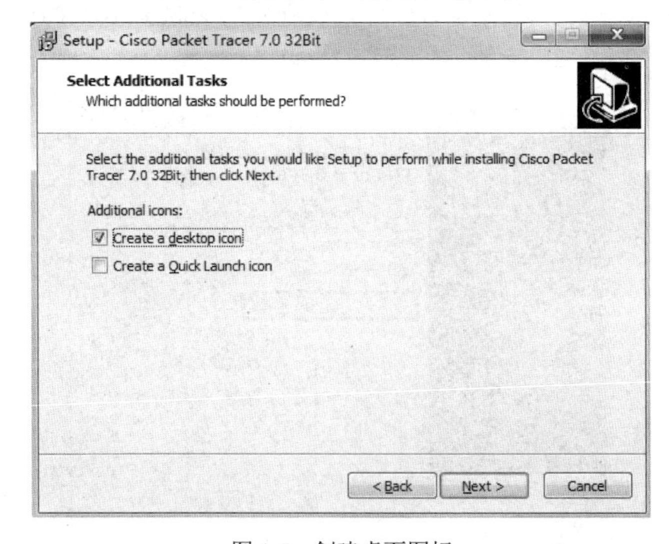

图 1-5　创建桌面图标

④ 准备安装界面如图 1-6 所示，单击“Install”按钮后开始进行安装，正在安装界面如图 1-7 所示，安装完成提示界面如图 1-8 所示。

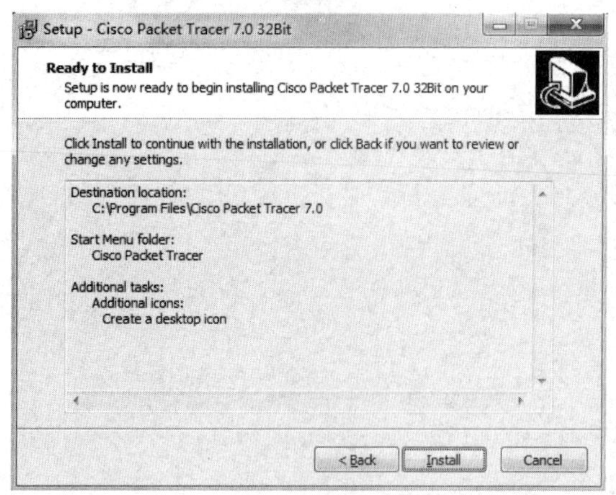

图 1-6　准备安装界面

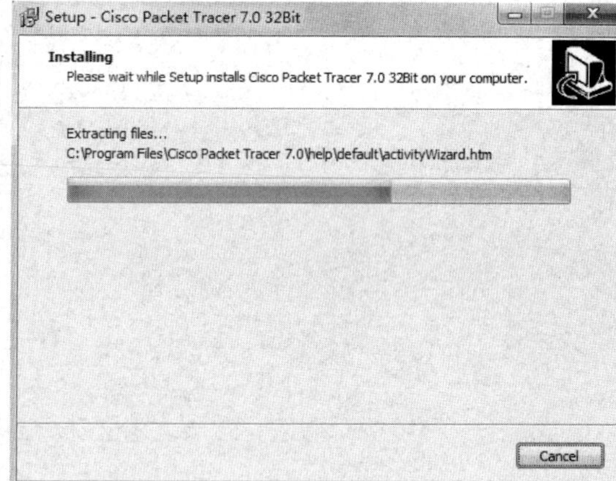

图 1-7　正在安装界面

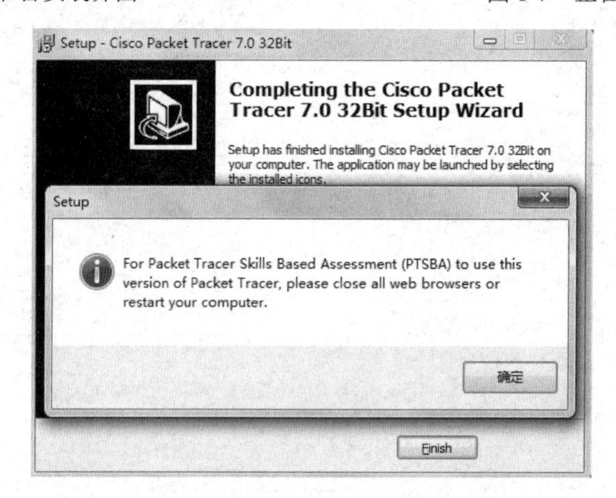

图 1-8　安装完成提示界面

⑤ 因为需要汉化，所以暂时不运行软件。取消对“Launch Cisco Packet Tracer”复选框的勾选，单击“Finish”按钮完成安装，如图 1-9 所示。

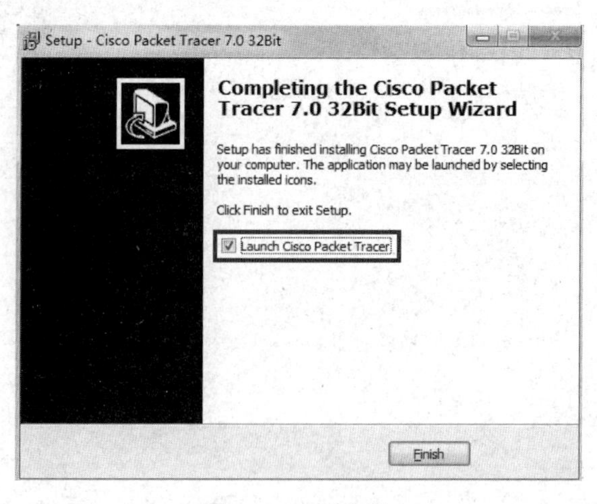

图 1-9　完成安装

（2）汉化。

① 解压“PacketTracer”压缩包，复制“Simplified Chinese.ptl”汉化文件，如图 1-10 所示。

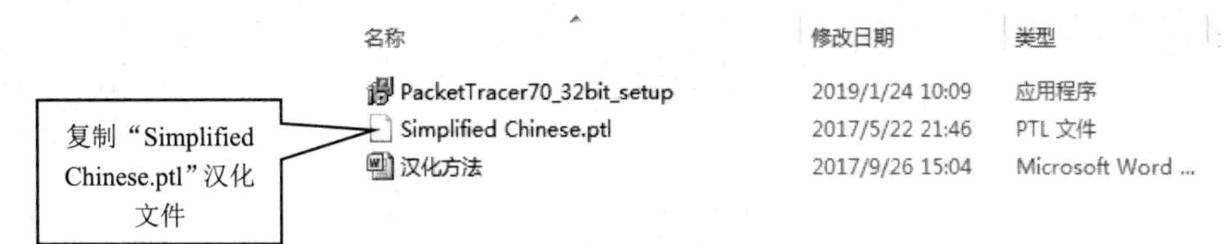

图 1-10　解压“PacketTracer”压缩包

② 右击桌面上的“Cisco Packet Tracer”图标，选择“打开文件所在的位置”选项，打开软件安装的 bin 目录，如图 1-11 所示。

图 1-11　打开软件安装的 bin 目录

③ 单击“Cisco Packet Trace 7.0”返回安装根目录，如图 1-12 所示。

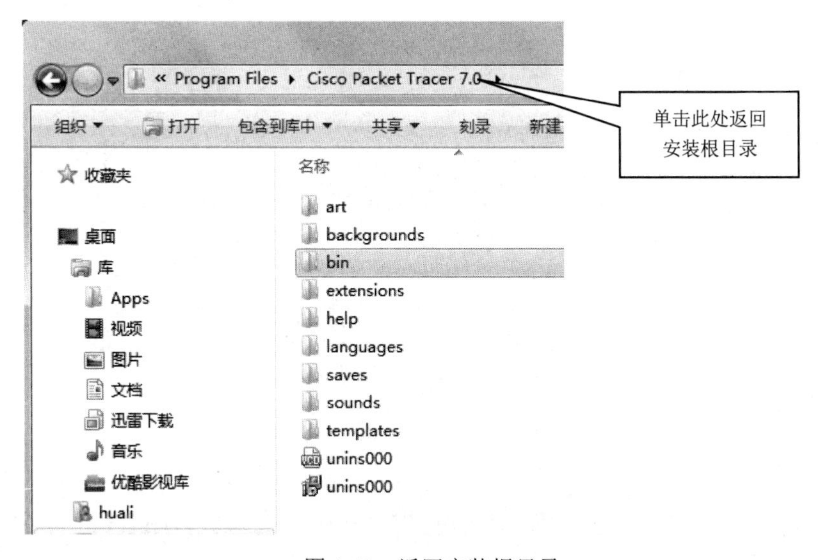

图 1-12　返回安装根目录

④ 双击“languages”文件夹，并将汉化文件粘贴到该文件夹中，如图 1-13 所示。

图 1-13　粘贴汉化文件

小贴士：

“languages”文件夹默认在系统盘下的“Program Files”→“Cisco Packet Tracer 7.0”文件夹中，若系统盘为 C 盘，则其路径为“C:\Program Files\Cisco Packet Tracer 7.0”。

⑤ 打开 Cisco Packet Trace 软件后，单击菜单栏“Options”选项下的“Preferences”选项，如图 1-14 所示。

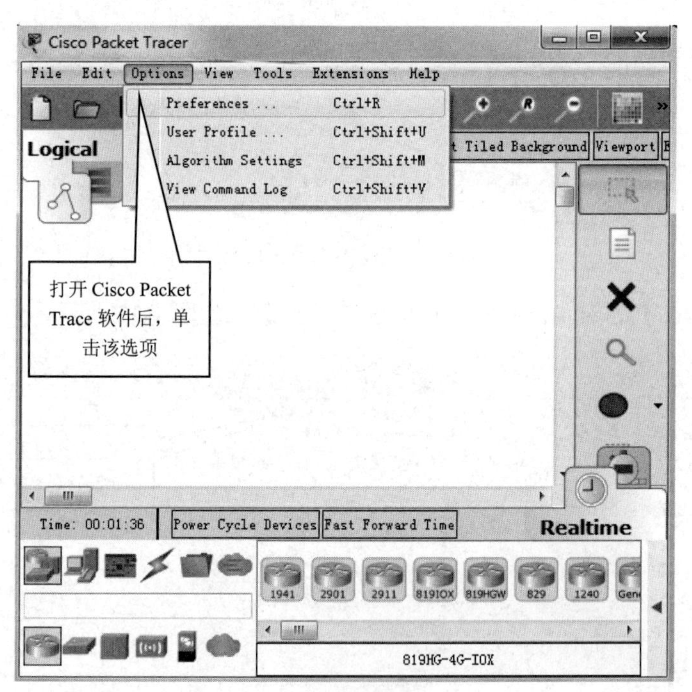

图 1-14　单击“Preferences”选项

⑥ 在打开的“Preferences”对话框中，选中汉化文件，单击“Change Language”按钮，如图 1-15 所示。

⑦ 退出并再次打开该软件后，发现软件已汉化。Cisco Packet Tracer 软件汉化后的界面如图 1-16 所示。

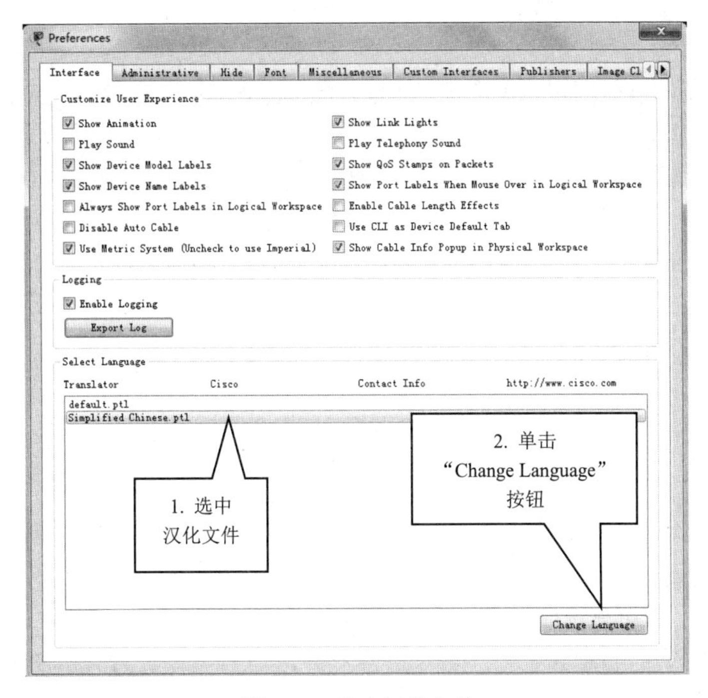

图 1-15　选中汉化文件

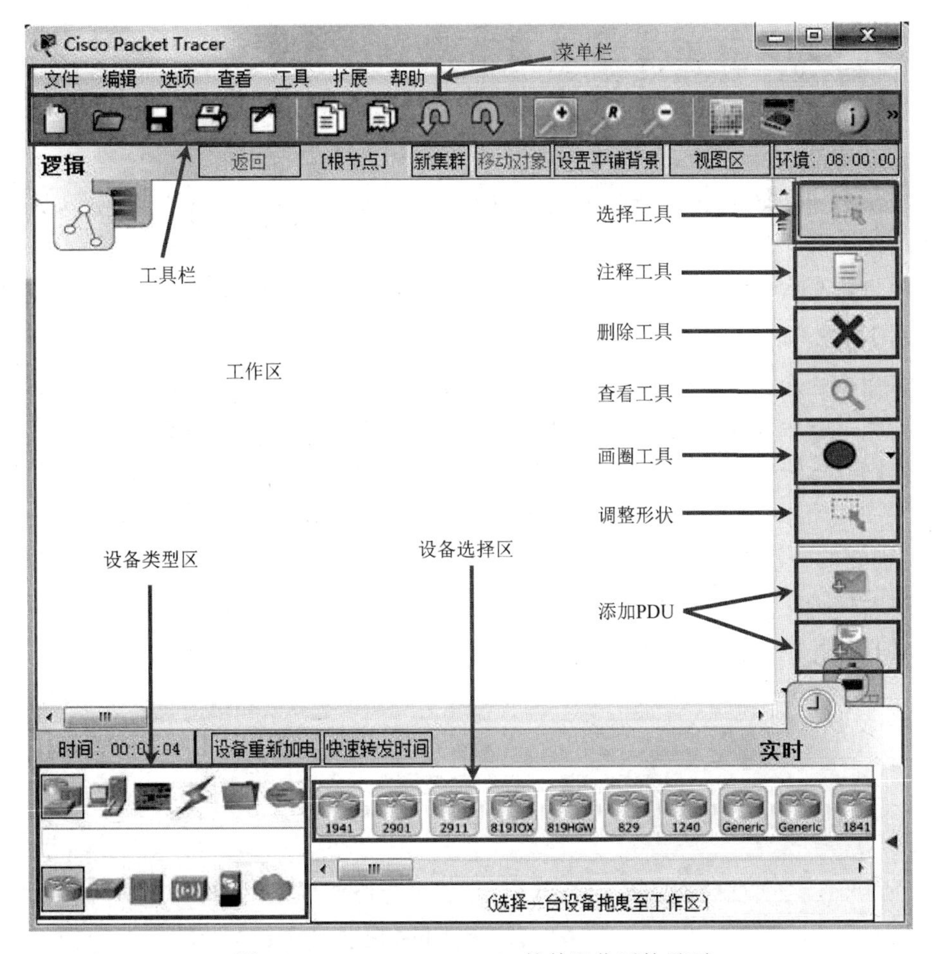

图 1-16　Cisco Packet Tracer 软件汉化后的界面

7. 相关知识

（1）网络设备模拟软件除了本书所用的 Cisco Packet Tracer 软件，还有 Dynamips、RouterSim、Boson Netsim、GNS 等软件。

（2）关于注册思科网络技术学院账号的问题。从 Cisco Packet Tracer 7.0 软件版本开始，打开软件时会出现思科网络技术学院的登录界面，用户可以选择用户名登录或游客登录。需要注意的是，虽然游客登录也能使用 Cisco Packet Tracer 软件，但有只能保存 10 次文件的限制。

1.2 双机互联

预备知识

组建计算机网络的目的是共享资源，2 台计算机互联可以组成最小的网络。如果 2 台计算机要组建网络，需要 1 条交叉线和 2 台配有网卡的计算机。首先使用交叉线连接 2 台计算机网卡的 RJ-45 接口，即可完成物理连接，然后为 2 台计算机配置相同网段的 IP 地址和子网掩码，即可通过网上邻居、IP 地址等方式来访问对方，最后测试 2 台计算机是否连通，可以通过“Ping 目标 IP 地址”命令所获得的反馈信息来判断。

1. 学习目标

（1）了解 T568A、T568B 网线的线序排列。

（2）了解交叉线、直通线的制作方法。

（3）了解交叉线、直通线的应用情境。

（4）掌握在 Cisco Packet Tracer 软件中设备、线缆的选择和添加方法，以及线缆连接设备的方法。

（5）掌握在 Cisco Packet Tracer 软件中的计算机 IP 地址配置方法和命令提示符的使用方法。

2. 应用情境

小张家里有 2 台计算机，这 2 台计算机的资料经常需要共享，目前的解决方法是使用移动存储器将资料从一台计算机复制到另一台计算机。由于现在的计算机都配置了网卡，小张只需要通过 1 条网线连接 2 台计算机并进行简单配置，即可实现 2 台计算机的互联，达到资源共享的目的。

3. 实训要求

（1）设备要求：2 台计算机和 1 条交叉线。

（2）实训拓扑图如图 1-17 所示。

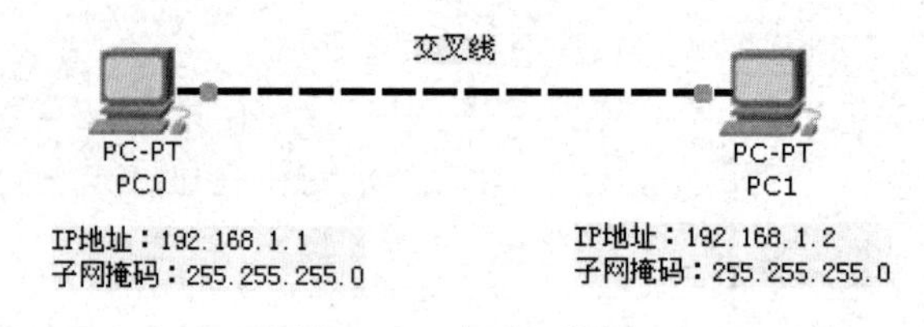

图 1-17　实训拓扑图

（3）配置要求。

① 计算机的 IP 地址和子网掩码配置见表 1-1。

表 1-1　计算机的 IP 地址和子网掩码配置

设备名称	IP 地址	子网掩码
PC0	192.168.1.1	255.255.255.0
PC1	192.168.1.2	255.255.255.0

② 使用交叉线连接 2 台计算机。

4．实训效果

2 台计算机能够连通。

5．实训思路

（1）添加计算机并使用交叉线连接。

（2）配置计算机的 IP 地址和子网掩码。

（3）使用 Ping 命令测试网络连通性。

双机互联

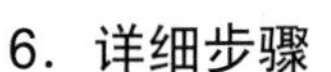

6．详细步骤

（1）打开 Cisco Packet Tracer 软件后，在设备类型区中单击“终端设备”图标，在右侧的设备选择区中单击“PC-PT”图标并拖曳到工作区，如图 1-18 所示。

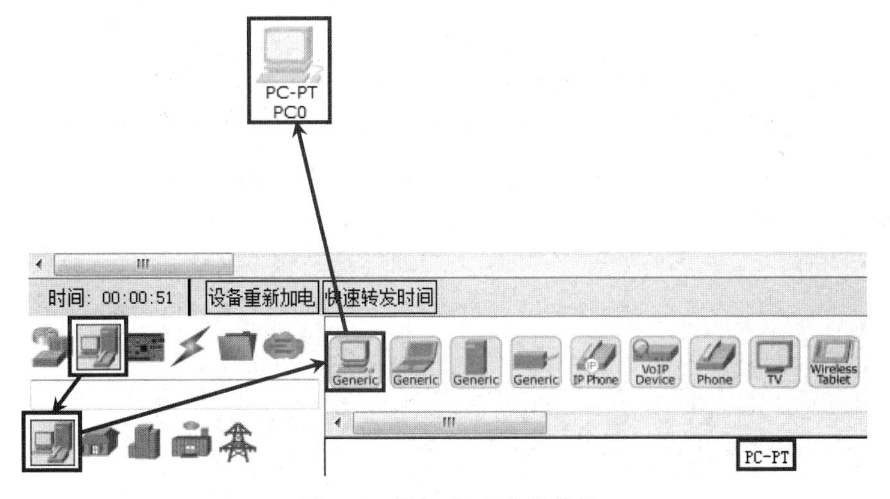

图 1-18　添加“PC0”计算机

（2）用上述同样的方法添加另一台计算机，然后在设备类型区中单击“线缆”图标，在右侧的设备选择区中单击“交叉线”图标，如图 1-19 所示。

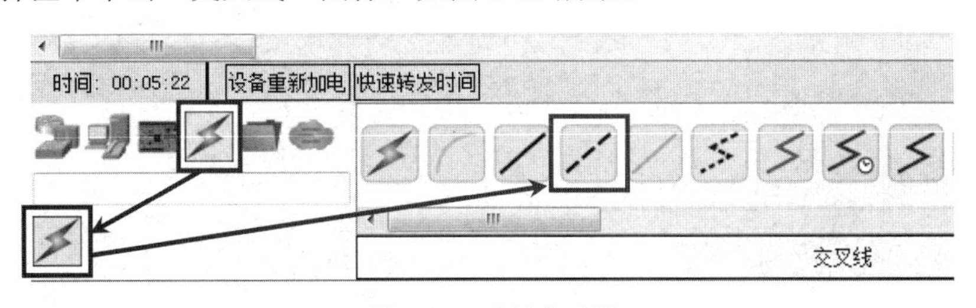

图 1-19　选择交叉线

小贴士：

- 双绞线制作标准主要有 T568A、T568B 两种线序，双绞线制作标准具体见表 1-2。

表 1-2　双绞线制作标准

标准	1	2	3	4	5	6	7	8
T568A	白绿	绿	白橙	蓝	白蓝	橙	白棕	棕
T568B	白橙	橙	白绿	蓝	白蓝	绿	白棕	棕

- 按双绞线线序的不同，可将其分为直通线和交叉线。

交叉线：T568A←→T568B，通常用于同类型设备之间的连接，如计算机和计算机。

直通线：T568B←→T568B，通常用于不同类型设备之间的连接，如计算机和交换机。

（3）单击“交叉线”图标后，在工作区分别单击“PC0”“PC1”计算机，使用交叉线连接 2 台计算机的“FastEthernet0”网卡接口，如图 1-20 所示。

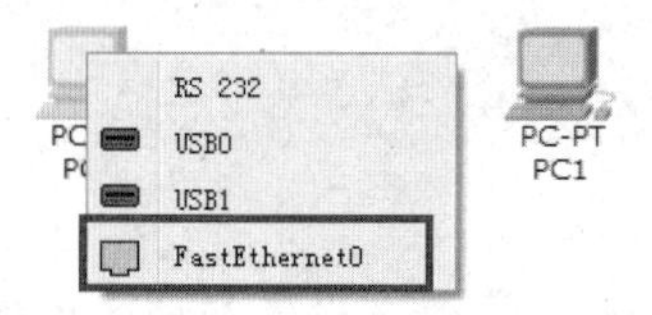

图 1-20　选择网卡接口

小贴士：

“FastEthernet”代表快速以太网，通常是指传输速度可以达到 100Mbps 的网络。网卡又称网络适配器，主要作用是使计算机与网络连接并通信，负责数据包的发送和接收。

（4）连接好 2 台计算机后，单击“PC0”计算机，在打开的“PC0”窗口中选择“桌面”选项卡，然后单击“IP 配置”图标，配置“PC0”计算机的 IP 地址信息，如图 1-21 和图 1-22 所示。

图 1-21　“PC0”窗口

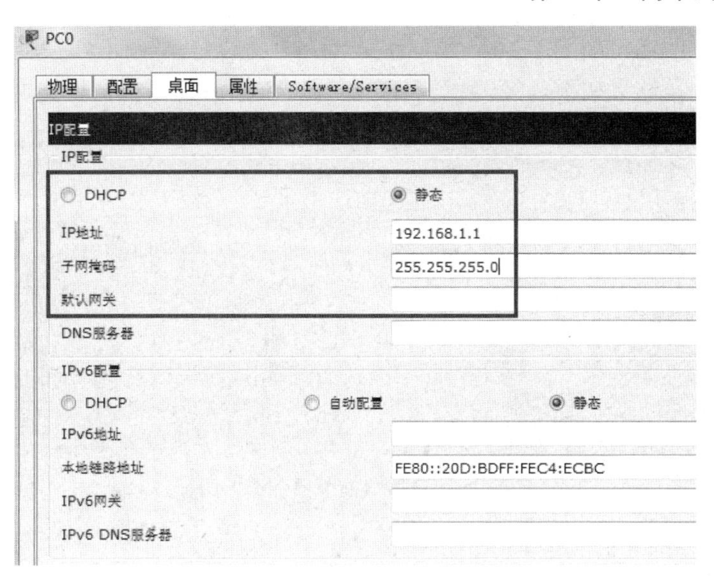

图 1-22 配置“PC0”计算机的 IP 地址

（5）用同样的方法配置“PC1”计算机的 IP 地址信息，如图 1-23 所示。

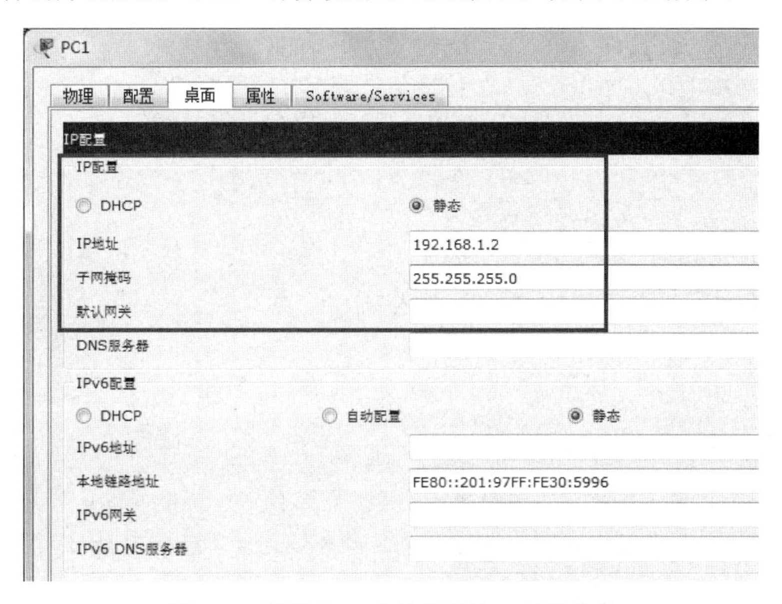

图 1-23 配置“PC1”计算机的 IP 地址信息

小贴士：

- IP 地址主要分成 A、B、C、D、E 五类地址。A 类地址主要用于大型网络，地址范围为 1.0.0.0～126.255.255.255，默认子网掩码为 255.0.0.0；B 类地址主要用于中型网络，地址范围为 128.0.0.0～191.255.255.255，默认子网掩码为 255.255.0.0；C 类地址主要用于小型网络，地址范围为 192.0.0.0～223.255.255.255，默认子网掩码为 255.255.255.0；D、E 类地址有特殊用途，不能用于主机设置。
- 子网掩码的作用是将 IP 地址划分成网络号和主机号两部分。

（6）测试效果。单击“PC0”计算机，在打开的“PC0”窗口中选择“桌面”选项卡，单击“命令提示符”图标，如图 1-24 所示，进入“命令提示符”界面。使用 Ping 命令进行网络连通性测试，命令及结果如下。经测试，“PC0”和“PC1”计算机可以连通。

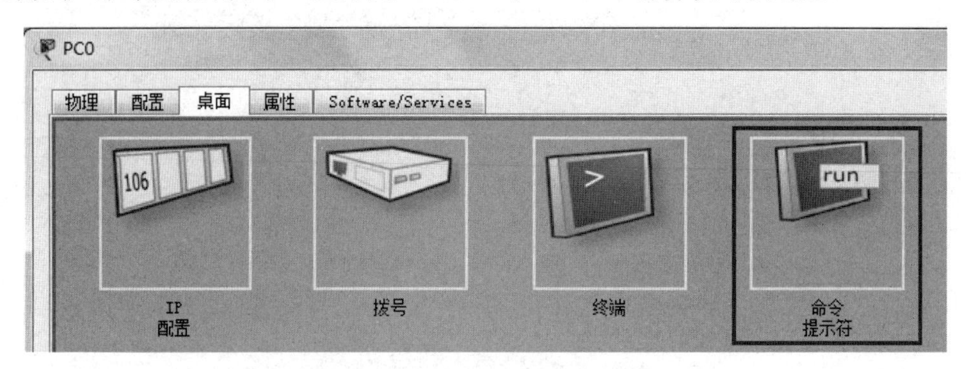

图 1-24　单击“命令提示符”图标

```
Packet Tracer PC Command Line 1.0
C:\>Ping 192.168.1.2

Ping 192.168.1.2 with 32 bytes of data:

Reply from 192.168.1.2: bytes=32 time<1ms TTL=128
Reply from 192.168.1.2: bytes=32 time=2ms TTL=128
Reply from 192.168.1.2: bytes=32 time<1ms TTL=128
Reply from 192.168.1.2: bytes=32 time=2ms TTL=128

Ping statistics for 192.168.1.2:
   Packets: Sent = 4, Received = 3, Lost = 1 (25% loss),
Approximate round trip times in milli-seconds:
   Minimum = 0ms, Maximum = 2ms, Average = 1ms

C:\>
```

小贴士：

Ping 命令是一个用于测试网络连通性的命令。它不仅可以检查网络是否能够连通，还可以帮助用户快速分析和判定网络故障。Ping 命令的命令格式为“Ping IP 地址”。

7. 相关知识

（1）双绞线。

双绞线是综合布线工程中最常用的一种传输介质，由 2 根具有绝缘保护层的铜导线组成。它把 2 根绝缘的铜导线按照一定密度互相扭绞在一起，每根导线在传输中辐射的电磁波会被另一根导线发出的电磁波抵消，从而有效减少信号的干扰。

双绞线常见的有 3 类线、5 类线、超 5 类线和 6 类线。3 类线最高传输速率为 10Mbps，主要用于语音传输。5 类线最常用于以太网电缆，最高传输频率为 100MHz，主要用于语音传输和最高传输速率为 100Mbps 的数据传输。超 5 类线主要用于千兆位以太网（1000Mbps），其不但具有衰减小，串扰少的特点，而且具有更高的衰减与串扰的比值（ACR）和信噪比（Structural Return Loss）。6 类线电缆的传输频率为 1MHz～250MHz，传输性能远远高于超 5 类标准，主要用于传输速率高于 1Gbps 的应用。

双绞线可分为非屏蔽双绞线（Unshielded Twisted Pair，UTP）和屏蔽双绞线（Shielded Twisted Pair，STP）。屏蔽双绞线电缆的外层由铝铂包裹，可提高双绞线抗电磁干扰的能力，但并不能完全消除电磁干扰，屏蔽双绞线价格相对较高，安装时要比非屏蔽双绞线电缆复杂。

双绞线的主要品牌有 TP-LINK、海康威视、TCL、唯康、普天、清华同方等。

（2）网卡。

网卡又称为通信适配器，或网络适配器（Network Adapter），或网络接口卡 NIC（Network Interface Card），可使计算机与外界局域网连接起来，主要作用是完成网络数据的发送与接收（数据的封装与解封）。

网卡分类有多种方式。按照通信方式可分为有线和无线；按照带宽可分为 10Mbps 网卡、100Mbps 网卡、10Mbps/100Mbps 自适应网卡和 1000Mbps 网卡；按接口可分为 PCI 接口、USB 接口、PCMICA 接口。

网卡的指示灯通常有两个：绿灯是电源灯，电源灯亮说明网卡已经通电；黄灯是信号灯，网卡正常工作时信号灯会不停地闪烁。

（3）IP 地址。

在国际互联网上有成千上万台主机（Host），为了区分这些主机，人们给每台主机都分配了一个专门的“地址”作为标识，称为 IP 地址。IP 地址由 32 位二进制数组成，为了方便人们的使用，IP 地址经常被写成点分十进制的形式。中间使用符号“.”分隔为 4 段，每段 8 位，用十进制数字表示，如“192.168.1.1”。

为了给不同规模的网络提供必要的灵活性，IP 地址的设计者将 IP 地址空间针对大小规模不同的网络划分为几个不同的地址类别，每一类地址都由两个固定的字段组成。其中，第一字段是网络号，标志主机所连接的网络；第 2 个字段是主机号，标志该主机。

A 类地址：网络号为 1 字节，定义最高 1 位为“0”，主机号则有 24 位编址，用于超大型的网络。每个 A 类网络可以容纳 16777214（2^{24}-2）台主机（网络号全“0”或全“1”的主机有特殊含义，这里没有考虑）。全世界共有 126（2^{7}-2）个 A 类网络，已被分完。

B 类地址：网络号为 2 字节，定义前 2 位为“10”，主机号则可有 16 位编址。B 类网络是中型规模的网络，共有 16383（2^{14}-1）个网络，每个网络有 65534（2^{16}-2）台主机（忽略网络号全“0”或全“1”的情况）。

C 类地址：网络号为 3 字节，定义前 3 位为“110”，主机号仅有 8 位编址。C 类地址适用于较小规模的网络，共有 2097151（2^{21}-1）个网络，每个网络有 254（2^{8}-2）台主机（忽略网络号全“0”或全“1”的情况）。

D 类地址和 E 类地址：不分网络号和主机号。D 类地址前 4 位为“1110”，用于多播，即多目的地传输，可用来识别一组主机；E 类地址前 4 位为“1111”，保留地址，为今后使用。

如何识别一个 IP 地址的属性呢？只需看点分法 IP 地址最左边的十进制数即可判断其归属。例如，1～126 属 A 类地址，128～191 属 B 类地址，192～223 属 C 类地址，224～239 属 D 类地址。除了以上 4 类地址，还有 E 类地址，但暂未使用。

互联网 IP 地址中有特定的专用地址不做分配。

① 主机号全为“0”。不论哪一类网络，主机号全为“0”表示指向本网，常用在路由表中。

② 主机号全为“1”。主机号全为“1”表示广播地址，向特定的所在网上的所有主机发送数据。

③ 4 字节 32 位全为“1”。若 IP 地址 4 字节 32 位全为“1”，则表示仅在本网内进行广播发送数据。

④ 网络号为 127 的 IP 地址。TCP/IP 协议规定，网络号为 127 的 IP 地址不可用于任何网络。“127.0.0.1”地址称为回送地址（Loopback），它将数据通过自身的接口发送后再返回自己本身，用于测试接口状态。

私有地址：私有地址被大量用于企业内部网络中，由企业内部规划使用，不能用于互联网。其中，A 类网络保留地址为 10.0.0.0～10.255.255.255；B 类网络保留地址为 172.16.0.0～172.31.255.255；C 类网络保留地址为 192.168.0.0～192.168.255.255。

子网掩码把 IP 地址划分成两部分，一部分为网络号，另一部分为主机号，它可用来决定网络上的主机是否在同一网络内。子网掩码和 IP 地址是一一对应的，将子网掩码和 IP 地址都转成二进制数，则子网掩码中的每个二进制位都唯一对应着 IP 地址的一个二进制位。在子网掩码中，值为“1”的二进制位对应的 IP 地址部分即为网络号，值为“0”的二进制位对应的 IP 地址部分即为主机号。例如，IP 地址为“192.168.0.119”，其子网掩码为“255.255.255.0”。IP 地址的网络号和主机号的计算方法见表 1-3。

表 1-3 IP 地址的网络号和主机号的计算方法

名称	十进制数	二进制数
IP 地址	192.168.0.119	11000000.10101000.00000000.01110111
子网掩码	255.255.255.0	11111111.11111111.11111111. 00000000
网络号（IP 地址与子网掩码对应二进制位相乘）	192.168.0.0	11000000.10101000.00000000.00000000
主机号（反子网掩码与 IP 地址对应二进制位相乘）	0.0.0.119	00000000.00000000. 00000000.01110111

提示：

反子网掩码 = 255.255.255.255（二进制数）−子网掩码（二进制数）

（4）Ping 命令。

Ping 是一个通信协议，是 TCP/IP 协议的一部分。在 Windows 系统中 Ping 命令是自带的一个可执行命令，利用它可以检查网络连通性，分析判定网络故障，其命令格式为“Ping IP 地址”。

Ping 命令是对一个网址发送测试数据包，看对方网址是否有响应并统计响应时间，以此测试网络是否连通。

例如，本机 IP 地址为“192.168.1.1”，测试与 IP 地址为“192.168.1.2”的计算机是否连通。若要在 Windows 环境中使用 Ping 命令，可以右击“开始”菜单，单击“运行”选项，在打开的“运行”对话框中输入“cmd”，如图 1-25 所示，单击“确定”按钮，打开“命令提示符”窗口。

图 1-25 “运行”对话框

在“命令提示符”窗口中输入“Ping 192.168.1.2”命令，结果如下。

```
C:\Users\Administrator>Ping 192.168.1.2

正在 Ping 192.168.1.2 具有 32 字节的数据：
来自 192.168.1.2 的回复： 字节=32 时间<1ms TTL=64
来自 192.168.1.2 的回复： 字节=32 时间<1ms TTL=64
来自 192.168.1.2 的回复： 字节=32 时间<1ms TTL=64
来自 192.168.1.2 的回复： 字节=32 时间<1ms TTL=64

192.168.1.2 的 Ping 统计信息：
    数据包：已发送 = 4，已接收 = 4,丢失 = 0 (0% 丢失)，
往返行程的估计时间（以毫秒为单位）：
    最短 = 0ms，最长 = 0ms，平均 = 0ms

C:\Users\Administrator
```

8．注意事项

（1）若使用直通线连接 2 台计算机，则会出现不能连通的情况。

（2）双机互联时，IP 地址要设置在同一网段，否则不能实现连通。

9．实训巩固

按如图 1-26 所示的实训巩固拓扑图连接并配置网络，使 2 台计算机能够连通。

IP地址：172.16.2.20
子网掩码：255.255.255.0

IP地址：172.16.2.21
子网掩码：255.255.255.0

图 1-26　实训巩固拓扑图

1.3　通过交换机组建简单局域网

预备知识

交换机是一种在通信系统中完成信息交换功能的设备，它的作用是连接网络设备并根据 MAC 地址表高速转发数据。交换机按用途可分为家用和企业用。通常家用交换机有 5 口、8 口，企业交换机有 16 口、24 口和 48 口等。交换机与计算机使用直通线连接，与交换机连接的计算机在通信时，数据首先会被发送到交换机，然后交换机根据学习到的 MAC 地址表，查找目的计算机所在的接口后再进行转发，其他计算机不会接收到该数据，节省了网络带宽。当要连接网络的计算机数大于一台交换机的接口数时，可使用交换机级联或堆叠的方式扩展交换机接口。

1．学习目标

（1）了解交换机在网络互联中的作用。

（2）掌握通过交换机连接局域网的操作方法。

2. 应用情境

公司的销售部配备了 3 台计算机，部门经理要求把所有计算机都连接到网络中，以达到共享打印机和文件数据的目的。

由于计算机超过 2 台，并考虑以后扩展的需要，因此公司决定通过为该办公室添加 1 台交换机，用其连接计算机形成简单局域网，以达到资源共享的目的。

3. 实训要求

（1）设备要求。

① 1 台 2950-24 交换机、3 台计算机。

② 3 条直通线。

（2）实训拓扑图如图 1-27 所示。

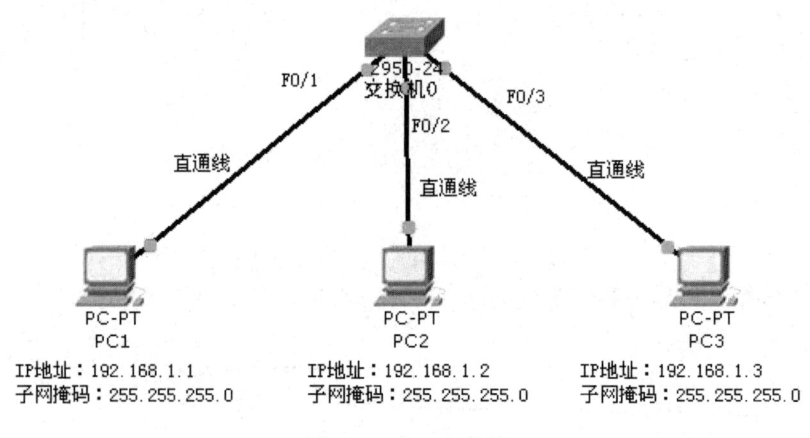

图 1-27　实训拓扑图

（3）配置要求。

① 计算机的 IP 地址和子网掩码配置见表 1-4。

表 1-4　计算机的 IP 地址和子网掩码配置

设备名称	IP 地址	子网掩码
PC1	192.168.1.1	255.255.255.0
PC2	192.168.1.2	255.255.255.0
PC3	192.168.1.3	255.255.255.0

② 连接计算机和交换机的线缆为直通线。

4. 实训效果

3 台计算机均能互相连通。

5. 实训思路

（1）添加并连接设备。

（2）配置计算机的 IP 地址和子网掩码。

（3）使用 Ping 命令测试网络连通性。

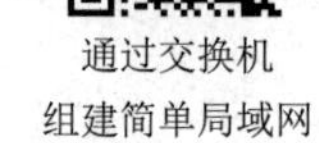

通过交换机组建简单局域网

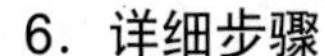

6. 详细步骤

（1）根据如图 1-27 所示实训拓扑图，需要添加 1 台 2950-24 交换机和 3 台计算机。添加 2950-24 交换机的步骤，如图 1-28 所示，添加计算机的方法请参照“1.2 双机互联”小节内容。

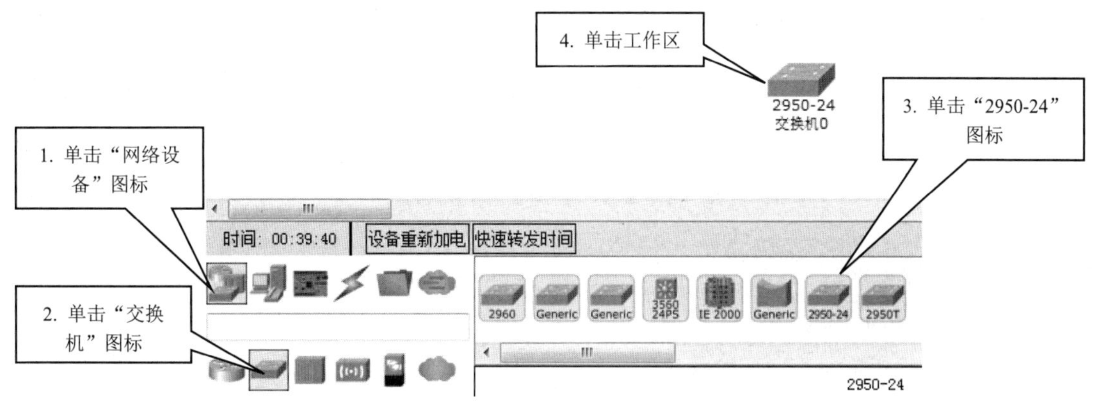

图 1-28　添加 2950-24 交换机的步骤

小贴士：

如果要添加多个同样的设备，可长按“Ctrl”键，同时在设备选择区中单击要添加的设备，然后单击工作区即可。

（2）在设备类型区中单击“线缆”图标，在右侧的设备选择区中单击“直通线”图标，添加直通线的步骤如图 1-29 所示。

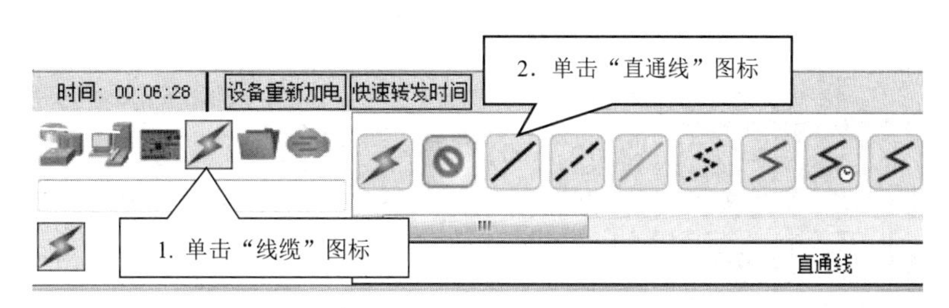

图 1-29　添加直通线

（3）选择直通线后单击“PC1”计算机，在弹出的快捷菜单中选择“FastEthernet0”接口，选择计算机接口的步骤如图 1-30 所示。

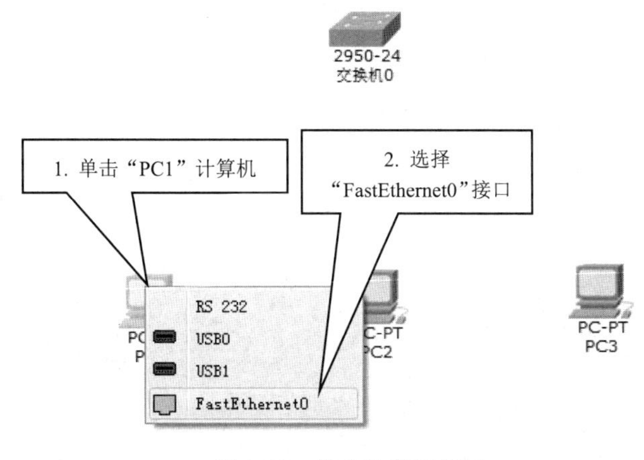

图 1-30　选择计算机接口

（4）单击“交换机 0”交换机，选择“FastEthernet0/1”接口，即交换机 0 模块的第 1 个接口，如图 1-31 所示。

（5）用同样的方法将交换机与“PC2”“PC3”计算机进行连接，如图 1-32 所示为连接完成后的实训拓扑图。

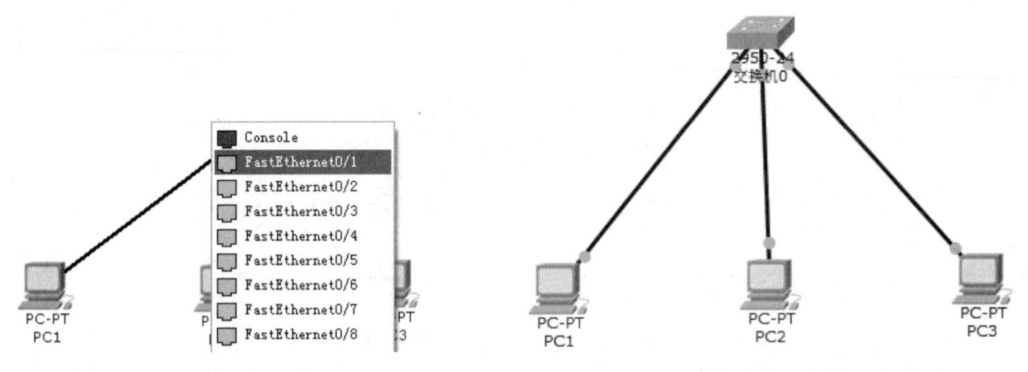

图 1-31　选择交换机接口　　　　图 1-32　连接完成后的实训拓扑图

（6）根据实训要求分别配置 3 台计算机的 IP 地址信息，参照 1.2 节。

（7）单击“PC1”计算机，在打开的“PC1”窗口中选择“桌面”选项卡，单击“命令提示符”图标，如图 1-33 所示，在“命令提示符”界面中使用 Ping 命令测试与其他 2 台计算机的网络连通性，结果如下。经测试，“PC1”计算机能与“PC2”“PC3”计算机连通。

图 1-33　选择命令提示符

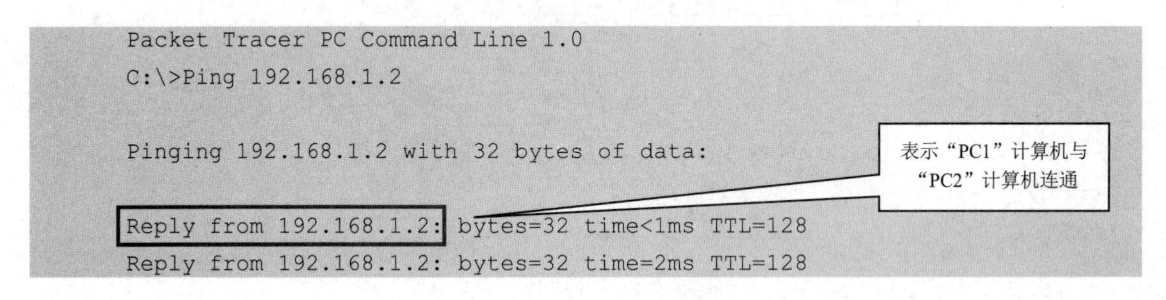

```
Packet Tracer PC Command Line 1.0
C:\>Ping 192.168.1.2

Pinging 192.168.1.2 with 32 bytes of data:

Reply from 192.168.1.2: bytes=32 time<1ms TTL=128
Reply from 192.168.1.2: bytes=32 time=2ms TTL=128
```

```
Reply from 192.168.1.2: bytes=32 time<1ms TTL=128
Reply from 192.168.1.2: bytes=32 time=2ms TTL=128
                //表示“PC1”计算机与“PC2”计算机连通
Ping statistics for 192.168.1.2:
   Packets: Sent = 4, Received = 3, Lost = 1 (25% loss),
Approximate round trip times in milli-seconds:
   Minimum = 0ms, Maximum = 2ms, Average = 1ms

C:\>Ping 192.168.1.3

pinging 192.168.1.3 with 32 bytes of data:

Reply from 192.168.1.3: bytes=32 time<1ms TTL=128
Reply from 192.168.1.3: bytes=32 time=2ms TTL=128
Reply from 192.168.1.3: bytes=32 time<1ms TTL=128
Reply from 192.168.1.3: bytes=32 time=2ms TTL=128
                //表示“PC1”计算机与“PC3”计算机连通。
Ping statistics for 192.168.1.3:
   Packets: Sent = 4, Received = 3, Lost = 1 (25% loss),
Approximate round trip times in milli-seconds:
   Minimum = 0ms, Maximum = 2ms, Average = 1ms

C:\>
```

表示“PC1”计算机与“PC3”计算机连通

7. 相关知识

（1）交换机是一种基于 MAC 地址识别，能够完成封装转发数据帧功能的网络设备。交换机根据工作协议可分为二层交换机和三层交换机，根据功能可分为网管型交换机和非网管型交换机。交换机接口速率通常为 10Mbps、100Mbps、1000Mbps。目前主流的交换机厂商有思科、华为、神州数码和锐捷等。

（2）交换机与交换机的连接方式可分为级联和堆叠。

级联是指 2 台或 2 台以上的交换机通过一定的方式相互连接，交换机间一般是通过普通接口进行级联，有些交换机则提供了专门的级联接口（Uplink Port）。这 2 种接口的区别在于，普通接口符合 MDI 标准，级联接口（或称上行接口）符合 MDIX 标准，这个区别导致了两种接线方式的不同。当 2 台交换机都通过普通接口进行级联时，接口间电缆应采用交叉电缆（Crossover Cable）；当且仅当其中一台交换机通过级联接口进行级联时，则应采用直通电缆（Straight Through Cable）。为了方便级联，某些交换机提供了一个两用接口，可以通过开关或管理软件将其设置为 MDI 或 MDIX 标准。目前市场上的交换机，全部或部分接口具有 MDI/MDIX 自校准功能，可以自动区分网线类型，使得级联时更加方便。

堆叠是指将 1 台以上的交换机组合起来共同工作，以便在有限的空间内提供尽可能多的接口。多台交换机经过堆叠后形成一个堆叠单元，可堆叠的交换机性能指标中有一个“最大可堆叠数”的参数，它是指一个堆叠单元中所能堆叠的最大交换机数，代表一个堆叠单元中所能提供的最大接口密度。

级联使用双绞线或光纤连接交换机之间的普通接口或级联接口，而堆叠使用专用的堆叠线连接交换机间的堆叠模块接口。级联的交换机之间可以相距很远（在媒介许可范围内），而一个堆叠单元内的多台交换机之间的距离则比较近，一般不超过几米。通常来说，不同厂家、不同型号的交换机可以互相级联，而堆叠则不同，它必须在可堆叠的同类型交换机（至少应该是同一厂家的交换机）之间进行。级联仅仅是交换机之间的简单连接，堆叠则是将整个堆叠单元作为一台交换机来使用，这不但意味着接口密度的增加，而且意味着系统带宽的加宽。

8．注意事项

（1）交换机之间需要使用交叉线进行连接。

（2）组成简单局域网的计算机的 IP 地址应设置在同一网段。

9．实训巩固

学校的机房里配置了 40 台计算机，现需要将其连接成局域网。根据需求分析，需要配置 2 台 24 口的交换机，请根据需求完成网络的连接，并通过配置使该机房的计算机能够互相连通，实训巩固拓扑图如图 1-34 所示。

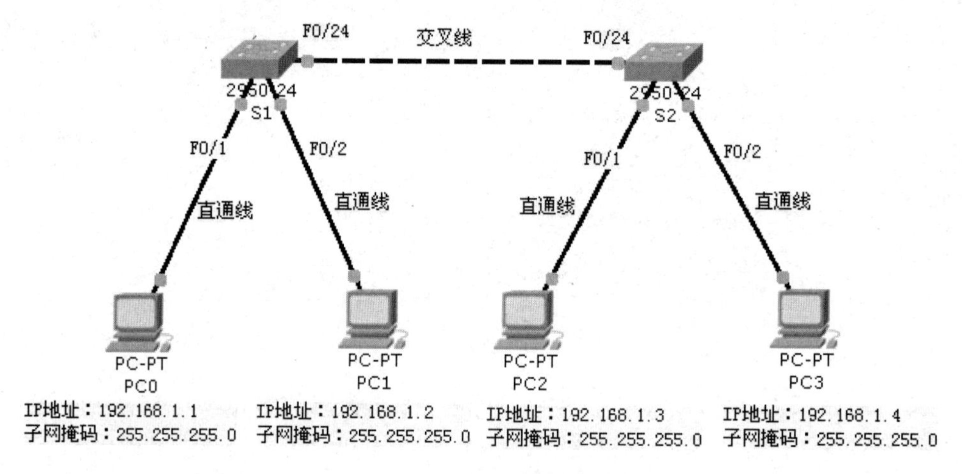

图 1-34　实训巩固拓扑图

1.4　服务器环境搭建

预备知识

服务器是指网络环境中的高性能计算机，它能侦听网络上的其他计算机（客户机）提交的服务请求，并提供相应的服务。例如，Web 服务器默认从 80 端口侦听其他计算机的网页浏览请求，当接收到计算机的网页浏览请求时，服务器会把请求网页返回给请求计算机。客户机（端）是指接收服务器相应服务的计算机。常用的服务器有 DHCP 服务器、DNS 服务器、WWW 服务器和 FTP 服务器等。

1．学习目标

（1）了解各种服务器的作用。

（2）掌握 DHCP、DNS、Web 和 FTP 服务器在软件中的使用方法。

2．应用情境

学校现有 Web 服务器和 FTP 服务器各 1 台，访问时均以 IP 地址访问。但 IP 地址太长，用户不容易记忆。另外，办公用的计算机 IP 地址原来使用手动输入设置，随着学校规模的扩大，这种工作方式会变得很繁重。

为了提高工作效率，学校采取了相关措施解决上述问题。第一，在现有网络中加入 1 台 DNS 服务器，访问 Web 服务器和 FTP 服务器时以域名访问代替 IP 地址访问；第二，在现有网络中加入 1 台 DHCP 服务器，代替手动输入 IP 地址的方式，只需要配置好 DHCP 服务器后，将其他计算机设为自动获取 IP 地址即可。

3．实训要求

（1）设备要求。

① 4 台服务器、2 台计算机和 1 台 2950-24 交换机。

② 6 条直通线。

（2）实训拓扑图如图 1-35 所示。

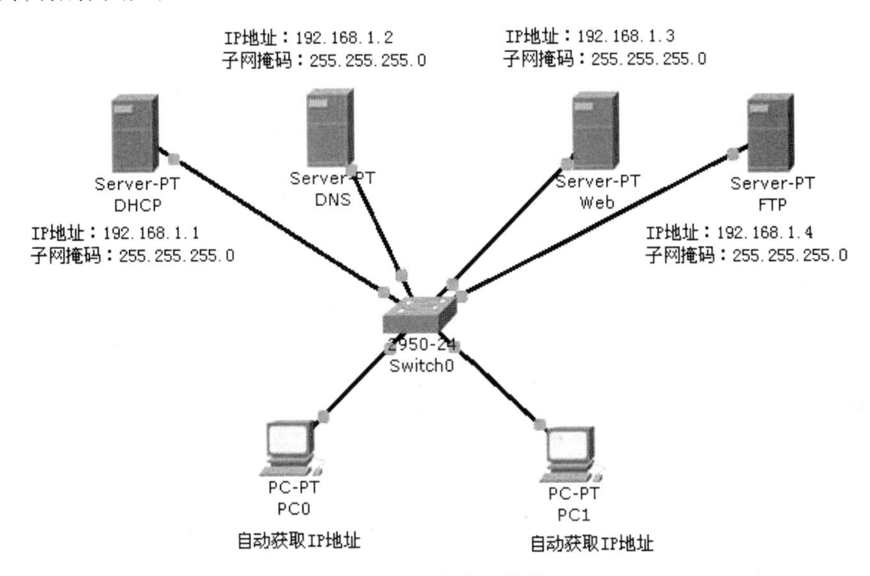

图 1-35　实训拓扑图

（3）配置要求见表 1-5～表 1-7。

表 1-5　服务器、计算机的 IP 地址和子网掩码配置

设备名称	IP 地址	子网掩码
DHCP	192.168.1.1	255.255.255.0
DNS	192.168.1.2	255.255.255.0
Web	192.168.1.3	255.255.255.0
FTP	192.168.1.4	255.255.255.0
PC0	自动获取	自动获取
PC1	自动获取	自动获取

表 1-6　DHCP 服务器配置

服务器	地址池名称	起始 IP 地址	子网掩码	DNS 服务器
DHCP 服务器	VLAN1	192.168.1.10	255.255.255.0	192.168.1.2

表 1-7 DNS 服务器配置

服务器	名称	类型	地址
DNS 服务器	www.phei.com.cn	A Record	192.168.1.3
	www.hxedu.com.cn	A Record	192.168.1.4

4. 实训效果

（1）2 台计算机能够自动获取 IP 地址和子网掩码。

（2）2 台计算机能够通过域名访问 Web 服务器和 FTP 服务器。

5. 实训思路

（1）添加并连接服务器、计算机和交换机。

（2）设置计算机能够自动获取 IP 地址和子网掩码，设置服务器的 IP 地址和子网掩码。

（3）配置 DHCP、DNS、Web 和 FTP 服务器。

（4）测试计算机能否自动获取 IP 地址信息，通过域名访问服务器。

服务型环境搭建

6. 详细步骤

（1）打开 Cisco Packet Tracer 软件，在设备类型区中单击“终端设备”图标，在设备选择区中单击“Server-PT”图标并拖曳到工作区，如图 1-36 所示。用同样的方法添加 4 台服务器并修改设备名称。

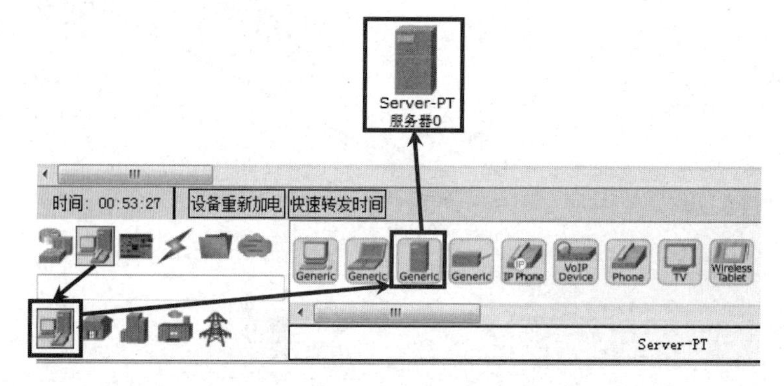

图 1-36 添加服务器

（2）添加 1 台 2950-24 交换机和 2 台计算机并用直通线连接设备，连接后的实训拓扑图如图 1-37 所示。

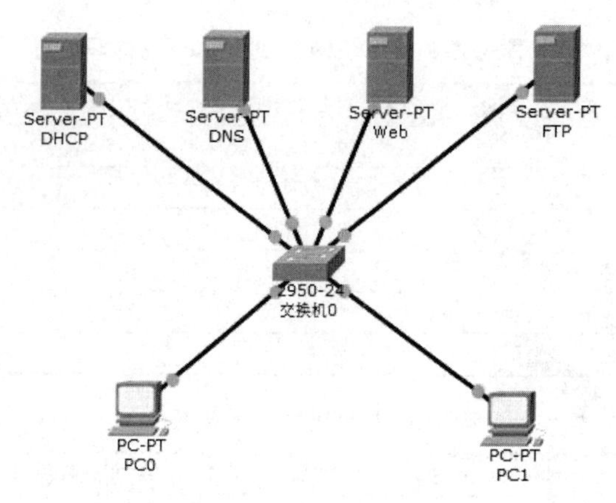

图 1-37 连接后的实训拓扑图

（3）在 2 台计算机的“IP 配置”界面中，选中“DHCP”单选按钮，即可自动从“DHCP”服务器中获取 IP 地址，如图 1-38 所示。

图 1-38　自动从 DHCP 服务器中获取 IP 地址

小贴士：

IP 地址按设置方式可分为静态地址和动态地址。静态地址是指由管理人员在计算机上手动设置 IP 地址、子网掩码和默认网关等信息，适用于小型网络。动态地址是指由网络管理人员在网络中配置一台或多台 DHCP 服务器，计算机每次启动后都会到 DHCP 服务器申请租用 IP 地址、子网掩码和默认网关等，由于每次申请到的地址可能不同，所以叫作动态地址。

（4）根据实训要求，分别配置 DHCP、DNS、Web、FTP 服务器的 IP 地址和子网掩码。

（5）单击“DHCP”服务器，在打开的“DHCP”窗口中选择“服务”选项卡，再选择“DHCP”选项，如图 1-39 所示。

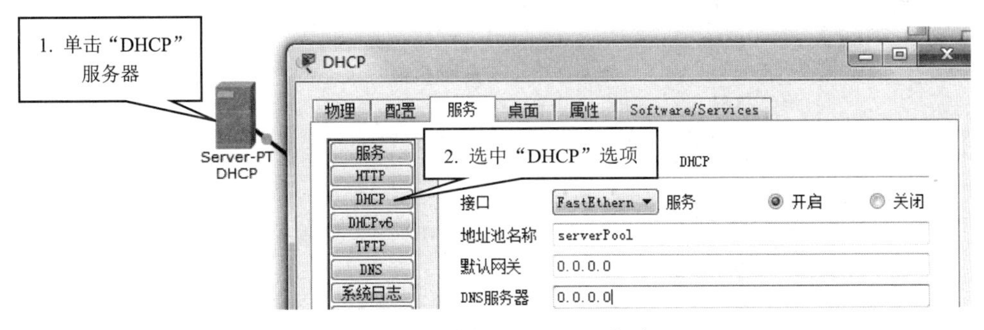

图 1-39　选择“DHCP”选项

（6）在窗口右侧区域输入地址池名称和默认网关等信息，依次单击“添加”和“保存”按钮，如图 1-40 所示。

（7）单击任意一台计算机，选择“桌面”选项卡后，单击“IP 配置”图标，可查看该计算机是否获取到 IP 地址，如图 1-41 所示为计算机成功获取 IP 地址。

（8）单击“DNS”服务器，在打开的“DNS”窗口中选择“服务”选项卡，再选择“DNS”选项，根据实训要求在窗口右侧输入名称和地址等信息后，依次单击“添加”和“保存”按钮，如图 1-42 所示。

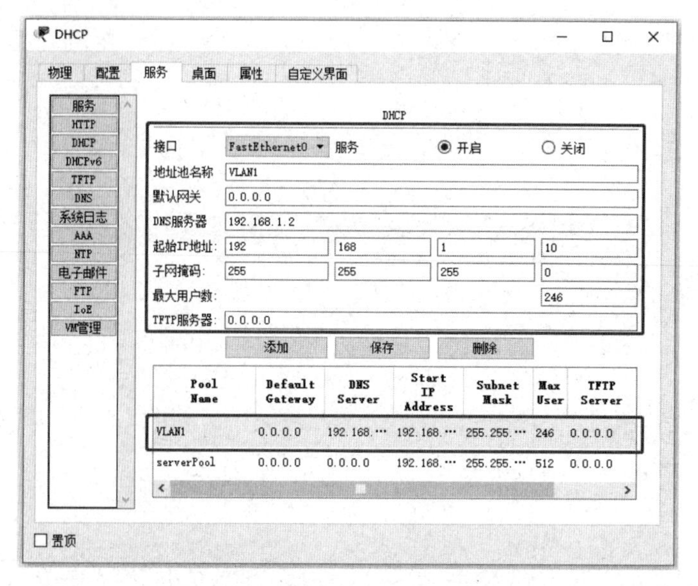

图 1-40　计算机配置 DHCP 服务器

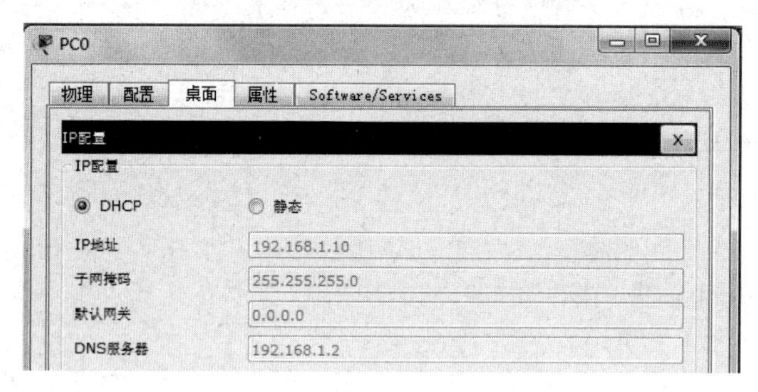

图 1-41　计算机成功获取 IP 地址

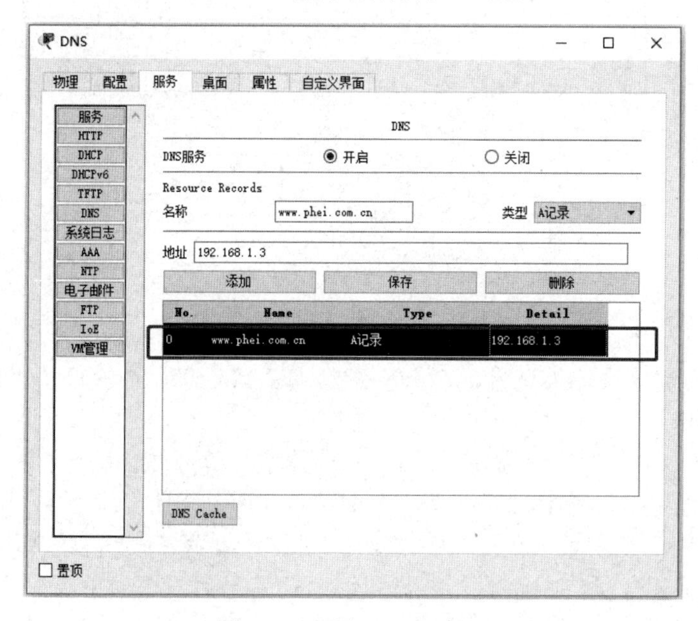

图 1-42　配置 DNS 服务器

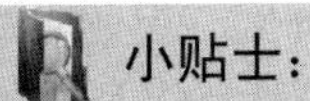

这里的名称是指 DNS 域名（包括主机名称），类型"A 记录"是用来指定主机名（或域名）对应的 IP 地址记录。

（9）用上一步同样的方法，按实训要求添加主机记录，如图 1-43 所示。

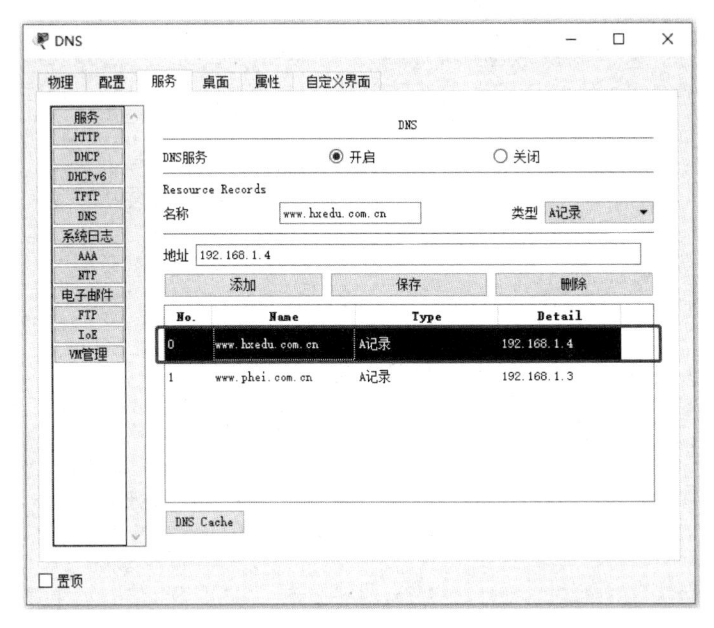

图 1-43　添加主机记录

（10）Web 服务器和 FTP 服务器默认已经开启，FTP 服务器默认用户名和密码均为"cisco"，如图 1-44 和图 1-45 所示。

图 1-44　配置 Web 服务器

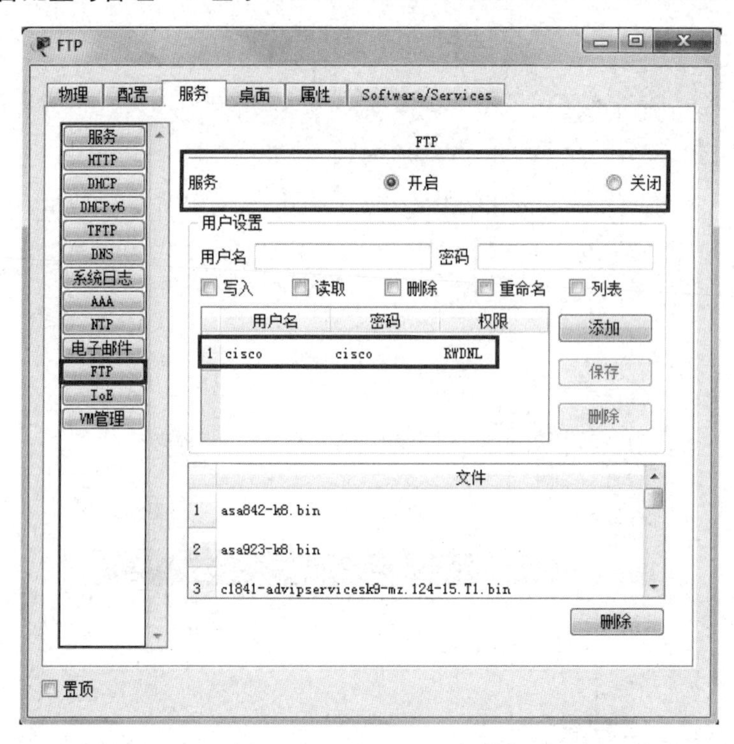

图 1-45　配置 FTP 服务器

（11）单击其中一台计算机，在打开的窗口中选择“桌面”选项卡，单击“Web 浏览器”图标，在 URL 地址栏中输入“http://www.phei.com.cn”后单击“跳转”按钮，开始访问 Web 服务器，如图 1-46 所示。若能访问，即可说明 DNS 服务器和 Web 服务器工作正常。

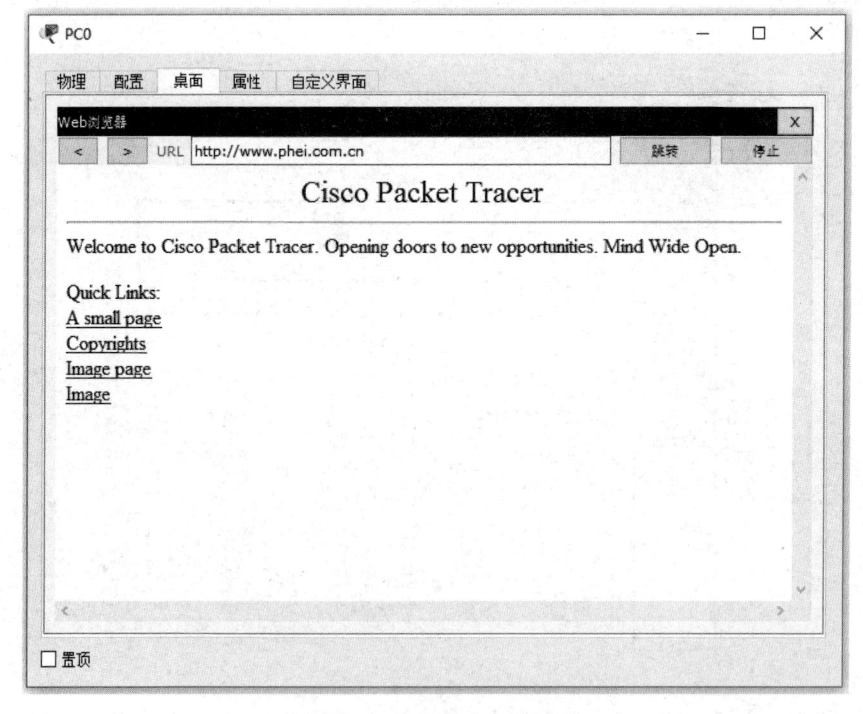

图 1-46　访问 Web 服务器

（12）退出“Web 浏览器”界面，在“桌面”选项卡中选择“命令提示符”图标，在“命令提示符”界面中输入以下命令。若能正常访问，即可说明 DNS 和 FTP 服务器工作正常。

```
C:\>ftp www.hxedu.com.cn                //通过域名访问FTP服务
Trying to connect...www.hxedu.com.cn
Connected to www.hxedu.com.cn
220-Welcome to PT Ftp server
Username:cisco                          //输入FTP用户名
331- Username ok, need password
Password:                               //输入FTP密码
230- Logged in
(passive mode On)
ftp>dir                                 //查看FTP上的文件
Listing /ftp directory from www.hxedu.com.cn:
0 :asa842-K8.bin                                    5571584
1 :asa923-K8.bin                                    30468096
……
```

小贴士：

在 Windows 系统中要进入“命令提示符”窗口，可右击“开始”菜单，在弹出的快捷菜单中单击“运行”命令，在打开的“运行”对话框中输入“cmd”，按“确定”按钮即可进入“命令提示符”窗口。

7．相关知识

（1）DHCP 服务器：DHCP 服务器控制一段 IP 地址范围，客户机网卡设置为自动获取 IP 地址后，即可从 DHCP 服务器自动获得 IP 地址和子网掩码等信息。

（2）DNS 服务器：DNS 服务器也称为域名系统或域名服务器，客户机将想要浏览的域名提交给 DNS 服务器，该服务器根据 DNS 数据库把域名地址转为 IP 地址后返回到计算机（客户机），计算机根据 IP 地址访问网站。

（3）Web 服务器：Web 服务器也称 WWW 服务器，主要功能是提供网上信息浏览服务，该服务器以网页形式提供信息资源的浏览和共享服务。

（4）FTP 服务器：FTP 的全称是 File Transfer Protocol（文件传输协议），是专门用来传输文件的协议。简单来说，支持 FTP 协议的服务器就是 FTP 服务器，该服务器以文件夹形式提供资源的浏览和共享服务。访问 FTP 服务器的认证方式通常有匿名访问和用户名访问两种。匿名访问时在浏览器地址栏中输入“FTP://服务器地址或域名”即可直接访问服务器的资源；用户名访问时需要输入 FTP 服务器设置的用户名和密码，经过认证后才能访问。

8．注意事项

（1）服务器必须设置固定 IP 地址，不能设置为自动获取 IP 地址。

（2）DHCP 服务器默认只能为同一网段的客户机提供 IP 地址信息。若需要不同网段的 IP 地址信息，则应借助 DHCP 中继技术。

（3）服务器默认关闭 DHCP 服务。服务器设置 IP 地址后，DHCP 服务会自动设置该网段为默认地址池网段。除提供 DHCP 服务的服务器外，应关闭其他服务器的 DHCP 服务。

（4）DHCP 服务器配置时最大用户数不能为 0，为 0 时客户机不能获取 IP 地址。

9．实训巩固

（1）实训巩固拓扑图如图 1-47 所示。

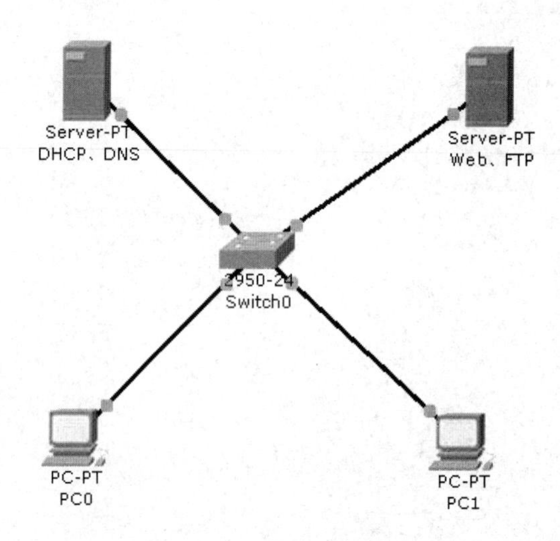

图 1-47　实训巩固拓扑图

（2）配置要求见表 1-8、表 1-9 和表 1-10。

表 1-8　服务器及计算机配置

设备名称	IP 地址	子网掩码	DNS 服务器
DHCP、DNS	172.16.1.1	255.255.255.0	无
Web、FTP	172.16.1.2	255.255.255.0	无
PC0	自动获取	自动获取	自动获取
PC1	自动获取	自动获取	自动获取

表 1-9　DHCP 服务器配置

服务器	地址池名称	起始 IP 地址	子网掩码	DNS 服务器
DHCP 服务器	teacher	172.16.1.100	255.255.255.0	172.16.1.1

表 1-10　DNS 服务器配置

服务器	名称	类型	地址
DNS 服务器	www.phei.com.cn	A Record	172.16.1.2
	ftp.hxedu.com.cn	A Record	172.16.1.2

（3）实训。

① 配置 DHCP 服务器，2 台计算机能够自动获取 IP 地址和子网掩码。

② 配置 DNS 服务器，2 台计算机能够通过域名访问 Web 服务器和 FTP 服务器。

1.5　无线局域网组建

预备知识

随着无线局域网络（Wireless Local Area Networks，WLAN）技术的成熟和智能终端的普及，越来越多的企事业单位及家庭用户开始组建无线局域网。无线局域网的常用硬件设备有无线网卡、无线路由器和无线接入点（无线 AP）等。通常，家用无线路由器同时具备防火墙、路由器、交换机和无线接入点等功能。

家用无线路由器配置较为简单。根据产品配置说明书或配置向导，进入无线路由器 Web 管理页面，设置好管理地址、DHCP、IP 地址分配范围、SSID、加密方式和密码即可。使用具备无线功能的终端，搜索对应的无线网，输入无线网密码即可接入无线网。

1．学习目标

（1）了解无线路由器的基本知识。

（2）掌握无线局域网的配置方法。

2．应用情境

小张家里有 3 台计算机，想通过组建局域网实现资源共享。小张考虑到网络布线较为麻烦且不美观，于是尝试组建无线局域网来解决问题。

3．实训要求

（1）实训设备。

① 1 台 Linksys WRT300N 无线路由器（其外观如图 1-48 所示）。

② 3 台计算机（1 台笔记本电脑和 2 台台式机）、3 块无线网卡。

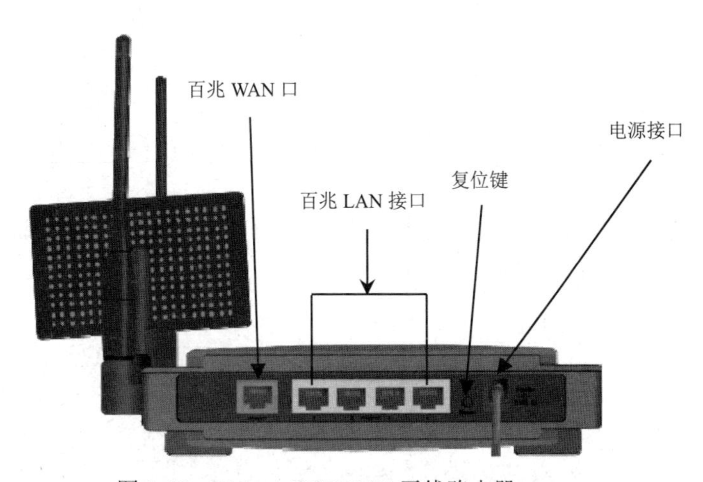

图 1-48　Linksys WRT300N 无线路由器

（2）实训拓扑图如图 1-49 所示。

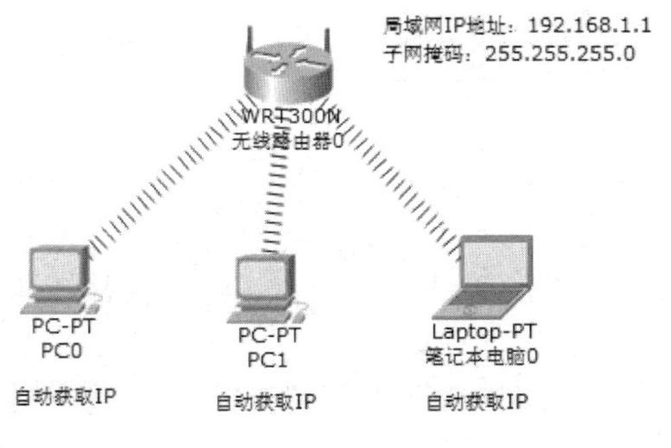

图 1-49　实训拓扑图

（3）配置要求见表 1-11 和表 1-12。

表 1-11　计算机配置

设备名称	无线网卡 IP 设置	无线网卡 SSID	无线网卡认证方式	无线网卡加密类型
PC0、PC1、笔记本电脑 0	自动获取	cisco	WPA-PSK	AES

表 1-12　无线路由器配置

设备名称	IP 设置	SSID	认证方式	加密类型	DHCP 分配地址范围
无线路由器 0	192.168.1.1/24	cisco	WPA-PSK	AES	192.168.1.100～192.168.1.199

4．实训效果

（1）计算机能够自动获取 IP 地址。

（2）计算机能够连接上无线路由器，并能够与其他计算机设备进行互通。

5．实训思路

（1）添加并连接设备。

（2）对无线路由器进行参数配置。

（3）为计算机添加无线网卡，对无线网卡进行参数配置。

（4）测试网络连通性。

6．详细步骤

（1）添加并连接设备。

无线局域网组建

① 在设备类型区中单击“终端设备”图标，添加 2 台台式机和一台笔记本电脑。

② 在设备类型区中单击“无线设备”图标，在右边设备选择区中单击“WRT300N”图标，并将该设备添加到工作区，如图 1-50 所示。

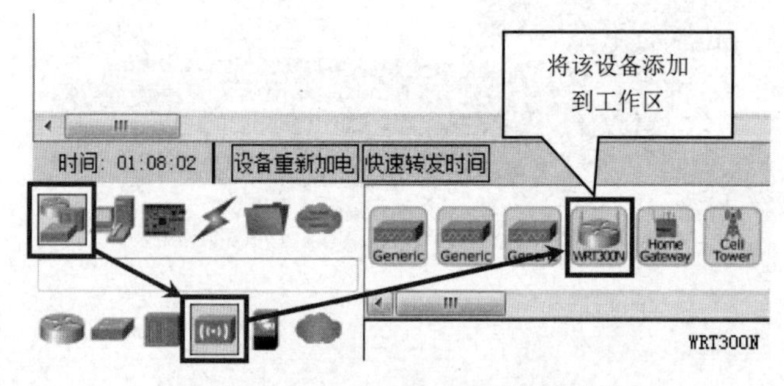

图 1-50　添加 WRT300N 无线路由器

小贴士：

无线路由器具有一些网络管理的功能，如 DHCP 服务、NAT 防火墙和 MAC 地址过滤等。无线接入点与无线路由器不同的是，无线连接点通常只用于无线连接终端设备，没有 DHCP 服务、NAT 防火墙等功能。

③ 添加好设备后，设备在工作区的摆放如图 1-51 所示。

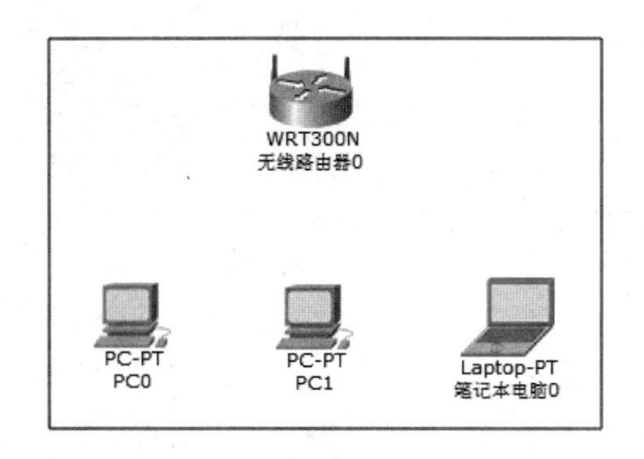

图 1-51　设备的摆放

（2）对无线路由器进行参数配置。

① 单击“无线路由器 0”路由器，在打开的“无线路由器 0”窗口中选择“配置”选项卡，在“配置”选项卡中选择“LAN”选项，在窗口右侧区域中配置无线路由器的 IP 地址和子网掩码，如图 1-52 所示。

图 1-52　配置无线路由器的 IP 地址和子网掩码

小贴士：

无线路由器中的 LAN（局域网）IP 地址主要用于对该设备的访问和管理，通常此 IP 地址与 LAN 接口所连接的网络在同一网段。

② 在“配置”选项卡中选择“无线”选项，在窗口右侧区域配置相关参数，如图 1-53 所示。

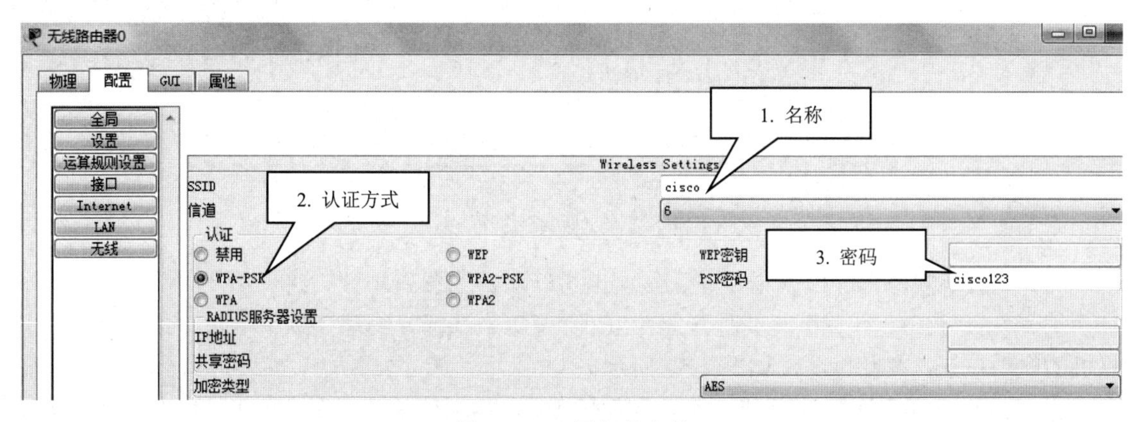

图 1-53　配置相关参数

小贴士：

无线网卡是一种无线终端网络设备，是不通过有线连接，采用无线信号进行数据传输的设备。具体来说，无线网卡就是使计算机可以利用无线来上网的一个装置。但有了无线网卡也需要有一个可以连接的无线网络才能进行上网，如果在家里或所在地有无线路由器或者无线 AP 网络的覆盖，就可以通过无线网卡以无线的方式连接无线网络。

无线路由器里的服务集标识符（Service Set Identifier，SSID）用来区分不同的网络，最多可以有 32 字符。无线网卡设置了不同的 SSID 后就可以进入不同网络，SSID 通常由无线 AP 或无线路由器广播出来，通过终端自带的扫描功能即可查看当前区域内的 SSID。出于安全考虑，可以不广播 SSID，此时用户需要手工设置 SSID 才能进入相应的网络。简单来说，SSID 就是一个局域网的名称，只有设置名称相同的 SSID 值的终端才能互相通信。

③ 选择“GUI”选项卡，选择“Setup”→“网络设置”选项，配置 IP 地址、子网掩码和 DHCP 服务器等参数，如图 1-54 所示，单击“保存”按钮后配置即可生效。

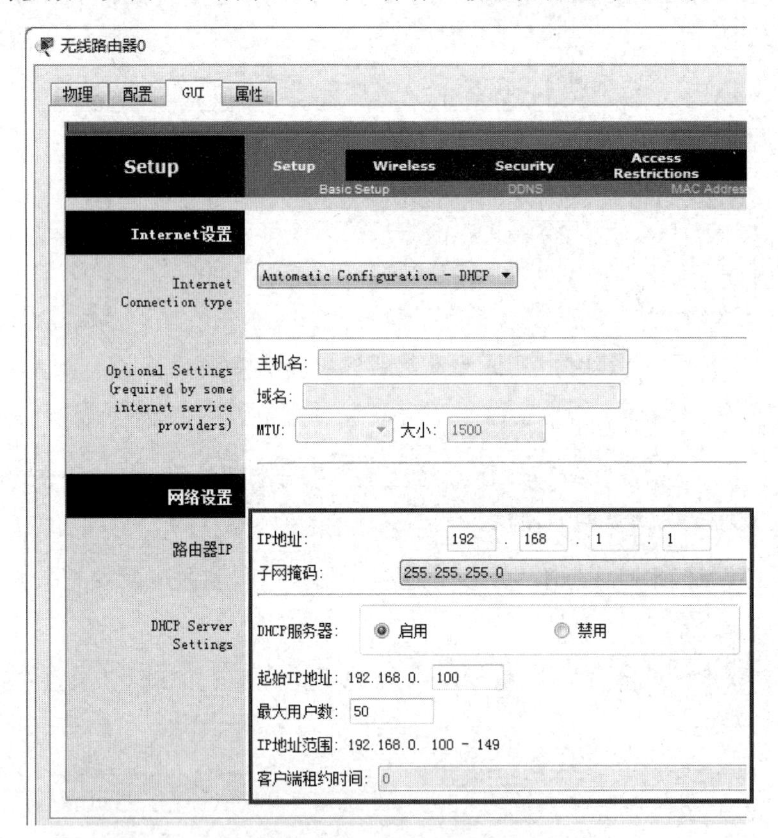

图 1-54　配置“网络设置”参数

（3）为计算机添加无线网卡，对无线网卡进行参数配置。

① 单击“PC0”计算机，在打开的“PC0”窗口中选择“物理”选项卡，单击“PC0”计算机的电源按钮，关闭电源，如图 1-55 所示。

② 关闭“PC0”计算机的电源后，拖曳右侧的垂直滚动条到底端，单击“PC0”计算机面板上扩展插槽中的模块，把该模块拖动到左侧模块区域中，如图 1-56 所示。

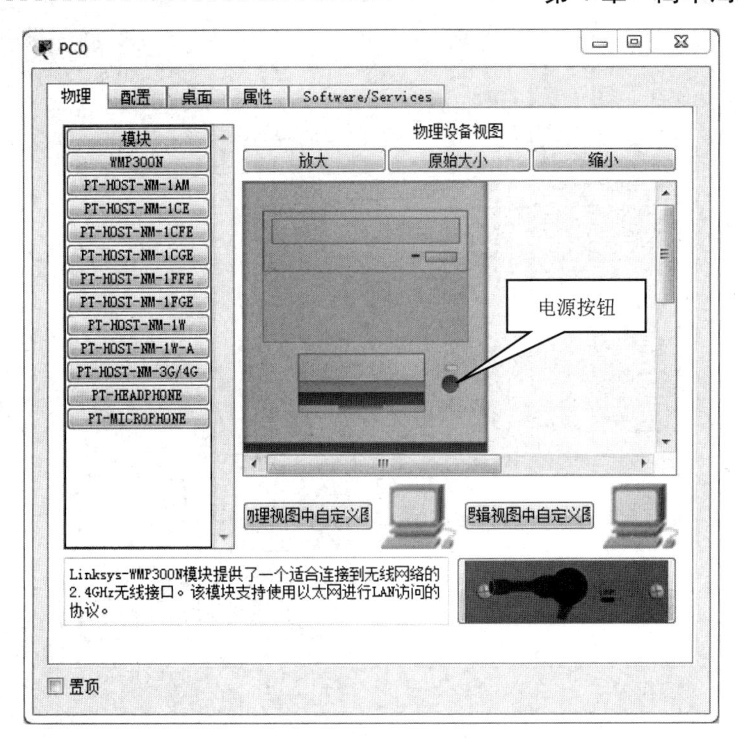

图 1-55　关闭电源

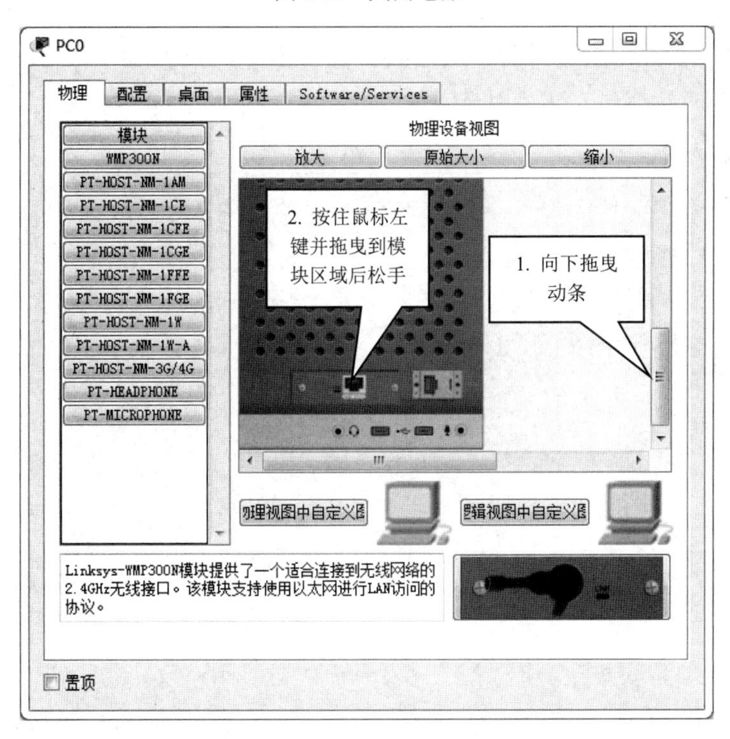

图 1-56　把网卡拖曳到模块中

③ 在模块中单击“WMP300N”无线网卡模块，并把它拖曳到“PC0”计算机的扩展插槽上，为“PC0”计算机添加无线网卡，如图 1-57 所示，添加完成后开启“PC0”计算机的电源。

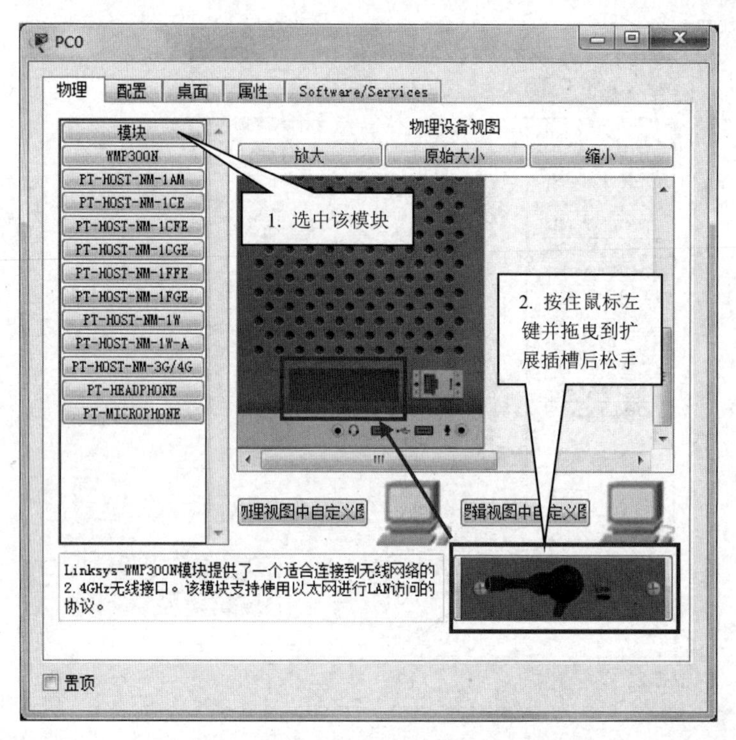

图 1-57　为“PC0”计算机添加无线网卡

④ 在“PC0”窗口中选择“配置”选项卡，然后选择“Wireless0”选项，配置无线网卡相关参数，此处各项参数应与无线路由器的相同，如图 1-58 所示。

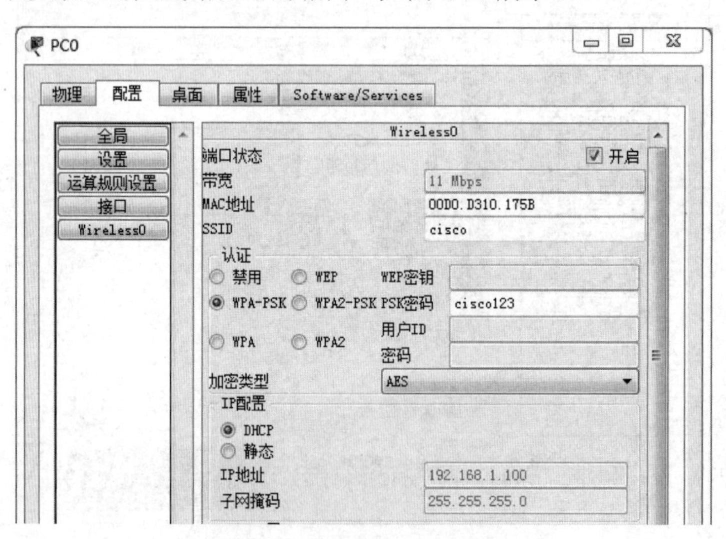

图 1-58　配置无线网卡的相关参数

⑤ 参照步骤①～④为其余计算机添加并配置无线网卡，完成后的实训拓扑图如图 1-59 所示。

（4）测试网络连通性。

① 进入任意一台计算机，查看 IP 地址获取情况。若能获取到 IP 地址，则表示无线路由器工作正常。例如，“PC0”计算机的 IP 地址信息如图 1-60 所示。

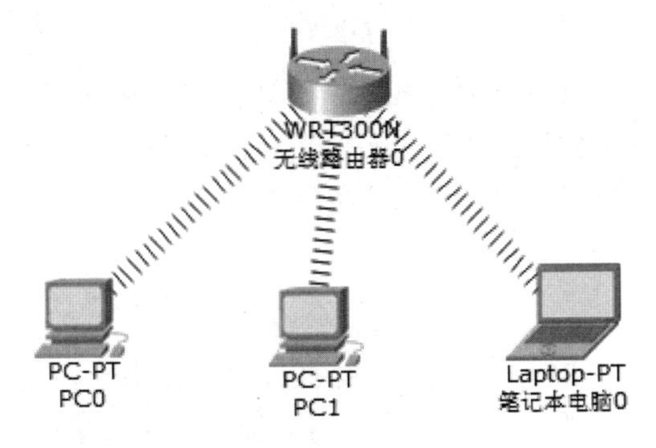

图 1-59　完成后的实训拓扑图

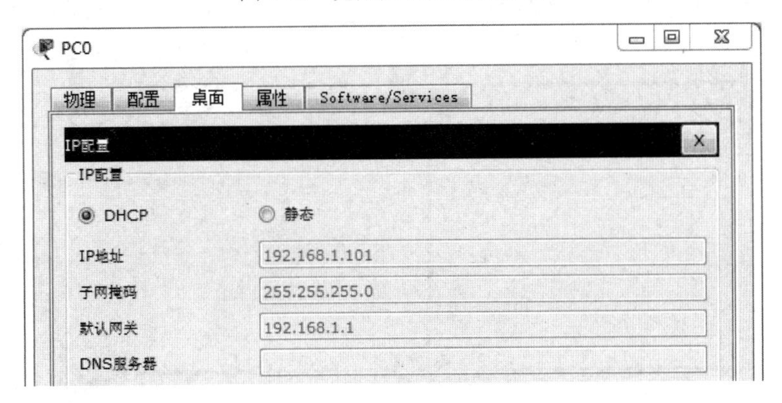

图 1-60　PC0 机的 IP 地址信息

② 在“笔记本电脑 0”计算机的“命令提示符”窗口中，用 Ping 命令分别测试本机与其他计算机的网络连通性。经测试，本机与其他计算机均能连通。

7. 相关知识

（1）无线网卡按接口可分为台式计算机专用的 PCI 接口无线网卡、笔记本电脑专用的 PCMCIA 接口无线网卡、USB 接口无线网卡和笔记本电脑内置的 MINI-PCI 无线网卡等。

（2）无线加密认证方式可分为 WEP，WPA，WPA-PSK，WPA2 和 WPA2-PSK 等，具体可查询相关资料了解其含义。

（3）无线网络标准见表 1-13。

表 1-13　无线网络标准

序号	标准	频段	传输速度	备注
1	802.11a	5GHz	54Mbps	与 802.11b 不兼容
2	802.11b	2.4GHz	11Mbps	
3	802.11g	2.4GHz	54Mbps	可向下兼容 802.11b
4	802.11n	2.4GHz	300Mbps	

8. 注意事项

（1）计算机使用无线网卡连接网络时，SSID 号、加密认证方式和密码都应该与无线路由器网络配置的一致，否则无法连接网络。

（2）为保证网络安全性，建议在家庭使用时关闭 SSID 广播。

（3）无线网络认证密码应具备较高的复杂度，密码应尽量包含大/小写英文字母、数字和符号等。

（4）实际环境中，台式计算机添加无线网卡需要安装驱动程序。

（5）使用无线局域网常常会遇到“Wi-Fi”，它是由“Wireless（无线电）”和“Fidelity（保真度）”组成，常被写成“WiFi”或“Wifi”。Wi-Fi 是一个无线网络通信技术的品牌，由 Wi-Fi 联盟所持有。

9. 实训巩固

应用情境：某学校办公楼的一、二楼已连接校园网。现由于办公需要，三楼的办公室也需要连接校园网。考虑到布线会影响美观，现使用无线 AP 为三楼办公室连接网络。请根据如图 1-61 和图 1-62 所示的拓扑图完成实训。

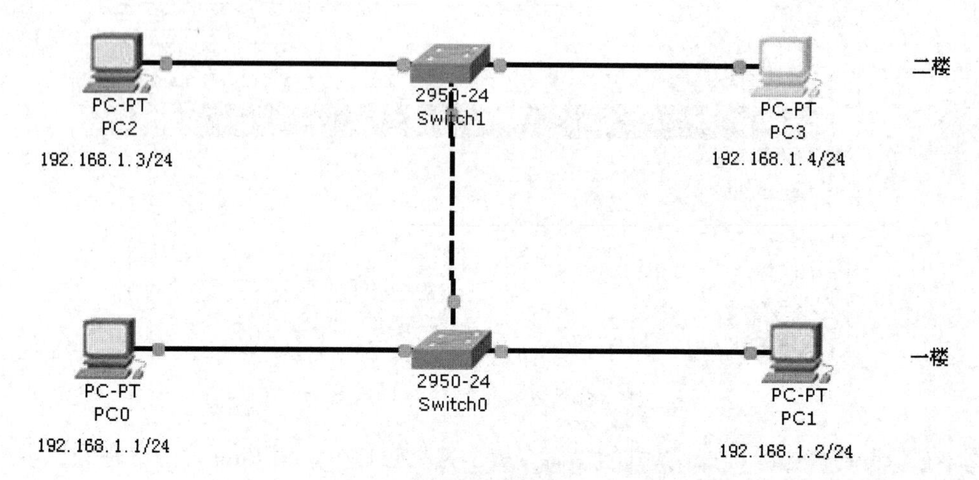

图 1-61　现有办公楼网络拓扑图

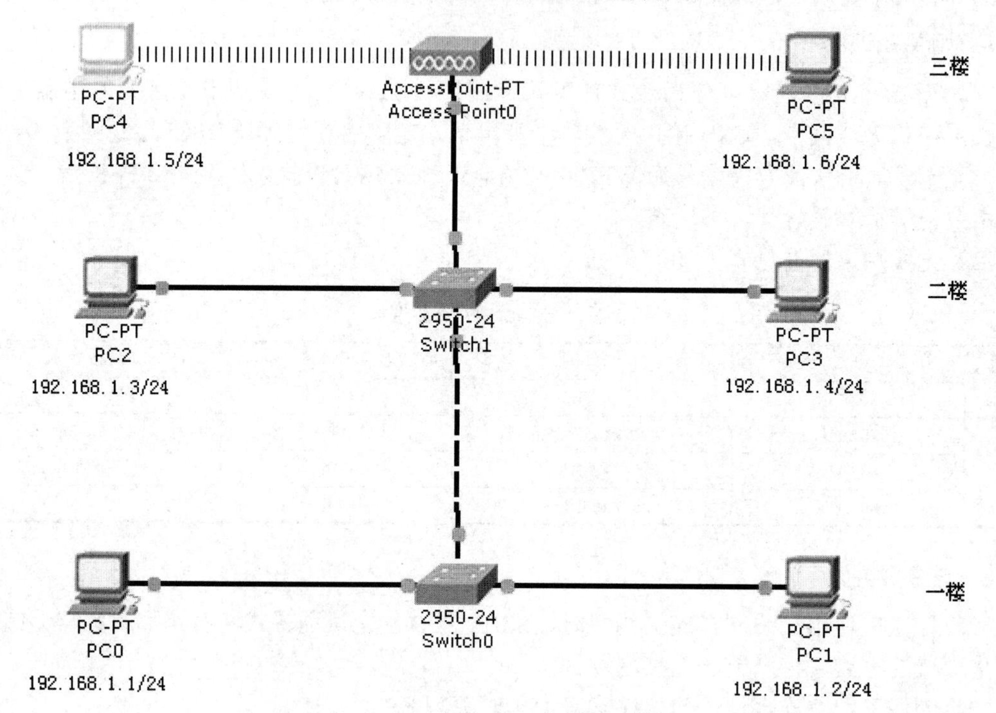

图 1-62　添加无线 AP 后的办公楼网络拓扑图

1.6　为网络设备添加模块

预备知识

有部分网络设备考虑到接口或功能扩展的需要，除标准配置模块外，还预留了扩展插槽为设备以后添加模块做了准备。一个模块可能有一个接口，也可能有多个接口。可管理的交换机和路由器为了配置时可分辨出对应的模块和接口，通常给不同的模块进行了编号，从靠近电源的接口开始，依次是 0、1、2 等，再根据每个模块上的接口编号来接入，通常交换机从 1 开始编号，路由器从 0 开始编号。网络设备表示接口的方式：接口类型+模块编号/该模块内的接口编号。例如，交换机的第一个模块中的第一个接口是快速以太网接口，其可表示为“FastEthernet0/1”。

1．学习目标

（1）了解网络设备模块编号和接口编号的规则。

（2）掌握在 Cisco Packet Tracer 软件环境中为网络设备添加模块的方法。

2．应用情境

校园网上的核心交换机带宽要求高，通常使用光纤作为传输介质传输数据。随着校园网络规模不断扩大，现有的光纤模块接口已无法满足实际需求，现需要添加光纤模块连接到其他教学楼的汇聚交换机和学校新增的服务器上。

3．实训要求

（1）设备要求。

① 1 台 Switch-PT-Empty 交换机、2 台计算机、2 台服务器。

② 2 块服务器光纤网卡、2 块交换机电模块、2 块光模块。

（2）实训拓扑图如图 1-63 所示。

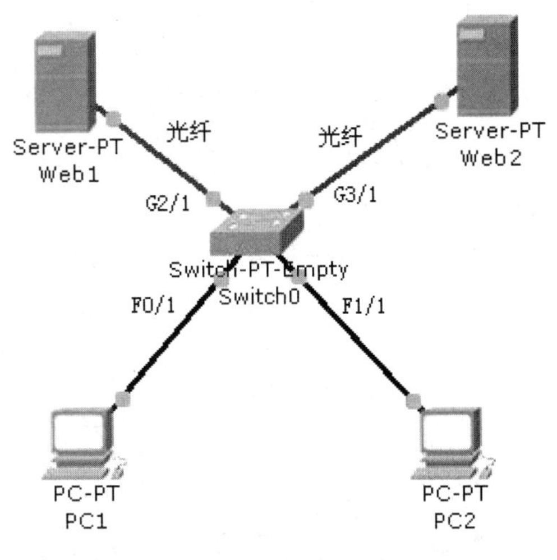

图 1-63　实训拓扑图

（3）配置要求。

① 计算机配置见表 1-14。

表 1-14　计算机配置

设备名称	IP 地址	子网掩码
PC1	192.168.1.1	255.255.255.0
PC2	192.168.1.2	255.255.255.0

② 服务器配置见表 1-15。

表 1-15　服务器配置

设备名称	IP 地址	子网掩码	添加网卡模块名称
Web1	192.168.1.200	255.255.255.0	单接口思科千兆位以太网模块（PT-HOST-NM-1FGE）
Web2	192.168.1.201	255.255.255.0	单接口思科千兆位以太网模块（PT-HOST-NM-1FGE）

③ 交换机配置见表 1-16。

表 1-16　交换机配置

设备名称	添加模块名称	模块编号	接口编号
Switch1	单接口的快速以太网接口网络模块（PT-SWITCH-NM-1CFE）	0	FastEthernet0/1
	同上	1	FastEthernet1/1
	单接口思科千兆位以太网模块（PT-SWITCH-NM-1FGE）	2	GigabitEthernet2/1
	同上	3	GigabitEthernet3/1

④ 服务器与交换机使用光纤连接，计算机与交换机使用双绞线连接。

4．实训效果

计算机能够通过 IP 地址访问 Web 服务器。

5．实训思路

（1）根据如图 1-57 所示的实训拓扑图添加设备。

（2）交换机添加电模块和光模块，服务器添加光纤网卡。

（3）使用光纤或双绞线连接设备并配置 IP 地址信息。

（4）测试网络连通性。

6．详细步骤

为网络设备添加模块

（1）在设备类型区中单击“终端设备”图标，添加 2 台服务器和 2 台计算机。

（2）在设备类型区中选择“交换机”图标，在右侧设备选择区中单击“Switch-PT-Empty”图标后，将其添加到工作区并修改设备名称如图 1-64 所示。

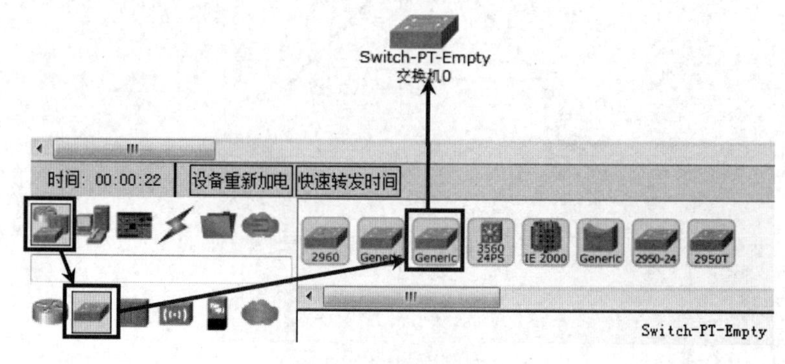

图 1-64　添加交换机

（3）设备添加完成后的摆放如图 1-65 所示。

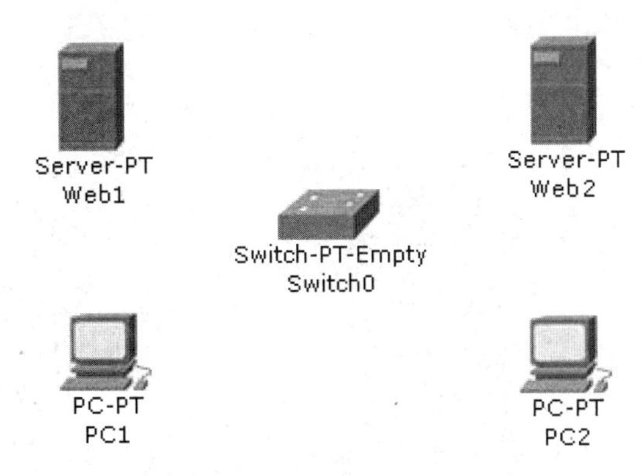

图 1-65　设备添加完成后的摆放

（4）单击“Web1”服务器，在打开的“Web1”窗口中选择“物理”选项卡，在窗口右侧的物理设备视图中，单击服务器的电源按钮，关闭服务器电源，如图 1-66 所示。

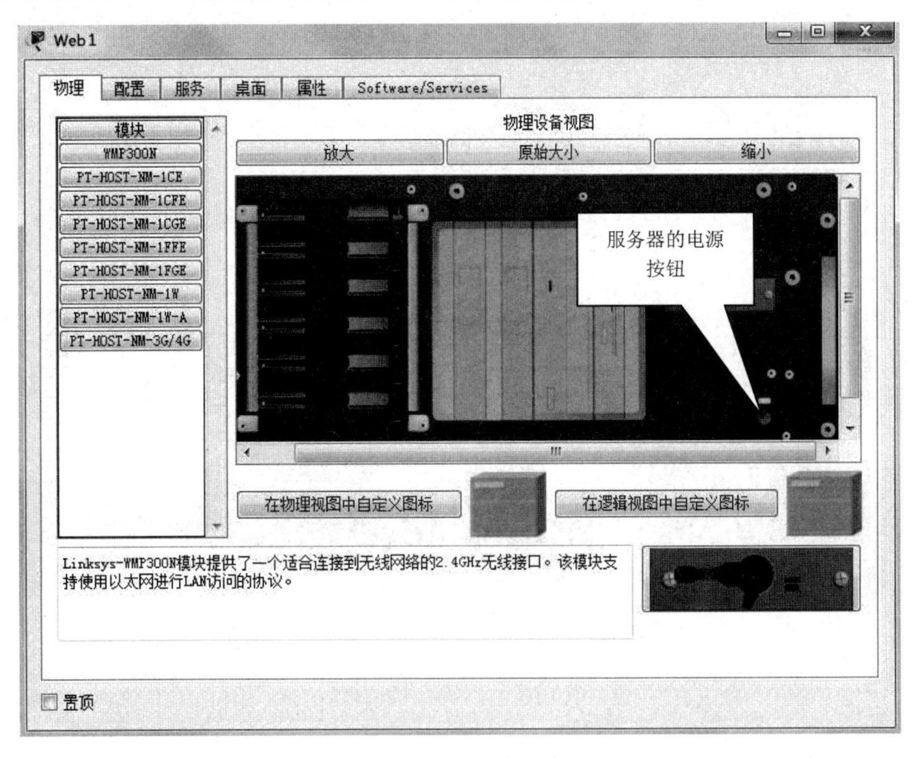

图 1-66　关闭服务器电源

（5）在模块列表中选择“PT-HOST-NM-1FGE”千兆位光纤模块，拖曳该模块到服务器的扩展插槽中，然后开启服务器电源，如图 1-67 所示。用同样的方法为第 2 台服务器添加光纤模块。

（6）单击“Switch0”交换机，在打开的“Switch0”窗口中选择“物理”选项卡，在窗口右侧的物理设备视图中，单击交换机的电源按钮，关闭交换机电源，如图 1-68 所示。

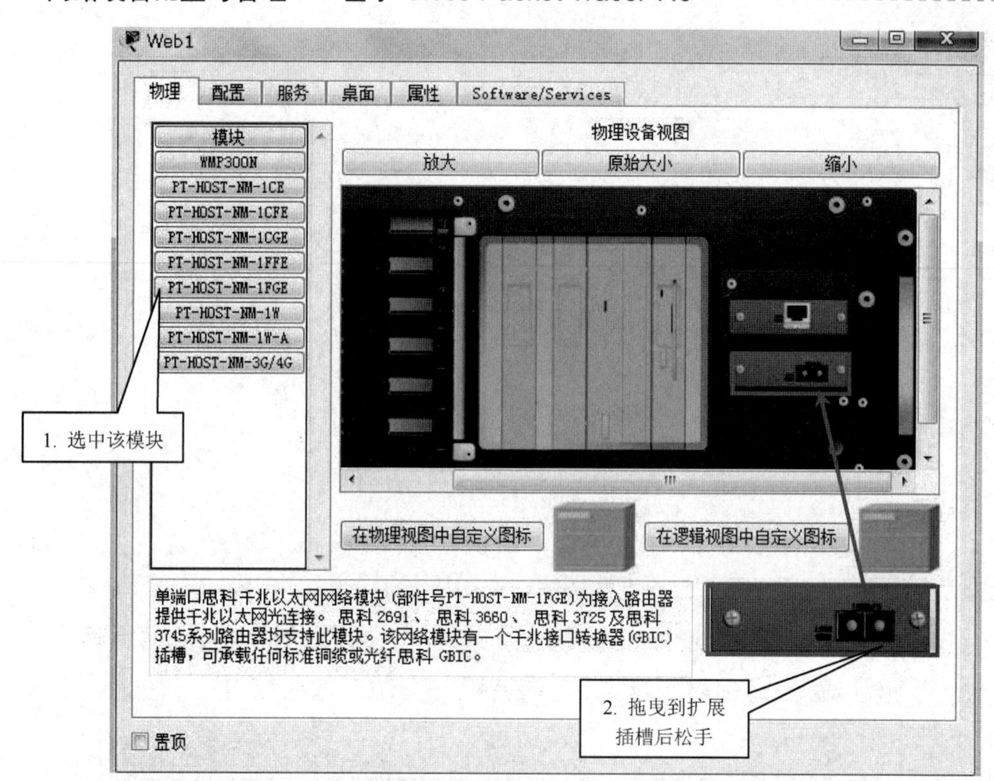

图 1-67　添加“PT-HOST-NM-1FGE”千兆位光纤模块

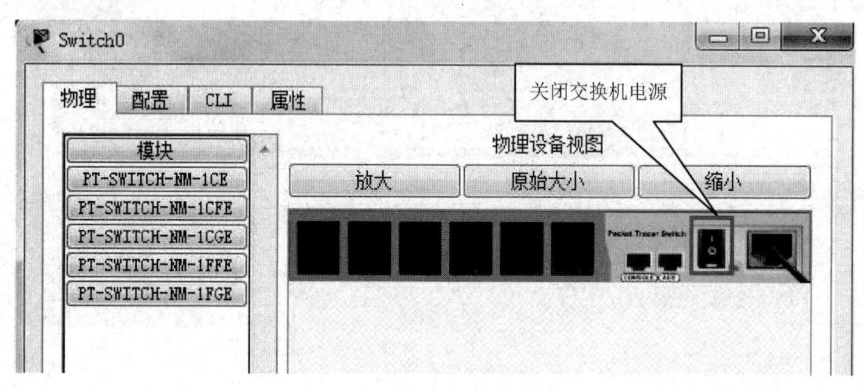

图 1-68　关闭交换机电源

（7）在“模块”列表中选择“PT-SWITCH-NM-1CFE”模块（快速以太网网络模块），拖动该模块到交换机的 0 模块插槽中，如图 1-69 所示。

（8）用同样的方法添加“PT-SWITCH-NM-1CFE”模块到交换机的 1 模块插槽，添加“PT-SWITCH-NM-1FGE”模块（单接口思科千兆位以太网网络模块）到 2 模块插槽和 3 模块插槽中，完成后开启交换机电源，如图 1-70 所示。

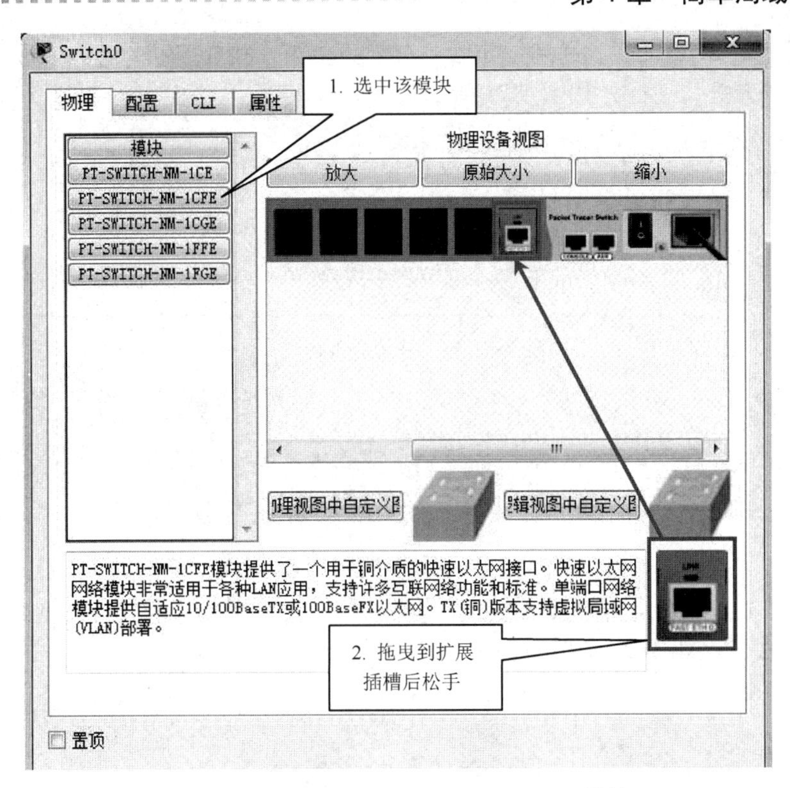

图 1-69　添加“PT-SWITCH-NM-1CFE”模块

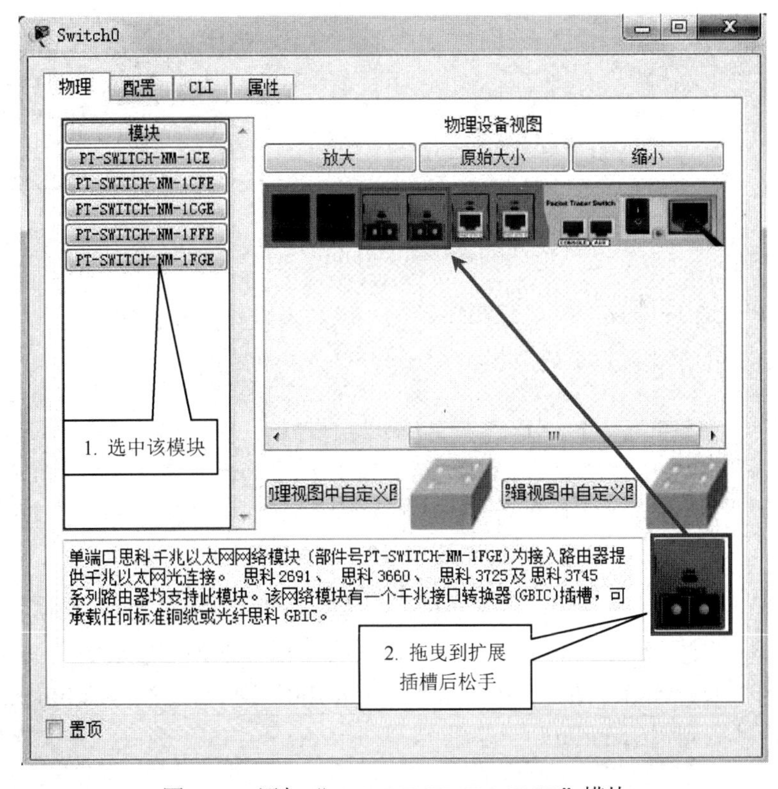

图 1-70　添加“PT-SWITCH-NM-1FGE”模块

（9）关闭“Switch0”窗口回到工作区，在设备类型区中单击“线缆”图标，在右边的设备选择区单击“光纤”图标，如图 1-71 所示。

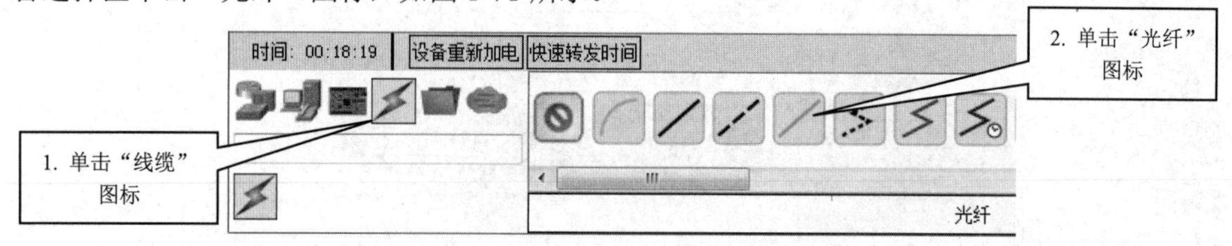

图 1-71　选择光纤线缆

小贴士：

按光在光纤中的传输模式的不同，光纤可分为单模光纤和多模光纤。多模光纤的纤芯较粗，通常用于短距离传输；单模光纤的纤芯较细，通常用于长距离传输。

（10）选择光纤线缆后，在工作区中单击“Web1”服务器，然后选择“GigabitEthernet1”光纤接口，如图 1-72 所示。光纤另一头单击“Switch0”交换机，然后选择“GigabitEthernet2/1”光纤接口完成连接，如图 1-73 所示。

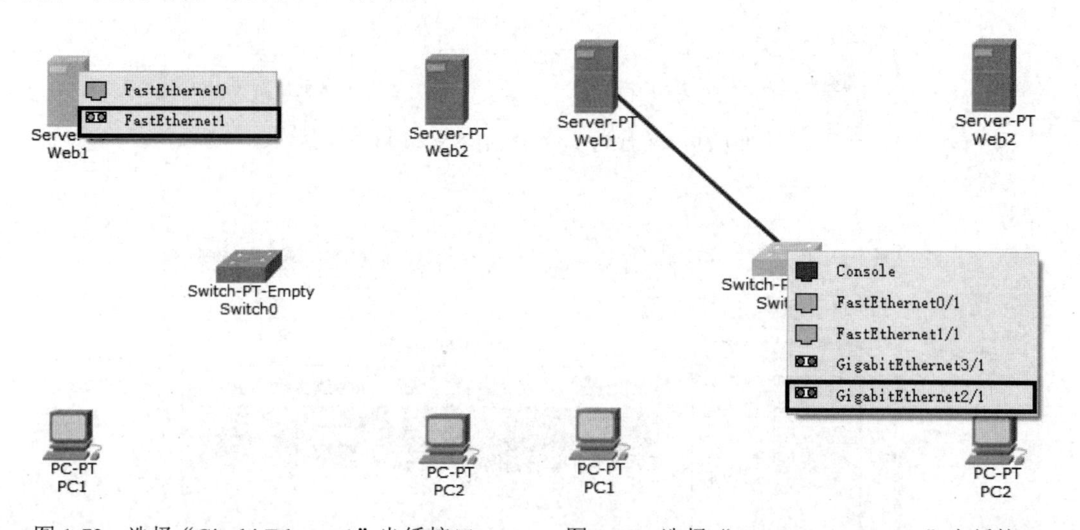

图 1-72　选择“GigabitEthernet1”光纤接口　　　图 1-73　选择“GigabitEthernet2/1”光纤接口

小贴士：

交换机的接口类型有 E、F 和 G 等，如 E0/24、F0/24、G0/24。E 表示 Ethernet，即以太网，通常指速率在 10Mbps 的网络；F 表示 FastEthernet，即快速以太网，通常指速率为 100Mbps 的网络；G 表示 GigabitEthernet，即高速以太网，通常指速率 1000Mbps 的网络。交换机 F0/1 接口中的 F 表示 FastEthernet，即快速以太网，0 表示交换机的第一个插槽，1 表示该插槽的第一个接口。

（11）用同样的方法，用光纤连接“Web2”服务器到“Switch0”交换机的“GigabitEthernet3/1”光纤接口，使用直通线连接“PC1”计算机到“Switch0”交换机的“FastEthernet0/1”接口，以及“PC2”计算机到“Switch0”交换机的“FastEthernet1/1”接口，完成连接后的拓扑图如图 1-74 所示。

（12）按实训要求分别设置 2 台服务器和 2 台计算机的 IP 地址。（注意：这里是设置 2 台服务器 GigabitEthernet1 接口的 IP 地址。）

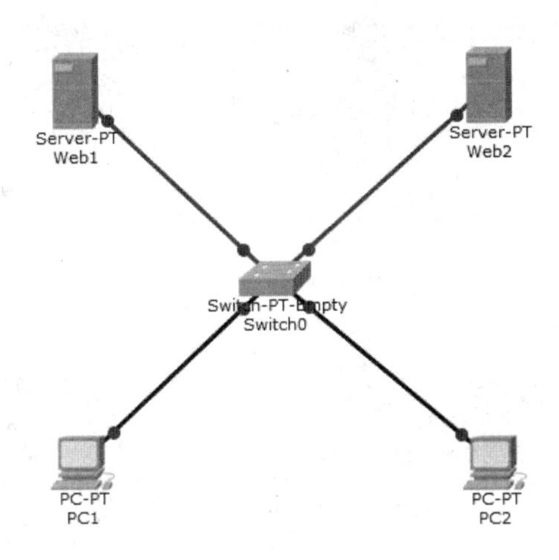

图 1-74　完成连接后的拓扑图

（13）使用其中一台计算机的“Web 浏览器”分别访问 2 台服务器，如图 1-75 和图 1-76 所示。

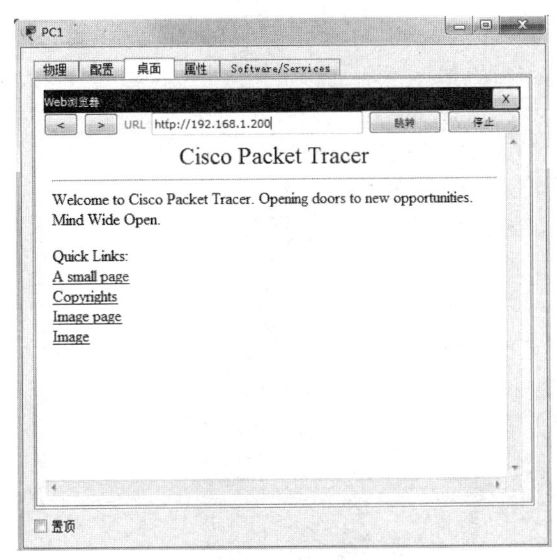

图 1-75　访问“Web1”服务器

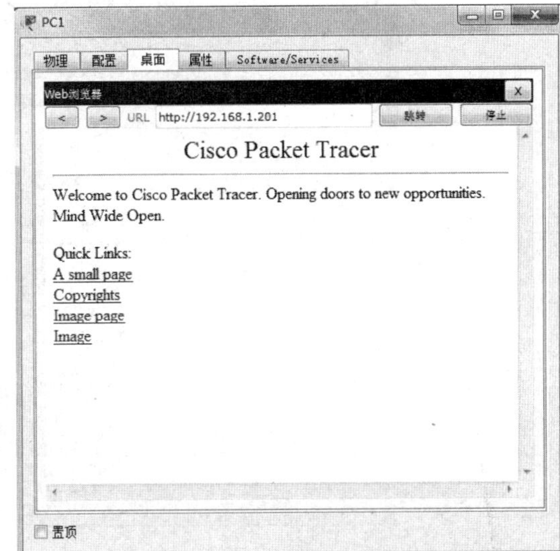

图 1-76　访问“Web2”服务器

7. 相关知识

（1）交换机的插槽通常都有标号，从靠近电源开始，依次是 0、1、2 和 3 等。

（2）交换机的一个模块通常有多个接口，标号通常从 1 开始。

8. 注意事项

（1）在为设备更换或添加模块前必须关闭设备电源。

（2）并不是所有的设备都留有扩展插槽，购买设备时应根据需要购买。

（3）添加模块或网卡等设备后应开启设备电源。

9. 实训巩固

完成如图 1-77 所示的实训巩固拓扑图，实现光纤局域网的组建。

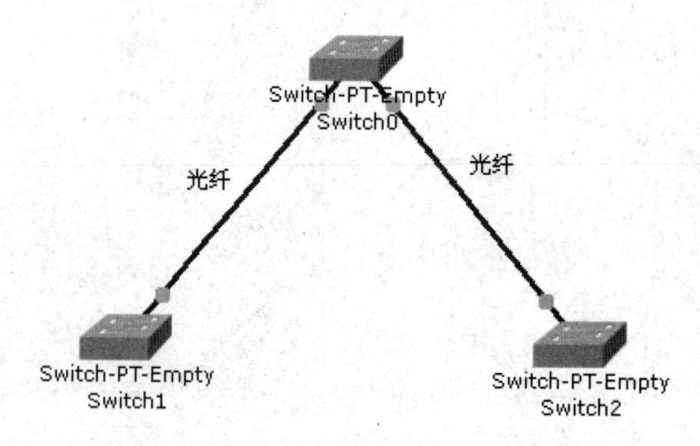

图 1-77　实训巩固拓扑图

第 2 章

交换机配置

2.1　交换机的基本配置与管理

预备知识

交换机是局域网中最常用的通信设备，它将接收到的数据根据 MAC 地址表进行高速转发。根据交换机的可管理性，交换机分为可管理交换机和非可管理交换机。非可管理交换机常用于小型网络（通常只有几台到几十台）。这种网络结构简单，基本不用管理，也不能控制。例如，不能控制网络接入计算机的数量。可管理交换机常用于大中型网络，它支持网络管理协议，便于网络监控和管理。

可管理交换机管理的方式有命令行管理和 Web 管理。Web 管理是通过网页形式对交换机进行管理的，这种方式直观且容易理解，但配置思路不清晰；命令行管理是通过交换机的配置接口或通过网络使用远程登录对交换机进行管理的，它是交换机管理中最常用的一种方式。

在交换机命令行配置模式下，不同的配置模式的提示信息也不同，交换机的配置模式分类如图 2-1 所示。

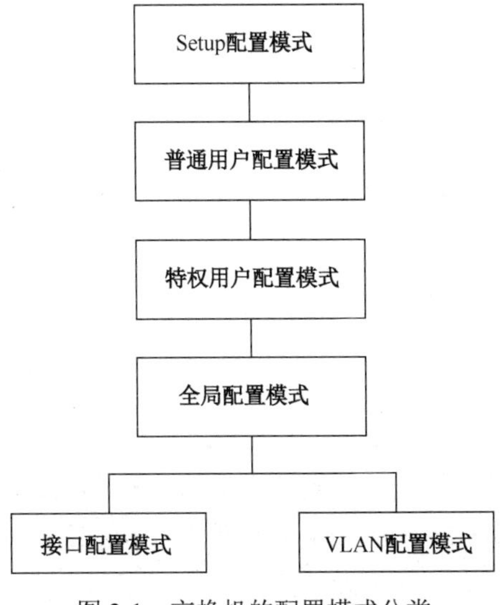

图 2-1　交换机的配置模式分类

Setup 配置模式：首次开启没有配置过的交换机会自动进入该模式，在特权用户模式下输入"Setup"命令也可进入该模式。该模式以向导提问的方式配置交换机的常用功能。

普通用户配置模式：进入交换机后首先进入普通用户配置模式，在该模式下只能查询交换机的一些基本信息，如版本号等。普通用户配置模式的提示信息为"switch>"。

特权用户配置模式：在普通用户配置模式下输入"enable"命令即可进入特权用户配置模式，在该模式下可以查看交换机的配置信息和调试信息等。特权用户配置模式的提示信息："switch#"。

全局配置模式：在特权用户配置模式下输入"configure terminal"命令即可进入全局配置模式，在该模式下主要完成全局参数的配置。全局配置模式的提示信息："switch(config)#"。

接口配置模式：在全局配置模式下输入"interface interface-list"命令即可进入接口配置模式，在该模式下主要完成接口参数的配置。接口配置模式的提示信息："switch(config-if)#"。

VLAN 配置模式：在全局配置模式下输入"VLAN database"命令即可进入 VLAN 配置模式，在该配置模式下可以完成 VLAN 的一些相关配置。VLAN 配置模式的提示信息："switch (VLAN)#"。

1. 学习目标

（1）了解交换机的各种命令配置模式及作用。

（2）掌握进入及退出各种命令配置模式的命令。

（3）掌握命令行的简洁输入方式。

（4）掌握更改交换机名称和更改时间、日期的命令。

2. 应用情境

命令行配置模式是交换机管理中最常用的一种，在不同的模式下输入不同的命令就可以完成对交换机的管理。因此，掌握各种模式的命令是配置交换机的基础。

图 2-2 实训拓扑图

3. 实训要求

（1）设备要求：1 台 2950-24 交换机。

（2）实训拓扑图如图 2-2 所示。

4. 实训思路

（1）进入各种配置模式。

（2）退出各种配置模式。

（3）更改交换机名称。

（4）显示更改交换机时间日期。

交换机的基本配置与管理

5. 详细步骤

（1）打开交换机，进入普通用户配置模式。

```
Switch>              //提示符">"表示当前在普通用户配置模式，"Switch"为交换机名称
```

（2）在普通用户模式下输入"enable"命令进入特权用户模式。

```
Switch>enable          //进入特权用户配置模式
Switch#                //提示符"#"表示当前在特权用户配置模式
```

（3）在特权配置模式下输入"configure terminal"命令进入全局配置模式。

```
Switch#configure terminal         //进入全局配置模式
Enter configuration commands, one per line.  End with CNTL/Z.
Switch(config)#                   //提示符"(config)#"表示当前在全局配置模式
```

（4）在全局配置模式下输入“interface fastEthernet 0/1”命令进入交换机模块编号为0、接口编号为1的快速以太网接口。

```
Switch(config)#interface fastEthernet 0/1
                              //进入交换机模块编号为0、接口编号为1的快速以太网接口
Switch(config-if)#            //提示符“(config-if)#”表示当前在接口配置模式
```

小贴士：

同一厂商的不同交换机或不同厂商的不同交换机的模块起始编号不同。例如，神州数码DCS-3950交换机的模块编号从0开始，DCS-5950交换机的模块编号从1开始。

（5）使用“exit”命令退出各种模式。

```
Switch(config-if)#exit          //退出接口配置模式
Switch(config)#exit             //退出全局配置模式
Switch#exit                     //退出特权用户配置模式
Switch>                         //当前为普通用户配置模式
```

（6）也可以在接口配置模式下按“Ctrl+Z”组合键，直接退出到特权用户模式。

```
Switch(config-if)#^Z            //在接口配置模式下按“Ctrl+Z”组合键
Switch#        //直接退出到特权用户模式
```

（7）进入全局配置模式，将交换机名称更改为S2950。

```
Switch>en               //输入“enable”命令的简写“en”即可
Switch#conf             //输入“conf”后按“Tab”键，系统会自动补充“configure”
Switch#configure t      //输入“t”后按“Tab”键，系统会自动补充“terminal”
Switch#configure terminal
Enter configuration commands, one per line.  End with CNTL/Z.
Switch(config)#?        //在当前模式下输入“？”,显示该模式下所有的命令
Configure commands:
  access-list              Add an access list entry
  banner                   Define a login banner
  boot                     Boot Commands
  cdp                      Global CDP configuration subcommands
  clock                    Configure time-of-day clock
  do                       To run exec commands in config mode
  enable                   Modify enable password parameters
  end                      Exit from configure mode
  exit                     Exit from configure mode
  hostname                 Set system's network name
  interface                Select an interface to configure
  ip                       Global IP configuration subcommands
  line                     Configure a terminal line
  logging                  Modify message logging facilities
  mac-address-table        Configure the MAC address table
  no                       Negate a command or set its defaults
  port-channel             EtherChannel configuration
  privilege                Command privilege parameters
  service                  Modify use of network based services
  snmp-server              Modify SNMP engine parameters
  spanning-tree            Spanning Tree Subsystem
  username                 Establish User Name Authentication
```

```
  VLAN                    VLAN commands
  vtp                     Configure global VTP state
Switch(config)#h?                       //显示当前配置模式下以“h”开头的命令
hostname
Switch(config)#hostname S2950          //将交换机名称更改为S2950
S2950(config)#
```

小贴士：

使用“Tab”键，系统可以自动补全命令，前提是在当前配置模式下所输入的字母后没有相同的命令。例如，上面的例子中，设置交换机名称的命令为“hostname S2950”，由于在全局配置模式下以“h”开头的命令只有一个，所以在输入“h”后按“Tab”键，系统会补全“hostname”。

IOS 系统默认记录最近输入的 10 条命令，可使用“↑”键显示上一条命令，使用“↓”键显示下一条命令；可在特权用户模式下使用“show history”命令查看最近输入的命令，在特权用户模式下使用“terminal history size 数值”命令格式可配置历史记录系数，最大值为 256，最小值为 0。

（8）查看和更改交换机的时间与日期。

```
S2950(config)#exit                      //退出全局配置模式
S2950#show clock                        //显示交换机的时间、日期
*0:4:28.323 UTC Mon Mar 1 1993
S2950#clock set ?    //clock set为设置时间、日期命令，第1个参数设置时、分、秒
  hh:mm:ss  Current Time
S2950#clock set 8:30:00 ?               //第2个参数设置日期中的日
  <1-31>  Day of the month
  MONTH   Month of the year
S2950#clock set 8:30:00 7 ?             //第3个参数设置日期中的月
  MONTH  Month of the year
S2950#clock set 8:30:00 7 June ?        //第4个参数设置日期中的年
  <1993-2035>  Year
S2950#clock set 8:30:00 7 June 2018 ?
  <cr>                                  //“<cr>”命令为“Enter”键，表示命令结束
S2950#clock set 8:30:00 7 June 2018
S2950#show clock                        //再次查看时间日期
8:30:4.312 UTC Thu Jun 7 2018           //月份显示为简写
```

月份的中英文对照：一月—January，二月—February，三月—March，四月—April，五月—May，六月—June，七月—July，八月—August，九月—September，十月—October，十一月—November，十二月—December。

6. 相关命令

相关命令见表 2-1 所示。

表 2-1 相关命令

命令	configure terminal
功能	从特权用户配置模式进入全局配置模式
参数	无
模式	特权用户配置模式
实例	Switch#configure terminal

续表

命令	interface fastEthernet 模块编号/接口编号
功能	进入某一接口
参数	无
模式	全局配置模式
实例	进入模块编号为 0、接口编号为 1 的快速以太网接口： Switch(config)#interface fastEthernet 0/1
命令	hostname <hostname>
功能	更改交换机名称
参数	<hostname>为要更改的交换机名称
模式	全局配置模式
实例	将交换机名称更改为 S3950-26 : Switch(config)#hostname S3950-26 S3950-26(config)#
命令	clock set <hh:mm:ss> <1-31> <MONTH> <1993-2035>
功能	设置交换机系统时间和日期
参数	第 1 个参数<hh:mm:ss>为小时、分、秒；第 2 个参数<1-31>为日；第 3 个参数<MONTH>为月，格式为英文；第 4 个参数<1993-2035>为年
模式	特权用户配置模式
实例	设置交换机系统时钟为：2011 年 6 月 10 日 9 时 19 分 00 秒 Switch#clock set 9:19:00 10 June 2011
命令	enable
功能	从普通用户配置模式进入特权用户配置模式
参数	无
模式	用户配置模式
实例	Switch>enable

7．相关知识

（1）不同模式下的提示符及功能见表 2-2。

表 2-2　不同模式下的提示符及功能

序号	模式名称	提示符	进入方式或命令	作用
1	Setup 模式	无	首次进入交换机或在交换机特权用户配置模式下输入“setup”命令，如“Switch#setup”	能在该模式下配置交换机的名称、特权密码等
2	普通用户配置模式	>	通过远程登录或配置口登录	能进行查看操作，不能对交换机进行参数配置
3	特权用户配置模式	#	普通用户配置模式下输入“enable”命令，如“Switch>enable”	能进行少量的操作，如设置交换机时间、保存交换机配置等
4	全局配置模式	(config)#	特权用户配置模式下输入“configure terminal”命令，如“Switch#configure terminal”	可以对交换机进行参数配置，在全局配置模式下进行的配置是对整个交换机的配置
5	接口配置模式	(config-if)#	全局配置模式下输入“interface 接口类型/接口编号”的命令格式，如“Switch (config)#interface fastEthernet 0/1”	对指定接口进行参数配置，只对该接口生效
6	VLAN 配置模式	(config-VLAN)#	全局配置模式下输入“VLAN 编号”的命令格式，如“Switch(config)#VLAN 1”	对指定 VLAN 进行参数配置，只对该 VLAN 生效

（2）退出到上一级模式使用“exit”命令，在高于特权用户配置模式的模式中可使用“Ctrl+Z”组合键直接退出到特权用户配置模式。

（3）交换机支持命令简洁方式。

① 支持命令简写，按“Tab”键补充完整。

② 直接输入“?”，按“Enter”键，显示该模式下所有的命令。

③ 命令后输入“空格+?”，显示命令参数并对其解释说明。

④ 字符后输入“?”，显示以该字符开头的命令。

⑤ 命令历史缓存：按“↑”键显示上一条命令，按“↓”键显示下一条命令。

8．注意事项

（1）交换机名称的作用可用于辨别交换机所在位置，方便管理。

（2）“clock set <hh:mm:ss><1-31><MDNTH><1993-2035>”中的第 3 个参数<MONTH>应写英文的月份。

9．实训巩固

（1）将交换机名称更改为“S3760-24”。

（2）配置交换机的日期和时间为当前日期和时间。

2.2 Console 接口和特权用户配置模式密码配置

预备知识

交换机的管理可分为带内管理和带外管理。带内管理占用一定的网络带宽，一般通过网络连接到交换机，如 Telnet 管理和 Web 管理。带外管理不占用网络带宽，常用 Console 接口管理交换机。带外管理使用交换机专用的配置线缆，一端连接计算机的串行接口（RS 232），另一端连接交换机的 Console 接口，通过 Windows 系统的超级终端进入交换机对其进行配置。因为交换机出厂时没有进行任何配置，所以带外管理方式也是首次配置交换机的方式。

通过 Console 接口配置交换机时只需连接线缆即可进入交换机对其进行配置。对于安装在楼道里的交换机，应该配置 Console 接口的连接密码，只有经过密码认证才能连接交换机，进入交换机的普通用户配置模式，通过设置特权密码可进入更高命令配置模式。Console 接口密码和特权密码可设置为不一样的密码。

1．学习目标

（1）了解 Console 接口的作用。

（2）掌握 Console 接口和特权用户配置模式密码的配置命令。

2．应用情境

因为交换机出厂时并未设置 IP 地址，所以管理交换机上都配有一个 Console 接口（配置接口）。交换机第一次配置必须用交换机的专用配置线连接交换机的 Console 接口和计算机的 COM 接口，通过超级终端进入交换机进行配置。

3．实训要求

（1）实训设备。

① 1 台 2950-24 交换机、1 台计算机。

② 1 条配置线。

（2）实训拓扑图如图 2-3 所示。

（3）交换机配置要求：设置特权密码和配置接口密码。

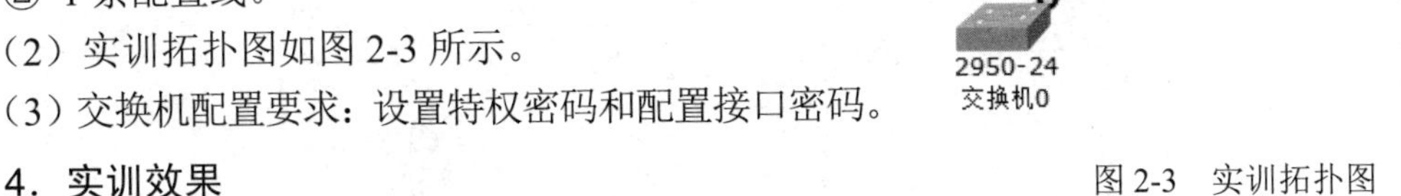

图 2-3　实训拓扑图

4. 实训效果

使用配置接口进入交换机配置时需要输入密码，经过认证才能进入交换机，同样进入特权模式也需要输入密码进行认证。

5. 实训思路

（1）配置交换机特权密码。

（2）进入线路配置模式，配置 Console 接口密码。

Console 接口和特权用户配置模式密码配置

6. 详细步骤

（1）按如图 2-3 所示的实训拓扑图添加 1 台 2950-24 交换机和 1 台计算机。

（2）在设备类型区中单击“线缆”图标，在右侧设备选择区中单击“配置线”图标，如图 2-4 所示。

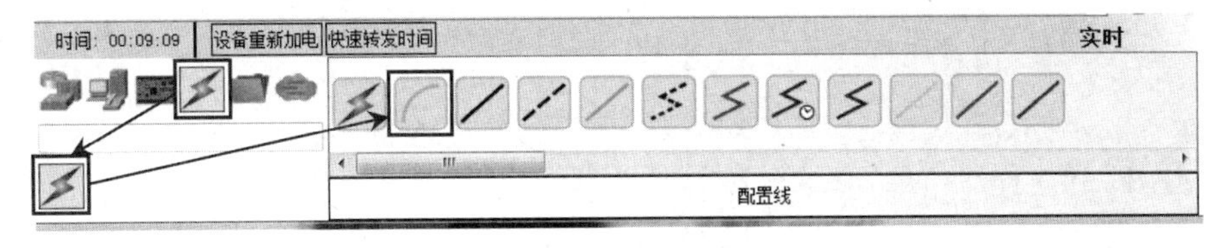

图 2-4　添加配置线

（3）使用选择的配置线连接交换机的 Console 接口与计算机的 RS 232 串行接口，如图 2-5 所示。

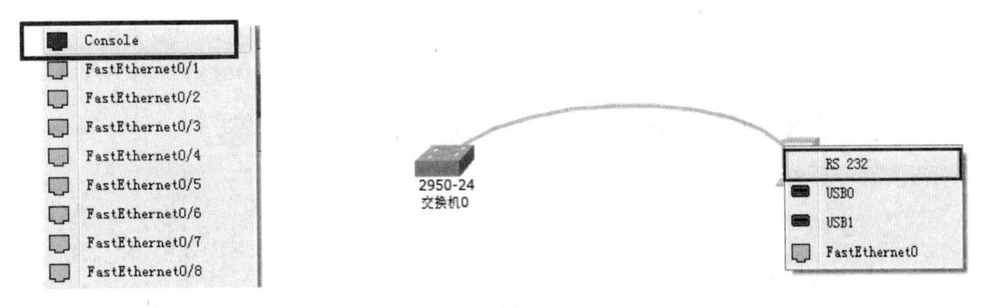

图 2-5　用配置线连接交换机与计算机

小贴士：

购买可管理的交换机都会附送一条配置线。配置线一端为 9 针的 RS 232 接口，用于连接计算机对应接口；另一端为 RS 232 接口或 RJ 45 接口，用于连接交换机的 Console 接口。

（4）单击“PC0”计算机，在打开的“PC0”窗口中选择“桌面”选项卡，然后单击“终端”图标，如图 2-6 所示，进入计算机的超级终端界面。

小贴士：

在 Windows xp 系统中进入超级终端方法为：在桌面上单击“开始→程序→附件→通信→超级终端”选项。注意：Windows 7 及其以后的系统没有内置超级终端，需另行下载。

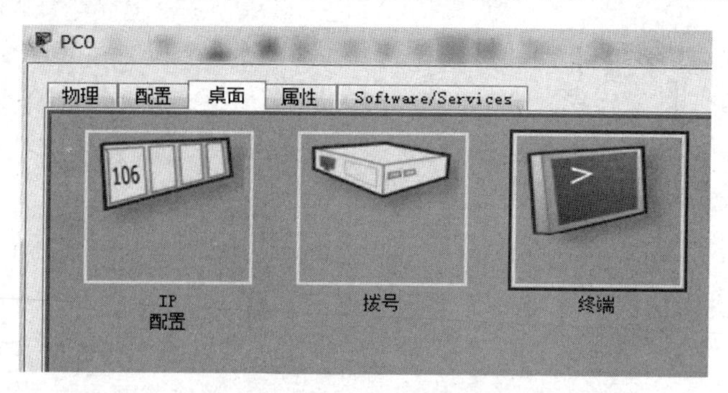

图 2-6　单击“终端”图标

（5）在“终端配置”界面中配置相应参数后，单击“确定”按钮，如图 2-7 所示，进入交换机的命令行配置界面。

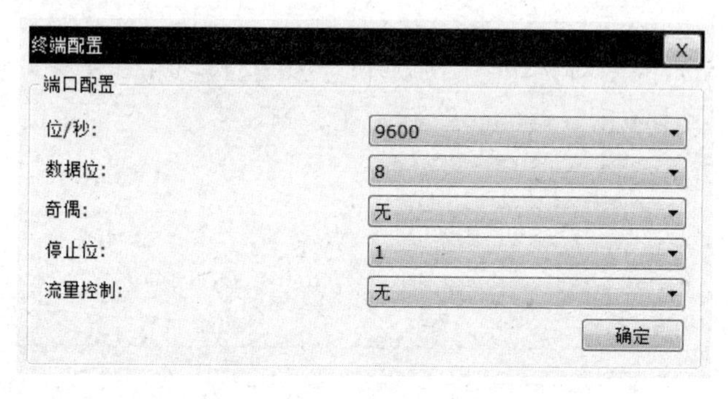

图 2-7　“终端配置”界面

（6）进入交换机命令行配置界面后，按“Enter”键，系统显示当前进入的模式是交换机的普通用户配置模式，如图 2-8 所示。

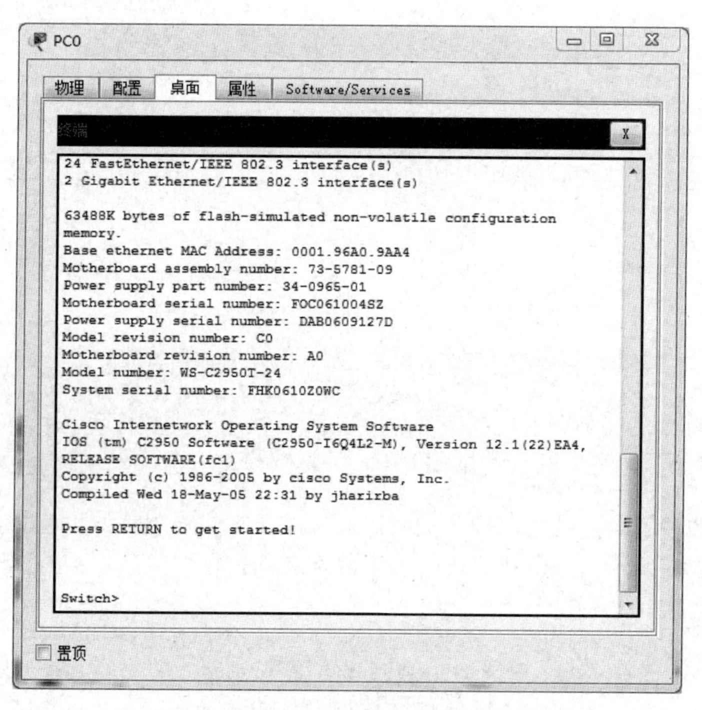

图 2-8　交换机的普通用户配置模式

（7）进入全局配置模式，配置特权密码为“qwe123”。

```
Switch>enable                                  //进入特权用户配置模式
Switch#configure terminal                      //进入全局配置模式
Switch(config)#enable secret qwe123
//配置进入特权用户配置模式的密码为“qwe123”。
```

小贴士：

“enable secret 密码”命令格式设置的密码以加密方式存储在交换机配置文件中。若使用“enable password 密码”设置特权密码，则以明文方式存储密码，可在特权用户配置模式下使用“show run”查看密码。

（8）进入 Console 接口线路配置模式，配置 Console 接口登录密码为“asd123”，并允许登录。

```
Switch(config)#line console 0          //进入Console接口线路配置模式
Switch(config-line)#password asd123    //配置Console接口登录密码为“asd123”
Switch(config-line)#login              //允许登录
Switch(config-line)#
```

（9）退出到特权用户配置模式，保存配置并退出交换机。

```
Switch(config-line)#^Z              //按“Ctrl+Z”组合键直接退出到特权用户配置模式
Switch#write                        //保存配置，以使下次重启交换机时配置一样能生效
Building configuration...
[OK]
Switch#exit
```

或

```
Switch(config-line)#^Z
Switch#copy running-config startup-config
                                           //保存配置，把运行配置保存到启动配置
Destination filename [startup-config]?    //按“Enter”键
Building configuration...
[OK]
Switch# exit
```

小贴士：

在交换机所做的配置默认保存在运行配置文件。交换机重启或断电后会清空运行配置文件，重新启动后会加载启动配置文件里的配置，所以对交换机的配置更改后应使用上述命令把所做操作保存在启动配置文件里。

（10）退出“终端配置”界面，再次通过终端进入交换机，可发现要求输入密码，输入前面配置的密码即可进入普通用户配置模式。

```
Press RETURN to get started!
User Access Verification
Password:               //输入前面配置的密码“asd123”即可进入
Switch>
```

（11）进入特权用户配置模式，要求输入密码。

```
Switch>enable
Password:               //输入前面配置的密码“qwe123”即可进入
Switch#
```

7．相关命令

相关命令见表 2-3。

表 2-3　相关命令

命令	enable secret {<0>|<5>|LINE|level}
功能	配置或修改进入特权用户配置模式的密码
参数	<0>为不加密；<5>为加密；LINE 为直接输入密码；level 为指定登录等级，等级范围为 1～15，以不同等级身份进入特权用户配置模式且权限不同
模式	全局配置模式
实例	配置进入特权用户配置模式，密码为“cisco123”： Switch(config)#enable secret cisco123
命令	line console<0-0>
功能	从全局配置模式进入接口线路配置模式
参数	<0-0>为配置接口编号，由于设备只有一个 Console 接口，所以为 0
模式	全局配置模式
实例	进入接口线路配置模式： Switch(config)#line console 0 Switch(config-line)#
命令	write {erase|memory|terminal}
功能	保存设备运行配置
参数	erase 为删除系统启动配置；memory 为保存当前运行配置到系统启动配置，该参数为默认参数，等同于命令“copy running-config startup-config”；terminal 为保存运行配置到终端，与“show run”命令功能相同
模式	特权用户配置模式
实例	保存当前运行配置到系统启动配置： Switch#write memory Building configuration... [OK]
命令	copy running-config startup-config
功能	保存设备运行配置到系统启动配置文件
参数	无
模式	特权用户配置模式
实例	保存运行配置： Switch# #copy running-config startup-config Destination filename [startup-config]? Building configuration... [OK]

8．相关知识

（1）在全局配置模式下使用“enable password”命令也是设置进入特权用户配置模式需要输入密码，使用该命令设置的密码默认不加密。

（2）交换机的硬件结构与计算机相似，内存是保存交换机运行配置信息（running-config 文件）的地方，断电或重启后保存的信息将丢失。非易失性内存（NVM）是保存交换机系统启动配置文件（startup-config 文件）的地方，断电或重启后配置信息依旧存在。由于交换机系统启动时会加载系统启动配置文件，所以对交换机进行配置后应当使用“write”或“copy run start”命令保存运行配置文件到系统启动配置文件。

（3）如果使用“enable password”命令后，再使用“enable secret”命令设置密码，此时“enable password” 命令设置的密码将会自动失效。

（4）配置 Console 接口认证方式也可以使用存储在本地数据库的用户名和密码。

① 在交换机上配置。

```
Switch(config)#username admin secret cisco123
//添加本地数据库用户名和密码
Switch(config)#line console 0                //进入console 0接口线路配置模式
Switch(config-line)#login local              //登录认证方式使用本地数据库
Switch(config-line)#exit
```

② 使用计算机的终端通过配置线连接到交换机。

```
User Access Verification
Username: admin              //输入本地数据库中的用户名
Password:                    //输入密码
Switch>                      //登录成功
```

9．注意事项

设置密码时应使用复杂密码，如数字、字母大小写、字符的组合。

10．实训巩固

使用超级终端完成下列交换机的配置要求：

（1）更改交换机名称，具体参照如图 2-9 所示的实训巩固拓扑图。

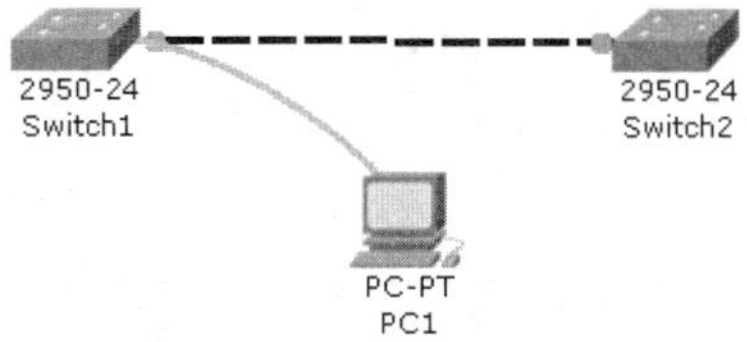

2950-24
Switch1
2950-24
Switch2
PC-PT
PC1

图 2-9　实训巩固拓扑图

（2）进入特权用户配置模式的密码设置为“practice123”。

（3）进入 Console 接口的登录密码设置为“show123”。

2.3　交换机的 Telnet 远程登录配置

预备知识

虽然使用 Console 接口配置交换机不占用网络带宽，但要使用专用配置线缆，且配置线缆较短，一般为 1.5～3 米。这种方式对于配置分散在不同楼、不同楼层或不在同一区域的交换机较为复杂，工作效率较低，仅试用于首次配置交换机。如果交换机的管理采用带内管理方式，只需要配置好交换机后，任何一台能连接到设备的计算机都可以对网络上的任何交换机进行配置管理。对于大中型网络，带内管理方式能大大提高工作效率。

使用 Telnet 远程登录进行交换机的配置是最常用的带内管理方式。带内管理方式首先利用配置线连接到交换机的 Console 接口，配置交换机的远程管理地址，然后进入 vty 线路配置模式，配置远程登录密码并开启远程登录功能。出于安全考虑，远程登录管理交换机时，交换机必须配置特权用户密码才能进行远程登录。配置好交换机后，可使用网络中的任何一台与该交换机设备连通的计算机，通过 Telnet 程序连接到交换机并对其进行管理。

1．学习目标

（1）了解 Telnet 远程登录的作用。

（2）掌握 Telnet 远程登录的配置命令。

2. 应用情境

某校园网的交换机分布在多栋楼的不同楼层。由于经常需要对其进行网络配置，使用 Console 接口对交换机进行配置时，需要找到对应的交换机直接进行配置，一次小的配置改动就要到多栋楼的不同楼层去操作，配置效率极其低下。交换机的 Telnet 远程登录允许管理员从该网络上的任意一台计算机登录并进行管理，登录时只需要输入登录用户名和密码即可像使用 Console 接口一样管理交换机，这种方式能够很好地提高配置效率。

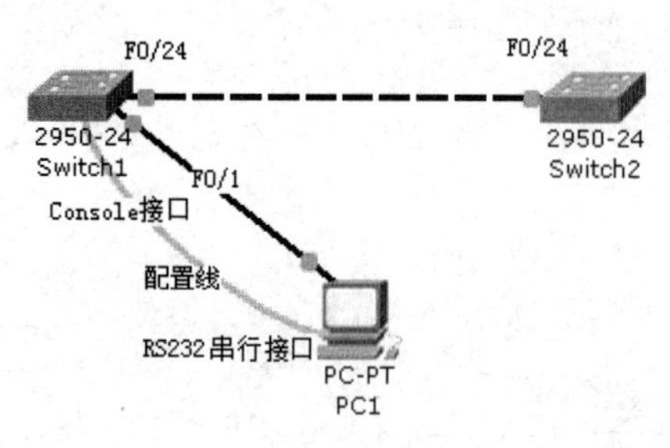

图 2-10　实训拓扑图

3. 实训要求

（1）实训设备。

① 2 台 2950-24 交换机和 1 台计算机。

② 1 条交叉线、1 条直通线、1 条配置线。

（2）实训拓扑图如图 2-10 所示。

（3）相关设备配置见表 2-4 和表 2-5。

表 2-4　计算机配置

设备名称	IP 地址	子网掩码	所属 VLAN	连接接口
PC1	192.168.1.1	255.255.255.0	VLAN 1	Switch1 的 F0/1 接口

表 2-5　交换机配置

设备名称	VLAN 1 接口管理 IP 地址	密码
Switch1	IP 地址：192.168.1.2 子网掩码：255.255.255.0	Telnet 远程登录密码：test123 特权用户配置登录密码：qxt123
Switch2	IP 地址：192.168.1.3 子网掩码：255.255.255.0	

4. 实训效果

计算机都能够用 Telnet 远程登录到“Switch1”“Switch2”交换机。

5. 实训思路

（1）添加并连接设备。

（2）设置计算机能够通过终端连接到交换机。

（3）配置交换机的 VLAN 接口 IP 地址。

（4）配置交换机远程登录密码和特权用户配置登录密码。

（5）使用计算机远程登录到交换机进行测试。

6. 详细步骤

交换机的 Telnet 远程登录配置

（1）添加 2 台 2950-24 交换机和 1 台计算机，更换设备名称。

（2）使用交叉线连接 2 台交换机的“F0/24”接口，使用直通线连接“Switch1”交换机的“F0/1”接口与“PC1”计算机的“FastEthernet0”接口。

（3）使用配置线连接“PC1”计算机的“RS 232”接口与 Switch1 的“Console”接口。

（4）按实训要求配置“PC1”计算机的 IP 地址和子网掩码，如图 2-11 所示。

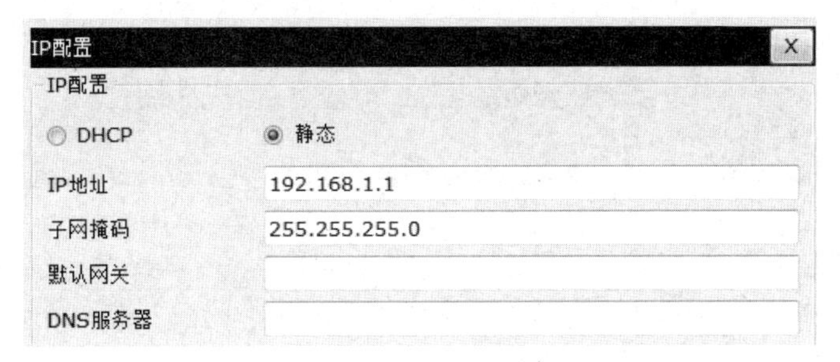

图 2-11　配置“PC1”计算机的 IP 地址和子网掩码

（5）单击“PC1”计算机，在打开的“PC1”窗口中选择“桌面”选项卡，单击“终端”图标进入“终端配置”界面，通过终端进入“Switch1”交换机的配置模式，如图 2-12 所示。

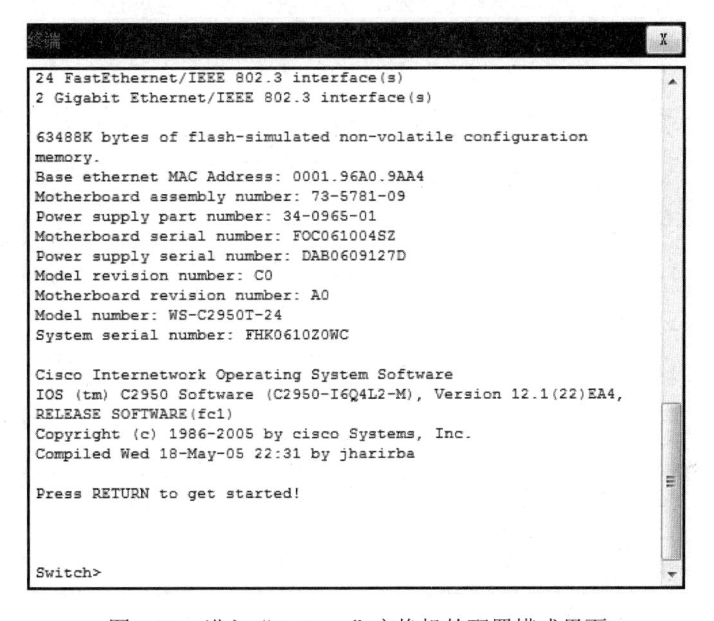

图 2-12　进入“Switch1”交换机的配置模式界面

（6）配置第 1 台交换机，将该交换机的名称更改为“Switch1”，配置“VLAN 1”的 IP 地址和子网掩码，并启用“VLAN 1”接口。

```
Switch>enable                                  //进入特权用户配置模式
Switch#configure terminal                      //进入全局配置模式
Switch(config)#hostname Switch1                //设置交换机名称为Switch1
Switch1(config)#interface VLAN 1               //进入VLAN1接口配置模式
Switch1(config-if)#ip address 192.168.1.2 255.255.255.0
                                               //配置IP地址和子网掩码
Switch1(config-if)#no shutdown                 //打开VLAN1接口
```

小贴士：

在默认情况下，交换机的所有接口都属于 VLAN 1，因此通常把 VLAN 1 作为交换机的管理 VLAN。可在特权用户配置模式下使用“show VLAN”查看接口所属 VLAN 信息。

（7）进入线路配置模式，设置远程登录密码及允许远程登录。

```
Switch1(config-if)#exit
Switch1(config)#line vty 0 4   //进入VTY虚拟终端，“0 4”表示同时允许5个虚拟连接
```

```
Switch1(config-line)#password test123    //设置Telnet远程登录密码
Switch1(config-line)#login               //允许远程登录
Switch1(config-line)#
```

小贴士：

VTY 是交换机和路由器远程登录的虚拟接口。“0 4”表示可以同时允许 5 个虚拟连接。“line vty 0 4” 是进入 VTY 接口，可对 VTY 接口进行相应配置，如配置密码等。

（8）配置进入特权用户配置模式的密码。

```
Switch1(config-line)#exit
Switch1(config)#enable secret qxt123
                    //配置进入特权用户配置模式的密码为qxt123，密码方式为加密
Switch1(config)#
```

（9）使用配置线连接“PC1”计算机和“Switch2”交换机，通过计算机的终端配置第 2 台交换机。

```
Switch>enable
Switch#configure terminal
Switch(config)#hostname Switch2
Switch2(config)#interface VLAN 1
Switch2(config-if)#ip address 192.168.1.3 255.255.255.0
Switch2(config-if)#no shutdown
```

（10）进入线路配置模式，设置远程登录密码并允许远程登录。

```
Switch2(config-if)#exit
Switch2(config)#line vty 0 4
Switch2(config-line)#password test123
Switch2(config-line)#login
```

（11）配置进入特权用户配置模式的密码。

```
Switch2(config-line)#exit
Switch2(config)#enable secret qxt123
```

（12）单击“PC1”计算机，在打开的“PC1”窗口中选择“桌面”选项卡，然后单击“命令提示符”图标，在“命令提示符”界面中使用“telnet”命令分别登录 2 台交换机进行测试。

（13）测试“Switch1”交换机。

```
C:\>telnet 192.168.1.2
Trying 192.168.1.2 ...Open
User Access Verification
Password:
Switch1>enable
Password:
Switch1#
```

（14）测试“Switch2”交换机。

```
C:\>telnet 192.168.1.3
Trying 192.168.1.3 ...Open
User Access Verification
Password:
Switch2>enable
Password:
Switch2#
```

7．相关命令

相关命令见表 2-6。

表 2-6　相关命令

命令	interface VLAN n
功能	进入 VLAN 接口配置模式
参数	n 为 VLAN 接口编号，取值范围为 1～1005
模式	全局配置模式
实例	进入编号为 10 的 VLAN 接口： Switch(config)#interface VLAN 10
命令	line vty [开始终端] [结束终端]
功能	从全局配置模式进入终端线路配置模式
参数	第 1 个参数为开始终端，取值范围为 0～15；第 2 个参数为结束终端，取值范围为 0～15。第 1 个参数小于第二个参数
模式	全局配置模式
实例	进入终端线路配置模式，线路从 0 到 4： Switch(config)#line vty 0 4
命令	ip address [A.B.C.D |DHCP] [A.B.C.D]
功能	为接口配置 IP 地址
参数	第 1 个参数为[A.B.C.D>/<DHCP]，A.B.C.D 为点分十进制 IP 地址，DHCP 为动态获取 IP 地址；第 2 个参数[A.B.C.D]为点分十进制数子网掩码
模式	接口配置模式
实例	设置 VLAN 1 接口 IP 地址为动态获取： Switch(config)#int VLAN 1 Switch(config-if)#ip address DHCP

8．相关知识

（1）使用 Telnet 进行远程登录时，用户名和密码在网络上是以明文的方式传送数据，这种方式是不加密的且不安全的。

（2）Telnet 远程登录认证方式也可以使用存储在本地数据库中的用户名和密码。

```
Switch(config)#username admin secret cisco123 //添加本地数据库的用户名和密码
Switch(config)#line vty 0 4                   //进入终端线路配置模式
Switch(config-line)#login local               //登录认证方式使用本地数据库
Switch(config-line)#exit
```

9．注意事项

（1）要实现远程登录必须设置远程登录密码和进入特权用户配置模式密码。

（2）同一网络中的交换机管理地址不能一样，否则会冲突。

10．实训巩固

让网络上任意一台计算机都能使用 Telnet 远程登录的方式，登录到任意一台交换机上进行远程管理。实训巩固拓扑图，如图 2-13 所示。计算机和交换机的配置见表 2-7 和表 2-8。

表 2-7　计算机配置

设备名称	IP 地址	子网掩码	连接接口
PC1	172.16.1.1	255.255.0．0	Switch2 的 F0/1
PC2	172.16.1.2	255.255.0．0	Switch3 的 F0/1

表 2-8　交换机配置

设备名称	VLAN 1 接口管理的 IP 地址和子网掩码	密码
Switch1	IP 地址：172.16.1.254 子网掩码：255.255.0.0	Telnet 远程管理密码：qczx123 特权用户配置密码：qct123
Switch2	IP 地址：172.16.1.253 子网掩码：255.255.0.0	
Switch3	IP 地址：172.16.1.252 子网掩码：255.255.0.0	

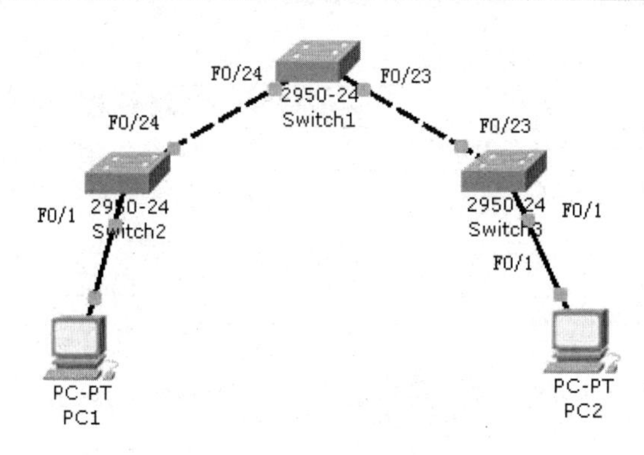

图 2-13　实训巩固拓扑图

2.4　交换机 IOS、启动配置文件的备份及恢复

预备知识

交换机的硬件结构和计算机的相似，由中央处理器（CPU）、主存储器（RAM/DRAM）、非易失性 RAM（NVRAM）、闪存（FlashROM）、内存（ROM）和接口等组成。交换机的 ROM 保存着交换机当前运行的配置文件（running-config 文件）；FlashROM 保存着交换机的互联网操作系统（IOS）；NVRAM 保存着系统启动配置文件（startup-config 文件）。交换机系统启动时会加载系统启动配置文件，刚开机的交换机所运行和启动的配置都是相同的。

出于管理或更新的需要，有时需要对交换机的 IOS 或系统启动配置文件进行升级、备份或还原。由于这些文件都比较小，所以通常使用 TFTP 服务器来完成这些操作。

1．学习目标

（1）了解交换机系统的作用。

（2）掌握交换机 IOS 文件的备份和恢复操作。

（3）掌握交换机启动配置文件的备份和恢复操作。

2．应用情境

（1）交换机发布了新的系统版本，可以通过升级的方法更新现有系统。

（2）备份现有系统文件，可在系统出现问题或升级后系统出现不稳定的情况下，对系统进行恢复。

（3）备份启动配置文件，可在配置出现问题而排除不了问题时，对当前配置进行恢复。

3．实训要求

（1）实训设备。

① 1 台服务器、1 台 2950-24 交换机。

② 1 条直通线。

（2）实训拓扑图如图 2-14 所示。

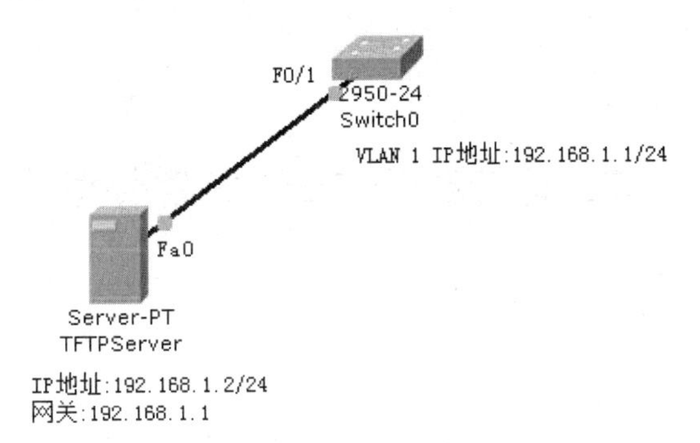

图 2-14　实训拓扑图

（3）配置要求见表 2-9 和表 2-10。

表 2-9　交换机配置

设备名称	VLAN 1 接口管理的 IP 地址	子网掩码
Switch0	192.168.1.1	255.255.255.0

表 2-10　服务器配置

设备名称	IP 地址	子网掩码	开启服务
TFTPServer	192.168.1.2	255.255.255.0	TFTP

4．实训效果

能用 TFTP 服务器备份和还原交换机系统，启动配置文件。

5．实训思路

（1）添加并连接设备。

（2）配置交换机名称以及 VLAN1 接口管理的 IP 地址和子网掩码。

（3）配置 TFTP 服务器 IP 地址和子网掩码并启用 TFTP 服务。

（4）备份和恢复系统文件。

（5）备份和恢复启动配置文件。

交换机 IOS、启动配置文件的备份及恢复

6．详细步骤

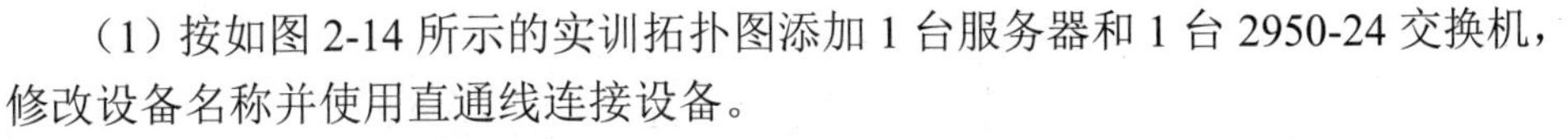

（1）按如图 2-14 所示的实训拓扑图添加 1 台服务器和 1 台 2950-24 交换机，修改设备名称并使用直通线连接设备。

（2）单击“Switch0”交换机，在打开的“Switch0”窗口中选择“CLI”选项卡，进入 IOS 命令行界面，更改交换机名称并配置 VLAN 1 接口的 IP 地址和子网掩码，保存配置。

```
Switch>enable                         //进入特权用户配置模式
Switch#conf t
//进入全局配置模式，“conf t”为“configure terminal”简化后的命令，与其等效
```

```
Enter configuration commands, one per line.  End with CNTL/Z.
Switch(config)#hostname Switch0 //设置交换机名称
Switch0(config)#int VLAN 1        //进入VLAN1接口配置模式
Switch0(config-if)#ip address 192.168.1.1 255.255.255.0
                                  //配置IP地址和子网掩码
Switch0(config-if)#no shutdown   //打开VLAN1接口
Switch0(config-if)#^Z             //按“Ctrl+Z”组合键直接退出到特权用户配置模式
Switch0#write                     //保存当前运行的配置到启动配置文件
```

（3）对“TFTPServer”服务器进行基本配置，如图 2-15 所示。

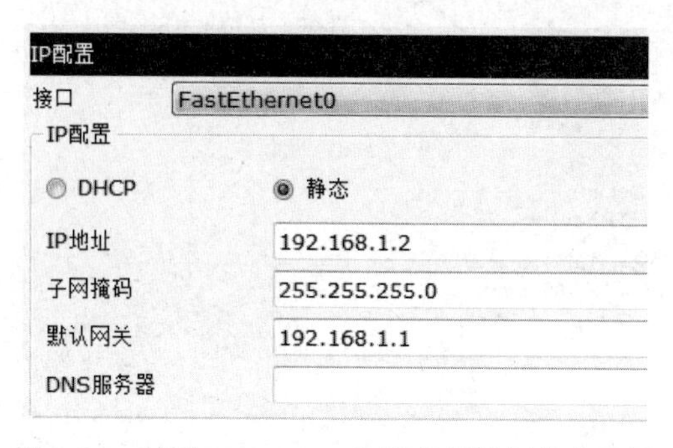

图 2-15　对“TFTPServer”服务器进行基本配置

（4）单击“TFTPServer”服务器，选择“服务”选项卡中的“TFTP”选项，确认 TFTP 服务已启用，如图 2-16 所示。

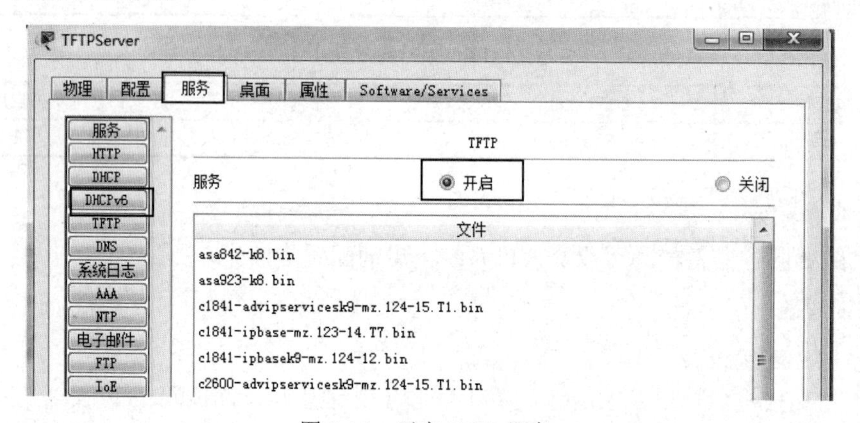

图 2-16　开启 TFTP 服务

（5）单击“Switch0”交换机，进入 IOS 命令行界面，输入“show flash”命令查看交换机的系统文件，如图 2-17 所示。

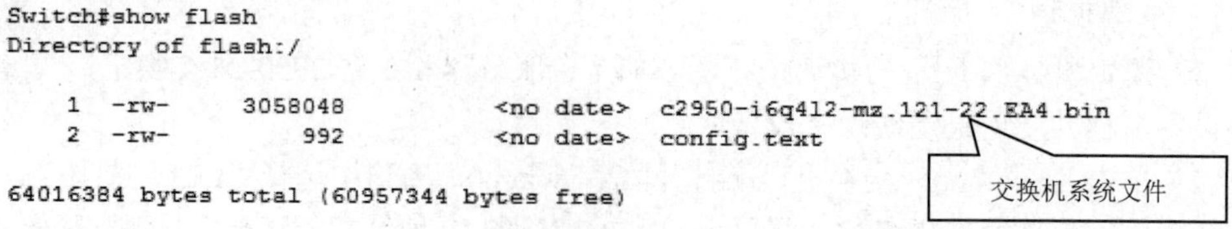

```
Switch#show flash
Directory of flash:/

    1  -rw-     3058048          <no date>  c2950-i6q412-mz.121-22.EA4.bin
    2  -rw-         992          <no date>  config.text

64016384 bytes total (60957344 bytes free)
```

交换机系统文件

图 2-17　查看交换机的系统文件

（6）将交换机的 IOS 文件上传到 TFTP 服务器中进行备份。

```
Switch0#copy flash: tftp:          //把存储在Flash中的文件上传到TFTP服务器
```

```
Source filename []? c2950-i6q412-mz.121-22.EA4.bin        //要上传的文件名称
Address or name of remote host []? 192.168.1.2            //TFTP服务器IP地址
Destination filename [c2950-i6q412-mz.121-22.EA4.bin]?
                                          //上传后保存的文件名称
Writing c2950-i6q412-mz.121-22.EA4.bin....!!!!!!!!!!!!!!!!!!!!!!!!!!!!!!
!!!!!!!!!!!!!!!!!!!!!!!!!!!!!!!!
[OK - 3058048 bytes]
3058048 bytes copied in 4.921 secs (621000 bytes/sec)
Switch0#
```

（7）在 TFTP 服务器上查看上传的交换机 IOS 文件，如图 2-18 所示。

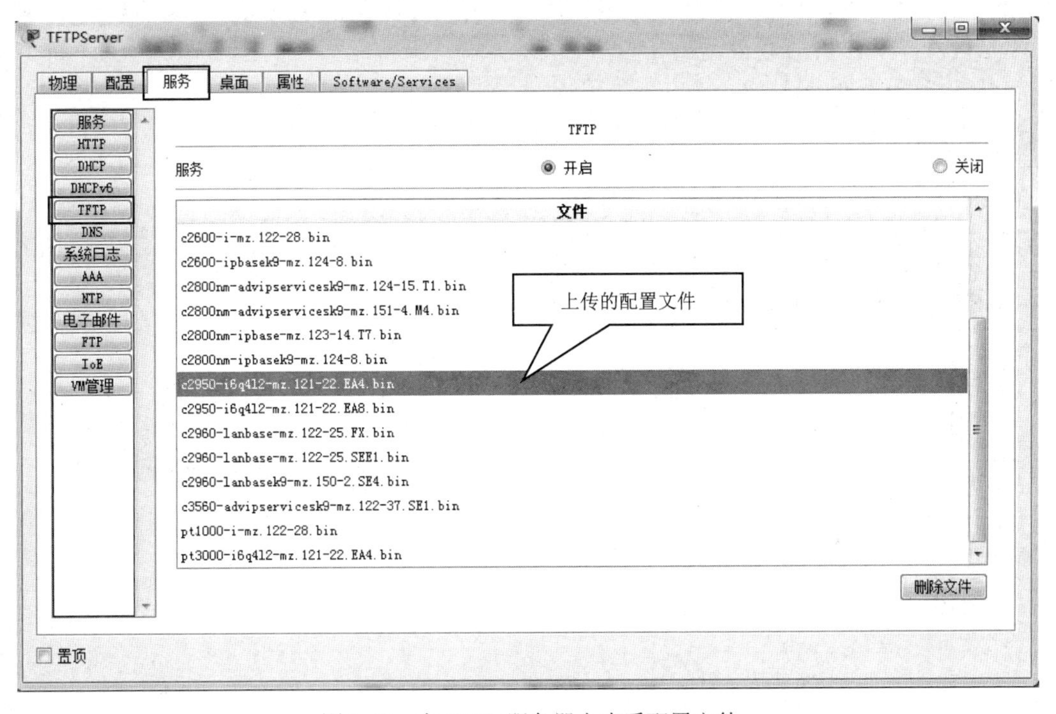

图 2-18　在 TFTP 服务器上查看配置文件

（8）如果要恢复系统文件或升级系统文件，可把系统文件存放在 TFTP 的根目录中，使用相关命令进行系统恢复或升级。本实训中对前面的备份系统文件进行了恢复。

```
Switch0#copy tftp: flash:          //把TFTP服务器上的文件下载到交换机的Flash中
Address or name of remote host []? 192.168.1.2            // TFTP服务器IP地址
Source filename []? c2950-i6q412-mz.121-22.EA4.bin        //源文件名称
Destination filename [c2950-i6q412-mz.121-22.EA4.bin]?  //目标文件名称
%Warning:There is a file already existing with this name
Do you want to over write? [confirm]     //是否确认，按“Enter”键表示确认
Erase flash: before copying? [confirm]
                              //是否在复制前擦除Flash，按“Enter”键表示确认
Erasing the flash filesystem will remove all files! Continue? [confirm]
                                            //再次确认
Erasing device... eeeeeeeeeeeeeeeeeeeeeeeeeeeeeeeeeeeeeeeeeeeeeeeeeeeeeeeeeeeeee
eeeeeeeeeeeeeeeeeeeeeeeeeeeeeeeeeeeeeeeeeeeeeeeeeeeeeeeeeeeeeeeeeeeeeeeeeeeeeeeeee
eeeeeeee ...erased
Erase of flash: complete
```

```
Accessing tftp://192.168.1.2/c2950-i6q4l2-mz.121-22.EA4.bin....
Loading c2950-i6q4l2-mz.121-22.EA4.bin from 192.168.1.2: !!!!!!!!!!!!!!!!
!!!!!!!!!!!!!!!!!!!!!!!!!!!!!!!!!!!!!!!!!!!
[OK - 3058048 bytes]
3058048 bytes copied in 4.844 secs (631306 bytes/sec)
Switch0#
```

（9）在特权用户配置模式下，使用相关命令把 startup-config 文件上传到 TFTP 服务器备份。

```
Switch0#copy startup-config tftp:    //把startup-config文件上传到TFTP服务器
Address or name of remote host []? 192.168.1.2  //TFTP服务器IP地址
Destination filename [Switch0-confg]?
                                     //目标文件名称，按“Enter”键即可
Writing startup-config...!!
[OK - 961 bytes]
961 bytes copied in 0.062 secs (15000 bytes/sec)
Switch0#
```

（10）在 TFTPServer 服务器中可查看备份的交换机启动配置文件，如图 2-19 所示。

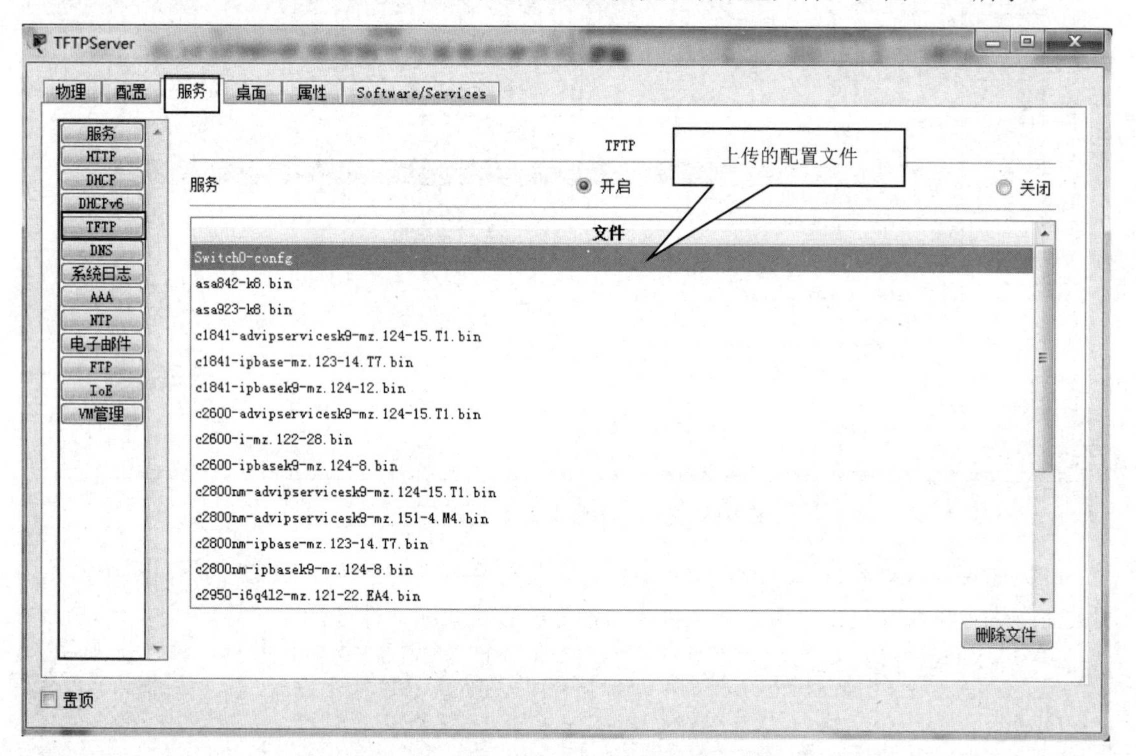

图 2-19　查看备份的交换机启动配置文件

（11）在交换机命令行模式下，进入全局配置模式更改交换机名称，保存并重启，确认更改已写入交换机启动配置文件。

```
Switch0#conf t                       //进入全局配置模式
Switch0(config)#hostname tests       //更改交换机名称
tests(config)#^Z                     //按“Ctrl+Z”组合键直接退出到特权用户配置模式
tests#write                          //保存配置
Building configuration...
[OK]
tests#reload                         //重启交换机
```

```
Proceed with reload? [confirm]   //直接按“Enter”键确认重启
交换机重启…
tests>
```

（12）在特权用户配置模式下，使用“copy”命令将 TFTP 服务器上备份的启动文件复制到交换机上，重启后发现交换机名称已更改为“Switch0”。

```
tests>enable                          //进入特权用户配置模式
tests#copy  tftp:  startup-config //把TFTP服务器上的文件下载到交换机的启动配置文件
Address or name of remote host []? 192.168.1.2       //TFTP服务器IP地址
Source filename []? Switch0-confg
//源文件名称，即TFTP服务器上要下载的文件名
Destination filename [startup-config]?  //目标文件名，即交换机启动配置文件
Accessing tftp://192.168.1.2/Switch0-confg...
Loading Switch0-confg from 192.168.1.2: !
tests#reload                          //重启交换机
Proceed with reload? [confirm]
//交换机重启…
Switch0>
```

7．相关命令

相关命令见表 2-11。

表 2-11　相关命令

命令	copy 源 目标
功能	把源文件复制替换目标文件
参数	第 1 个参数“源”可为 flash、ftp、running-config、startup-config、tftp 等；第 2 个参数“目标”与“源”相同
命令模式	特权用户配置模式
实例	保存当前运行配置和系统启动配置： Switch#copy run startup
命令	reload
功能	重启交换机
参数	无
命令模式	特权用户配置模式
实例	Switch#reload

8．相关知识

思科公司的 TFTP 服务器常用于思科路由器的 IOS 升级与备份工作。

9．注意事项

（1）升级交换机系统前应备份好现有系统，若升级后的系统不稳定可尝试恢复原有系统。

（2）重启前或配置完交换机后，要使用“write”命令或“copy run startup”命令把运行配置写入启动配置，否则运行配置会在交换机重启后失效。

2.5　单交换机划分 VLAN 配置

预备知识

随着网络的不断扩大，管理会变得越来越困难，问题也会越来越多，如广播风暴、安全问题等。VLAN（Virtual Local Area Network，虚拟局域网）技术的出现，解决了交换机在进行局

域网互联时无法限制广播的问题。这种技术可以把一个 LAN 划分成多个逻辑的 LAN（即 VLAN），每个 VLAN 都是一个广播域。VLAN 内的主机之间通信就和在一个 LAN 内一样，而 VLAN 间则不能直接互相通信。这样，广播报文就会被限制在一个 VLAN 内，提高了网络的安全性。

VLAN 的划分方法有很多种，最常用的方法是根据接口来划分 VLAN。首先在交换机上创建 VLAN，然后进入 VLAN 将相应接口划入（或进入接口后将其划入 VLAN）。这种划分方法也称为静态 VLAN，初期配置的工作量大，适合于较稳定的网络。VLAN 可以根据部门职能、对象组或应用将不同地理位置的网络用户划分为一个逻辑网段。

1．学习目标

（1）了解 VLAN 的作用。

（2）掌握 VLAN 的配置方法。

2．应用情境

某公司有财务部和人事部，2 个部门的计算机都可以通过交换机连接公司内部局域网，考虑到财务部的数据安全和保密性，现需要将财务部和人事部的计算机划分成不同网段，实现逻辑上的隔离。公司尝试将交换机接口划分到不同的 VLAN 实现计算机的逻辑隔离，使这 2 个部门不能直接通信。

3．实训要求

（1）设备要求。

① 1 台 2950-24 交换机和 4 台计算机。

② 4 条直通线。

（2）实训拓扑图如图 2-20 所示。

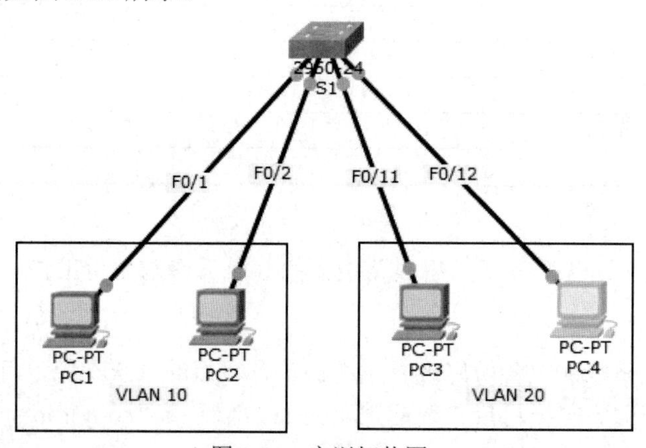

图 2-20　实训拓扑图

（3）配置要求见表 2-12 和表 2-13。

表 2-12　计算机配置

设备名称	IP 地址	子网掩码	所属 VLAN	接口连接
PC1	192.168.0.1	255.255.255.0	VLAN 10	见图 2-20
PC2	192.168.0.2	255.255.255.0	VLAN 10	
PC3	192.168.0.3	255.255.255.0	VLAN 20	
PC4	192.168.0.4	255.255.255.0	VLAN 20	

表 2-13　交换机配置

设备名称	VLAN 10	VLAN 20	接口连接
S1	F0/1、F0/2	F0/11、F0/12	见图 2-20

4．实训效果

“PC1”计算机与“PC2”计算机能够连通；“PC3”计算机与“PC4”计算机能够连通；“PC1”“PC2”计算机与“PC3”“PC4”计算机之间不能连通。

5．实训思路

（1）添加设备，配置计算机的 IP 地址和子网掩码。

（2）更改交换机名称，创建 VLAN。

（3）将接口划分到相应的 VLAN。

（4）使用 Ping 命令测试连通性。

6．详细步骤

单交换机划分 VLAN 配置

（1）按实训拓扑图添加 1 台 2950-24 交换机和 4 台计算机，用直通线连接对应接口并修改设备名称。

（2）按实训要求配置计算机的 IP 地址。

（3）进入交换机的 IOS 命令行界面，在全局配置模式下更改交换机名称。

```
Switch>en                          //进入特权用户配置模式
Switch#conf t                      //进入全局配置模式
Switch(config)#hostname S1         //更改交换机名称
S1(config)#
```

（4）创建 VLAN 10 和 VLAN 20 并分别命名。

```
S1(config)#VLAN 10                 //创建编号为10的VLAN
S1(config-VLAN)#name caiwu         //给VLAN 10命名
S1(config-VLAN)#exit               //退出
S1(config)#VLAN 20                 //创建编号为20的VLAN
S1(config-VLAN)#name renshi        //给VLAN 20命名
S1(config-VLAN)#exit               //退出
S1(config)#
```

（5）分别进入 F0/1 和 F0/2 接口，把接口划入 VLAN 10。

```
S1(config)#interface f0/1                    //进入F0/1 接口
S1(config-if)#switchport mode access         //把F0/1接口设置为access模式
S1(config-if)#switchport access VLAN 10      //把F0/1接口划入VLAN 10
S1(config-if)#exit                           //退出
S1(config)#interface f0/2                    //进入F0/2接口
S1(config-if)#switchport mode access         //把F0/2接口设置为access模式
S1(config-if)#switchport access VLAN 10      //把F0/2接口划入VLAN 10
S1(config-if)#exit                           //退出
S1(config)#
```

（6）使用关键字“range”同时进入 F0/11 和 F0/12 接口，并将其划入 VLAN 20。

```
S1(config)#interface range f0/11-12          //同时进入F0/11和F0/12接口
S1(config-if-range)#switchport access VLAN 20
//把接口F0/11、F0/12划入VLAN 20
S1(config-if-range)#
```

（7）退出到特权用户配置模式，使用“show VLAN”命令查看 VLAN 相关信息。

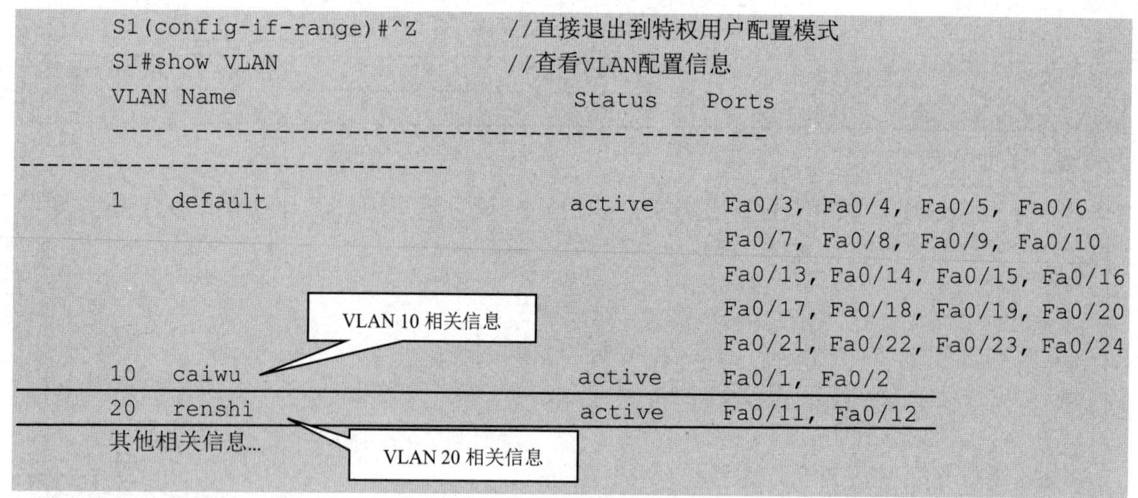

```
S1(config-if-range)#^Z        //直接退出到特权用户配置模式
S1#show VLAN                  //查看VLAN配置信息
VLAN Name                             Status    Ports
---- -------------------------------- ---------
------------------------------
1    default                          active    Fa0/3, Fa0/4, Fa0/5, Fa0/6
                                                Fa0/7, Fa0/8, Fa0/9, Fa0/10
                                                Fa0/13, Fa0/14, Fa0/15, Fa0/16
                                                Fa0/17, Fa0/18, Fa0/19, Fa0/20
                                                Fa0/21, Fa0/22, Fa0/23, Fa0/24
10   caiwu                            active    Fa0/1, Fa0/2
20   renshi                           active    Fa0/11, Fa0/12
其他相关信息...
```


（8）保存配置。

```
S1#write              //保存配置
Building configuration...
[OK]
S1#
```

（9）分别使用 Ping 命令测试“PC1 和 PC2”“PC1 和 PC3”“PC3 和 PC4”计算机的连通性。测试结果为“PC1”计算机与“PC2”计算机能够连通，“PC1”计算机与“PC3”计算机不能连通，“PC3”计算机与“PC4”计算机能够连通。

7．相关命令

相关命令见表 2-14。

表 2-14　相关命令

命令	VLAN 编号
功能	创建 VLAN
参数	1～1005 为要创建的 VLAN 编号范围
命令模式	全局配置模式
实例	创建编号为 20 的 VLAN： Switch(config)#VLAN 20
命令	switchport access VLAN 编号
功能	在接口配置模式下将接口划入编号所在 VLAN
参数	1～1005VLAN 编号范围
命令模式	接口配置模式
实例	把接口 F0/10 划入 VLAN 10： Switch(config)#int f0/10 Switch(config-if)#switchport access VLAN 10
命令	Show VLAN {brief | id | name}
功能	查看所有 VLAN 配置信息
参数	brief 为查看 VLAN 摘要信息；id 为查看指定 VLAN 信息；name 为查看指定名称的 VLAN 信息
命令模式	特权用户配置模式
实例	查看交换机 VLAN 的摘要信息： Switch#show VLAN brief

8．相关知识

（1）除了按接口划分 VLAN，还可根据 MAC 地址、IP 地址等划分 VLAN。

（2）如果在创建 VLAN 时输错编号，可在全局配置模式下使用“no VLAN 输入的错误编号”命令删除该 VLAN。

（3）如果某接口加入 VLAN 错误，可进入该接口后使用“no switchport access VLAN”退出该 VLAN，然后再重新加入正确的 VLAN，或在该接口中使用“switchport access VLAN 要加入的 VLAN 编号”命令直接加入正确的 VLAN。

（4）如果批量将接口加入 VLAN，可用关键字“range”。

例如，接口 F0/1～F0/10 属于 VLAN 10，可在全局配置模式下输入以下命令。

```
Switch(config)#interface range f0/1-10
Switch(config-if-range)#switchport access VLAN 10
```

例如，F0/1、F0/3、F0/5、F0/6 属于 VLAN 20，可在全局配置模式下输入以下命令。

```
Switch(config)#interface range f0/1,f0/3,f0/5-6
Switch(config-if-range)#switchport access VLAN 20
```

9. 注意事项

（1）接口加入 VLAN 前要先创建该 VLAN。

（2）配置好交换机后要使用“write”命令保存配置。

10. 实训巩固

（1）计算机和交换机配置见表 2-15 和表 2-16。

表 2-15 计算机配置

设备名称	IP 地址	子网掩码	所属 VLAN
PC1	192.168.10.1	255.255.255.0	VLAN 2
PC2	192.168.10.2	255.255.255.0	VLAN 2
PC3	192.168.10.3	255.255.255.0	VLAN 3
PC4	192.168.10.4	255.255.255.0	VLAN 3

表 2-16 交换机配置

设备名称	VLAN 2	VLAN 3
Switch0	F0/1～F0/12	F0/13～F0/24

（2）交换机配置远程登录功能，IP 地址自定义，Telnet 远程登录密码设置为“VLANtest”，进入特权用户配置模式的密码为“test123”。

（3）实训效果。

同一 VLAN 内的计算机能够连通，不同 VLAN 间的计算机不能连通。实训巩固拓扑图可参考图 2-20 自行设计。

2.6 2 台交换机划分 VLAN 配置

预备知识

网络上通常有多台交换机。划分 VLAN 时，为了方便管理可把具有相同属性的计算机划分到同一 VLAN 中。例如，学校教室中的计算机划分为一个 VLAN，办公室中的计算机划分为另一个 VLAN 等。要实现同一 VLAN 内的计算机之间的通信，除了把所在接口划入对应

VLAN，还要把交换机级联口设置成 Trunk 模式，这样才能通过不同 VLAN 进行通信。

交换机接口类型主要有 Access 和 Trunk 两种类型。Access 类型的接口只能属于 1 个 VLAN，通常用于交换机连接计算机的接口；Trunk 类型的接口可以允许多个 VLAN 的数据通过，可以接收和发送多个 VLAN 的报文，通常用于交换机之间连接的接口。

1. 学习目标

（1）了解 Trunk 接口的作用。

（2）掌握 2 台或 2 台以上交换机连接多个 VLAN，实现相同 VLAN 内计算机互通的配置方法。

2. 实训要求

（1）设备要求。

① 2 台 2950-24 交换机，4 台计算机。

② 1 条交叉线，4 条直通线。

（2）实训拓扑图如图 2-21 所示。

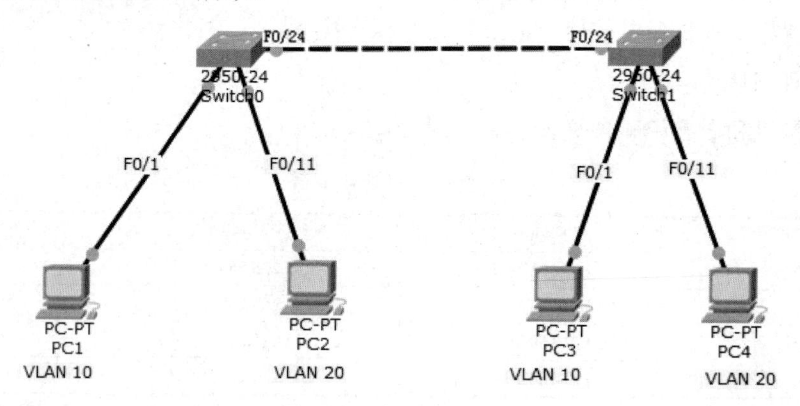

图 2-21 实训拓扑图

（3）配置要求见表 2-17 和表 2-18。

表 2-17 计算机配置

设备名称	IP 地址	子网掩码	所属 VLAN	接口连接
PC1	192.168.1.1	255.255.255.0	VLAN 10	见图 2-21
PC2	192.168.1.2	255.255.255.0	VLAN 20	
PC3	192.168.1.3	255.255.255.0	VLAN 10	
PC4	192.168.1.4	255.255.255.0	VLAN 20	

表 2-18 交换机配置

设备名称	VLAN 10	VLAN 20	接口连接
Switch0	F0/1～F0/10	F0/11～F0/23	见图 2-21
Switch1	F0/1～F0/10	F0/11～F0/23	

3. 实训效果

同一 VLAN 中的计算机能够连通，不同 VLAN 中的计算机不能连通。

4. 实训思路

（1）添加并连接设备，配置计算机参数。

（2）创建 VLAN 并把接口划入相应 VLAN。

（3）配置交换机 F0/24 接口的模式为 Trunk 模式。

（4）测试网络连通性。

2 台交换机划分 VLAN 配置

5．详细步骤

（1）添加并连接设备。

（2）按实训要求设置 4 台计算机的 IP 地址和子网掩码。

（3）使用 Ping 命令"PC1"计算机与"PC2""PC3""PC4"计算机的连通性，确认所有计算机互通。

（4）进入"Switch0"交换机的 IOS 命令行界面，更改交换机名称，创建 VLAN，并把接口划分相应 VLAN。

```
Switch>enable                                  //进入特权用户配置模式
Switch#conf t                                  //进入全局配置模式
Switch(config)#hostname Switch0                //更改交换机名称
Switch0(config)#VLAN 10                        //创建编号为10的VLAN
Switch0(config-VLAN)#exit                      //退出VLAN配置模式
Switch0(config)#VLAN 20                        //创建编号为20的VLAN
Switch0(config-VLAN)#exit                      //退出VLAN配置模式
Switch0(config)#interface range f0/1-10        //同时进入F0/1到F0/10接口
Switch0(config-if-range)#switchport access VLAN 10
                                               //将F0/1到F0/10接口划入VLAN 10
Switch0(config-if-range)#exit                  //退出接口配置模式
Switch0(config)#interface range f0/11-23       //同时进入F0/11到F0/23接口
Switch0(config-if-range)#switchport access VLAN 20
                                               //将F0/11到F0/23接口划入VLAN 20
```

（5）进入 F0/24 接口，更改接口模式为 Trunk 模式。

```
Switch0(config-if-range)#exit                  //退出接口配置模式
Switch0(config)#interface f0/24                //进入F0/24接口
Switch0(config-if)#switchport mode trunk       //将接口模式配置为Trunk模式
Switch0(config-if)#
```

（6）用同样的方法进入"Switch1"交换机的 IOS 命令行界面，更改交换机名称，创建 VLAN，并把接口划分到相应 VLAN。

```
Switch>enable                            //进入特权用户配置模式
Switch#conf t                            //进入全局配置模式
Switch(config)#hostname Switch1          //更改交换机名称
Switch1(config)#VLAN 10                  //创建编号为10的VLAN
Switch1(config-VLAN)#exit                //退出VLAN配置模式
Switch1(config)#VLAN 20                  //创建编号为20的VLAN
Switch1(config-VLAN)#exit                //退出VLAN配置模式
Switch1(config)#interface range f0/1-10        //同时进入F0/1～F0/10接口
Switch1(config-if-range)#switchport access VLAN 10
                                         //将F0/1到F0/10接口划入VLAN 10
Switch1(config-if-range)#exit            //退出接口配置模式
Switch1(config)#interface range f0/11-23          //同时进入F0/11～F0/23接口
Switch1(config-if-range)#switchport access VLAN 20
                                         //将F0/11到F0/23接口划入VLAN 20
```

（7）进入 F0/24 接口，更改接口模式为 Trunk 模式。

```
Switch1(config-if-range)#exit                  //退出接口配置模式
```

```
Switch1(config)#interface f0/24                //进入F0/24接口
Switch1(config-if)#switchport mode trunk       //将接口模式配置为Trunk模式
Switch1(config-if)#
```

（8）使用 Ping 命令测试连通性。测试结果为“PC1”计算机与“PC3”计算机能够连通，“PC2”计算机与“PC4”计算机能够连通。

6．相关命令

相关命令见表 2-19。

表 2-19　相关命令

命令	switchport mode{access|dynamic|trunk}
功能	设置交换机配置模式
参数	access：设置接口为 Access 模式，设置成该模式的接口一般接计算机； dynamic：设置接口为 Dynamic 模式，设置成该模式的接口会根据情况动态转换成 Access 模式或 Trunk 模式； trunk：设置接口为 Trunk 模式，设置成该模式的接口一般接交换机或路由器
模式	接口配置模式
实例	设置 F0/1 接口为 Access 模式： Switch(config)#int f0/1 Switch(config-if)#switchport mode access

7．相关知识

要把 Trunk 模式转成 Access 模式，只需要在接口配置模式下执行“no switchport mode”命令或“switchport mode access”命令即可。

8．注意事项

（1）如果将交换机连接计算机的接口设置为 Trunk 模式，会出现同一 VLAN 中的计算机无法通信的情况。

（2）如果交换机的接口配置模式设置为 Access 模式，并将其划入某一个 VLAN，那么只有该 VLAN 的计算机才能跨交换机通信。

9．实训巩固

根据如图 2-22 所示的实训巩固拓扑图，实现同一 VLAN 内的计算机互相连通。

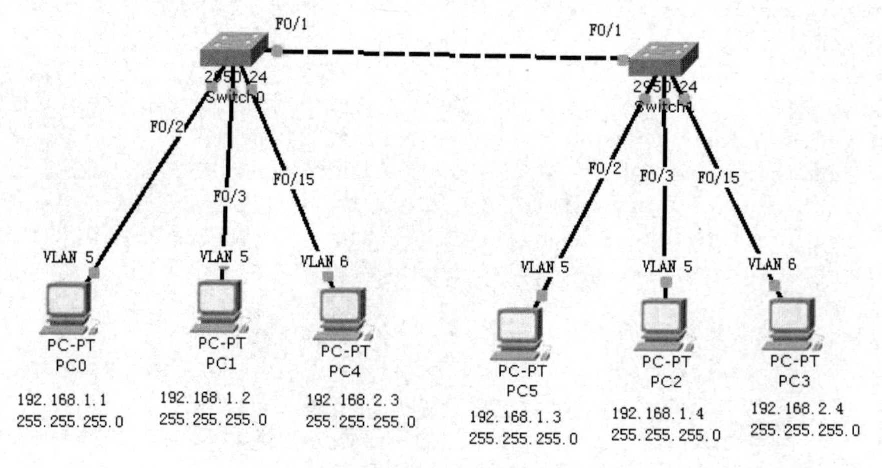

图 2-22　实训巩固拓扑图

2.7　利用三层交换机实现 VLAN 间路由

预备知识

VLAN 的划分解决了广播域太大而容易引起广播风暴的问题，有利于增加网络带宽，提高了带宽利用率。划分了 VLAN 之后，不同 VLAN 之间的计算机无法通信，信息和资源无法共享，这与网络建立的目的相违背。

VLAN 的划分实质上是把网络划分成多个逻辑网段，而不同网段之间的通信需要使用三层设备才能实现。路由器和三层交换机属于三层网络设备，均能实现不同网段之间的数据通信。三层交换机在二层交换机的基础上添加了路由模块，同一 VLAN 的数据交换通过交换模块完成，不同 VLAN 间的数据交换使用路由模块完成。因为三层交换机的交换数据速度要远远快于路由器，所以三层交换机成了局域网连接不同网段的首选设备。

1．学习目标

（1）了解二层交换机和三层交换机的区别。

（2）了解三层交换机 VLAN 接口的作用域。

（3）掌握不同 VLAN 之间互相连通的配置思路及命令。

2．应用情境

某校园网的计算机设备都使用同一个网段进行管理，随着学校规模的发展，计算机设备越来越多。由于同一网段的计算机过多，网络经常会出现通信时断时续，甚至发生广播风暴导致网络瘫痪的情况。解决该问题的方法是对现有网络进行划分，把原来的大网段划分成多个小的网段，再使用三层交换机实现不同网段的互相连通。

3．实训要求

（1）设备要求。

① 1 台 3560-24PS 三层交换机、1 台 2950-24 二层交换机和 4 台计算机。

② 1 条交叉线和 4 条直通线。

（2）实训拓扑图如图 2-23 所示。

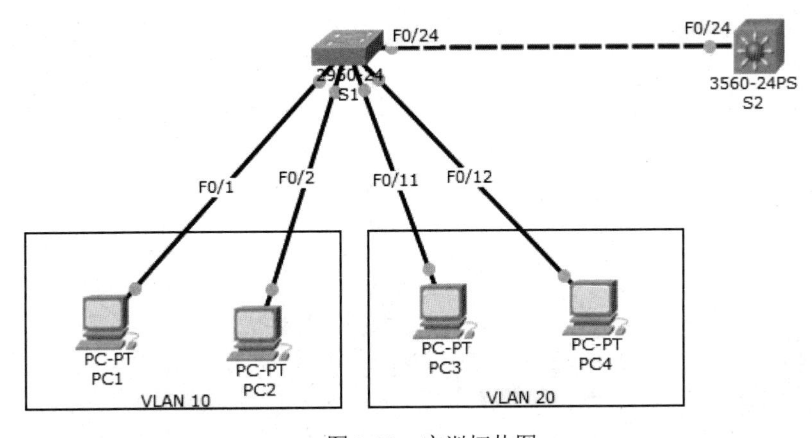

图 2-23　实训拓扑图

（3）配置要求见表 2-20 和表 2-21。

表 2-20　计算机配置

设备名称	IP 地址/子网掩码	网关	所属 VLAN	接口连接
PC1	192.168.1.1/24	192.168.1.254	VLAN 10	见图 2-23
PC2	192.168.1.2/24	192.168.1.254	VLAN 10	
PC3	192.168.2.1/24	192.168.2.254	VLAN 20	
PC4	192.168.2.2/24	192.168.2.254	VLAN 20	

表 2-21　交换机配置

设备名称	接口划分	三层 VLAN 接口	接口连接
S1	F0/1 和 F0/2 接口属于 VLAN 10；F0/11 和 F0/12 接口属于 VLAN 20；F0/24 接口设置“Trunk”模式	—	见图 2-23
S2	F0/24 接口设置“Trunk”模式	VLAN 10：192.168.1.254/24； VLAN 20：192.168.2.254/24	

4．实训效果

所有计算机都能互相连通。

5．实训思路

（1）添加并连接设备。

（2）二层交换机创建 VLAN，将相应接口划入 VLAN。

（3）三层交换机创建 VLAN，设置三层 VLAN 接口 IP 地址和子网掩码，设置 F0/24 接口为“Trunk”模式。

（4）测试所有计算机的连通性。

6．详细步骤

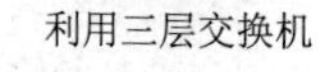

利用三层交换机实现 VLAN 间路由

（1）添加并连接设备，修改设备名称。

（2）按实训要求配置 4 台计算机的 IP 地址和子网掩码。

（3）单击“S1”交换机，选择“CLI”选项卡进入交换机的 IOS 命令行界面，更改交换机名称，创建 VLAN，并把相应接口划入对应 VLAN。

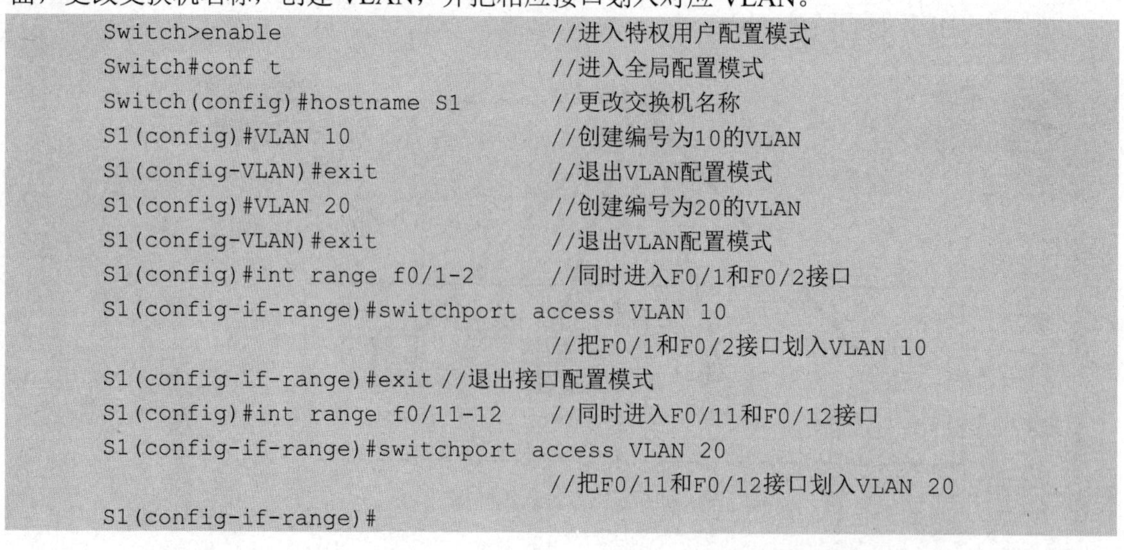

```
Switch>enable                         //进入特权用户配置模式
Switch#conf t                         //进入全局配置模式
Switch(config)#hostname S1            //更改交换机名称
S1(config)#VLAN 10                    //创建编号为10的VLAN
S1(config-VLAN)#exit                  //退出VLAN配置模式
S1(config)#VLAN 20                    //创建编号为20的VLAN
S1(config-VLAN)#exit                  //退出VLAN配置模式
S1(config)#int range f0/1-2           //同时进入F0/1和F0/2接口
S1(config-if-range)#switchport access VLAN 10
                                      //把F0/1和F0/2接口划入VLAN 10
S1(config-if-range)#exit //退出接口配置模式
S1(config)#int range f0/11-12         //同时进入F0/11和F0/12接口
S1(config-if-range)#switchport access VLAN 20
                                      //把F0/11和F0/12接口划入VLAN 20
S1(config-if-range)#
```

（4）进入 F0/24 接口，设置接口模式为“Trunk”模式。

```
S1(config-if-range)#exit                    //退出接口配置模式
S1(config)#int f0/24                        //进入F0/24 接口
S1(config-if)#switchport mode trunk         //把该接口配置为Trunk模式
S1(config-if)#
```

（5）保存二层交换机 S1 的配置。

```
S1(config-if)#^Z                    //按“Ctrl+Z”组合键退出到特权用户配置模式
S1#write                            //保存配置
Building configuration...
[OK]
S1#
```

（6）进入“S2”三层交换机的 IOS 命令行界面，更改交换机名称，为 F0/24 接口封装 dot1q 协议，配置该接口模式为“Trunk”。

```
Switch>enable                               //进入特权用户配置模式
Switch#conf t                               //进入全局配置模式
Switch(config)#hostname S2                  //更改交换机名称
S2(config)#int f0/24                        //进入F0/24接口
S2(config-if)#switchport trunk encapsulation dot1q
                                            //为F0/24接口封装dot1q协议
S2(config-if)#switchport mode trunk         //把接口模式配置为Trunk模式
S2(config-if)#exit                          //退出接口配置模式
S2(config)#
```

（7）创建 VLAN 10 和 VLAN 20 之后，分别进入 VLAN 10 和 VLAN 20 的三层接口，配置其 IP 地址和子网掩码。

```
S2(config)#VLAN 10                  //创建编号为10的VLAN
S2(config-VLAN)#exit                //退出VLAN配置模式
S2(config)#VLAN 20                  //创建编号为20的VLAN
S2(config-VLAN)#exit                //退出VLAN配置模式
S2(config)#interface VLAN 10        //进入VLAN 10接口配置模式
S2(config-if)#ip address 192.168.1.254 255.255.255.0 //配置IP地址和子网掩码
S2(config-if)#no shut               //打开接口
S2(config-if)#exit                  //退出接口配置模式
S2(config)#interface VLAN 20        //进入VLAN 20接口配置模式
S2(config-if)#ip address 192.168.2.254 255.255.255.0 //配置IP地址和子网掩码
S2(config-if)#no shut               //打开接口
S2(config-if)#exit                  //退出接口配置模式
S2(config)#ip routing               //开启路由功能
```

（8）测试网络连通性。测试结果为所有计算机都能互相连通。

7．相关命令

相关命令见表 2-22。

表 2-22　相关命令

命令	switchport trunk encapsulation dotlq
功能	交换机 Trunk 接口模式封装 dotlq 协议
参数	无
模式	接口配置模式
实例	见本实训配置

8．相关知识

（1）不同 VLAN 之间通信，除了本实训所述的三层交换机，还能用路由器实现。路由器通过把单个接口划分成多个子接口，每个子接口封装“dotlq”协议，接口对应的 VLAN 之间即可实现不同网段通信。

（2）思科三层交换机 Trunk 接口默认为“auto”模式。只有重新使用 “switchport trunk encapsulation dotlq”命令封装“dotlq（VLAN 协议）”协议，才能使用“switchport mode trunk”命令更改接口为 Trunk 模式。

9．注意事项

（1）思科大多数交换机设备的 Trunk 接口支持 VLAN，但需要先封装“dot1q”协议，否则不能成功配置接口为 Trunk 接口。

（2）计算机需要配置本网段的网关，否则不能连通其他网段的设备。

10．实训巩固

根据如图 2-24 所示的实训巩固拓扑图，使所有计算机能够互相连通。

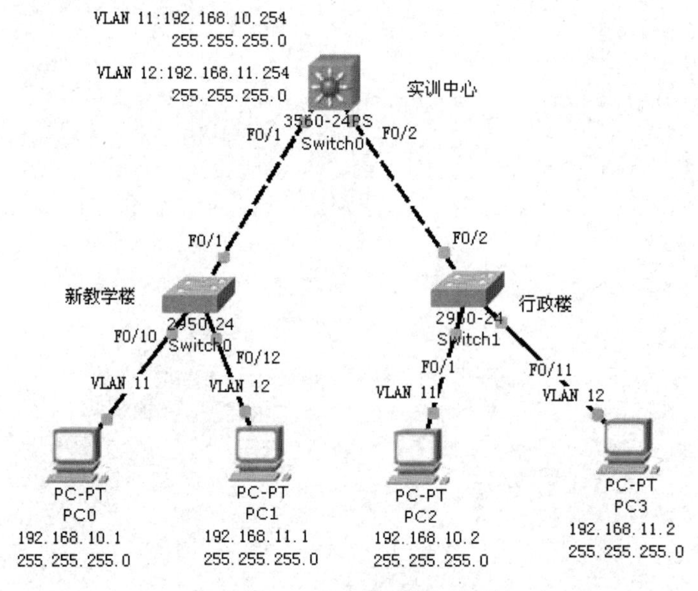

图 2-24　实训巩固拓扑图

2.8　生成树协议

预备知识

网络按功能可分为接入层、汇聚层和核心层。接入层是网络中直接面向用户连接或访问网络的部分，通常接入层连接的是计算机。汇聚层是连接接入层的汇聚点，它必须能够处理来自接入层设备的所有数据，并提供给核心层上行链路。核心层是网络的主干部分，所有网络的数据都会经过核心层进行转发，核心层是网络运行的最重要、最关键的部分。

对应相应的网络功能，也可把交换机分为接入层交换机、汇聚层交换机和核心层交换机。

接入层交换机直接连接计算机，数据处理量较少，因此一般选择低成本和高接口密度的二层交换机。汇聚层是多台接入层交换机的汇聚点，它必须能够处理来自接入层设备的所有数据，因此需要更高的性能、更多的接口和更高的交换速率的交换机。核心层是整个网络的核心所在，因此应选择更高可靠性、更高性能和更大吞吐量的交换机。

核心层是网络的数据交换中心。如果汇聚层连接到核心层的链路因故障断开，那么该汇聚层交换机连接的计算机将无法连接网络，造成部分或全部网络瘫痪。因此核心层除了具有可靠性和高速的传输性能，还需要具备冗余能力。解决这个问题的方法是在网络中引入冗余链路。

网络中增加了冗余链路后会形成环路，从而引起广播风暴、交换机 MAC 地址表不稳定等问题。生成树协议（Spanning Tree Protocol，STP）可以解决这些问题，根据该协议确定哪个交换机阻断哪个接口，从而使网络不会形成环路，被阻断的接口线路会成为备份链路，不转发数据。如果通信线路故障断开，备份链路能自动启用，从而不影响网络的正常运行。

1．学习目标

了解生成树协议的作用及其应用。

2．应用情境

网络中 2 台核心交换机之间连接的链路一旦断开，会造成设备无法连接网络的问题。采用为核心交换机之间连接 2 条或多条链路的方法，可以保证即使一条或其中的几条链路断开，其他链路也能继续传输数据，从而保证网络的连通。

3．实训要求

（1）设备要求。

① 2 台 2960 交换机和 2 台计算机。

② 2 条直通线、2 条交叉线。

（2）实训拓扑图如图 2-25 所示。

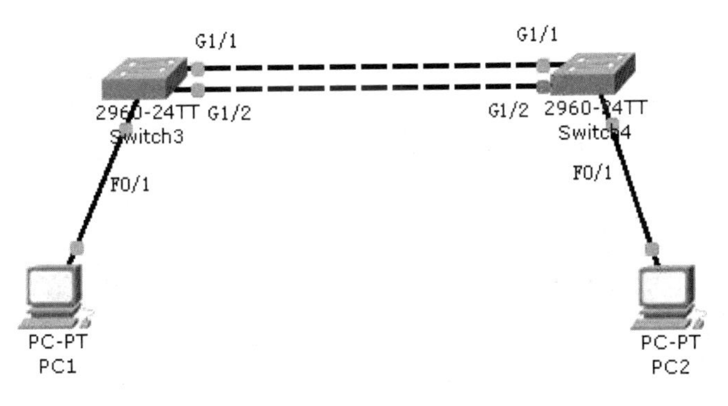

图 2-25　实训拓扑图

（3）配置要求见表 2-23。

表 2-23　计算机配置

设备名称	IP 地址	子网掩码
PC1	192.168.1.1	255.255.255.0
PC2	192.168.1.2	255.255.255.0

4．实训效果

其中一台交换机的某个接口处于阻塞状态（本实训中，阻塞状态的接口亮橙色灯）。

5．实训思路

略

6．详细步骤

（1）根据实训要求添加并连接设备。

（2）观察最终效果，其中一台交换机的某个接口处于阻塞状态，如图 2-26 所示，“Switch3”交换机的 G1/2 接口处于阻塞状态，所以连接 G1/2 接口的链路为备份链路，连接 G1/1 接口的链路为主通信链路（“PC1”计算机能 Ping 通“PC2”计算机）。

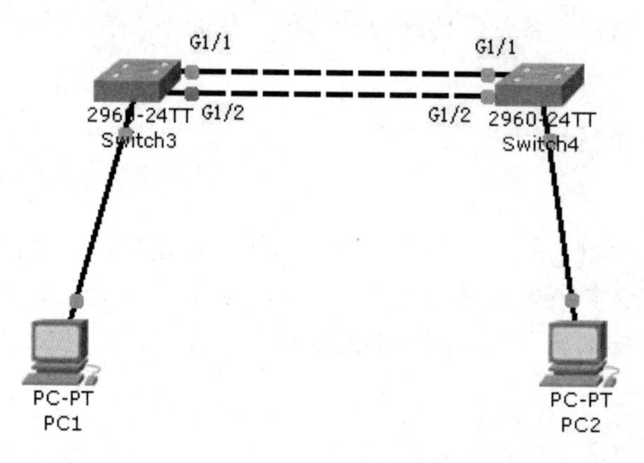

图 2-26　实训拓扑图

（3）删除连接 G1/1 接口的链路，模拟主通信链路故障断开，观察备份链路的自动启用，如图 2-27 所示。

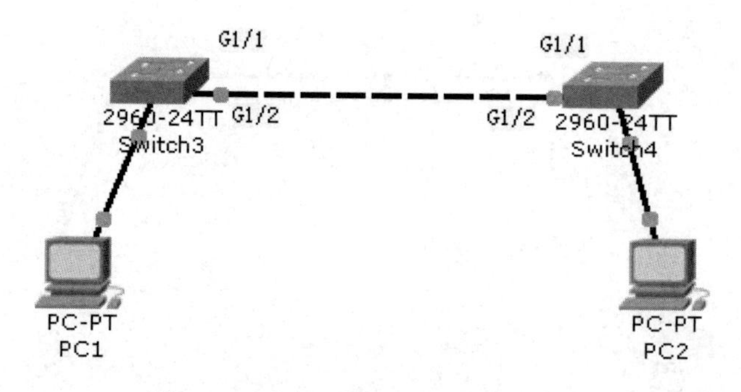

图 2-27　删除一条链路之后的拓扑图

7．相关知识

生成树可分为 STP、RSTP 和 MSTP。STP 的收敛时间通常为 30～50s，也就是要启用备份链路的时间。RSTP 称为快速生成树，收敛时间少于 1s。MSTP 称为多实例生成树，这种生成树协议能根据 VLAN 形成备份链路，提高链路利用率。

8．注意事项

在实际环境中，部分交换机默认没有开启 STP。如果要在交换机之间做链路冗余，应先配置好 STP 后再连接链路，否则容易引起广播风暴。

2.9 链路聚合

预备知识

STP（生成树协议）虽然解决了单链路故障的问题，也提供了链路备份，但同时只能有一条链路作为主通信链路传送数据，备份的链路只在主链路失效时才起到传输数据的作用，这就造成了较低的线路利用率。

链路聚合能在提供链路冗余的同时，也能利用所有线路进行数据通信而不会形成环路。这种技术是应用于交换机之间的多链路捆绑技术。它的基本原理是将两个设备之间的多条物理链路捆绑在一起，组成一条逻辑链路，从而达到增加带宽的作用。除增加带宽外，聚合的接口还可以在多条链路上均衡分配流量，起到负载分担的作用。当一条或多条链路出现故障时，只要还有正常链路，数据将转移到正常的链路上，从而起到冗余的作用。

1. 学习目标

（1）了解链路聚合的作用及应用环境。

（2）掌握链路聚合的配置方法。

2. 应用情境

某学校的校园网拓扑图如图 2-28 所示。随着接入网络的计算机越来越多，汇聚交换机与核心交换机之间的数据交换量越来越大。连接汇聚交换机与核心交换机的线路成为网络传输的瓶颈，学校正在考虑如何用最为经济的方法解法这个问题。

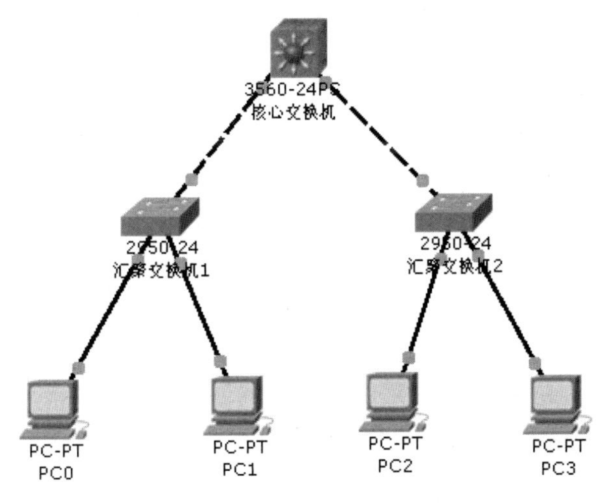

图 2-28 某学校的校园网拓扑图

如图 2-29 所示的拓扑图，在汇聚交换机与核心交换机之间连接两条或多条线路，通过链路聚合使两条或多条链路聚合成一条高带宽的逻辑链路就可以解决上述问题。

3. 实训要求

（1）设备要求。

① 2 台 3560-24PS 交换机、2 台计算机。

② 2 条交叉线、4 条直通线。

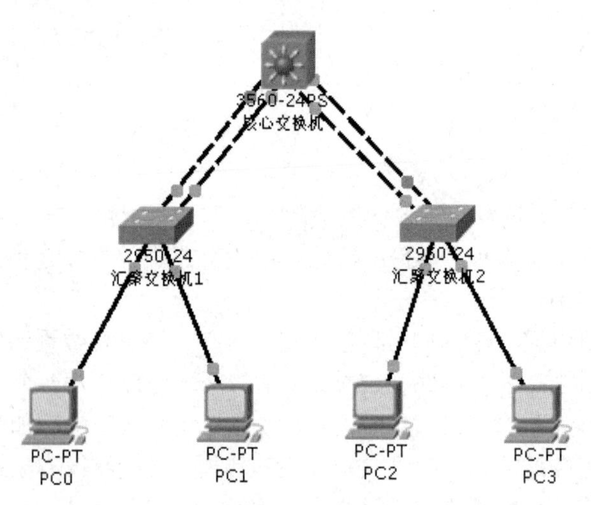

图 2-29　拓扑图

（2）实训拓扑图如图 2-30 所示。

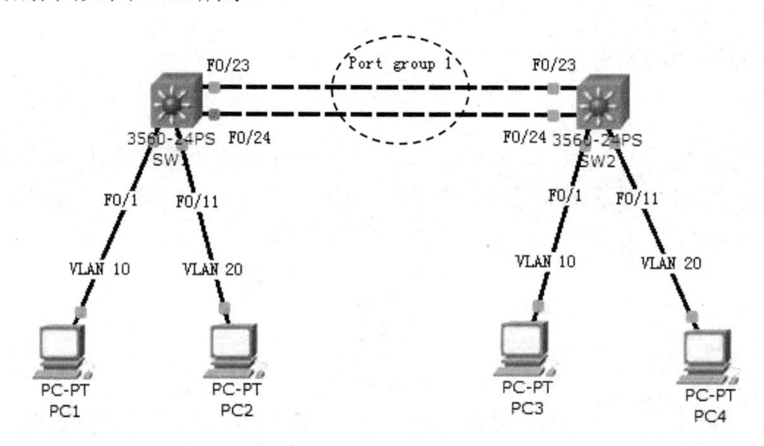

图 2-30　实训拓扑图

（3）配置要求见表 2-24 和表 2-25。

表 2-24　计算机配置

设备名称	IP 地址/子网掩码	所属 VLAN
PC1	192.168.1.1/24	VLAN 10
PC2	192.168.2.1/24	VLAN 20
PC3	192.168.1.2/24	VLAN 10
PC4	192.168.2.2/24	VLAN 20

表 2-25　交换机配置

设备名称	接口范围	所属 VLAN
SW1	F0/1～F0/10	VLAN 10
SW1	F0/11～F0/22	VLAN 20
SW2	F0/1～F0/10	VLAN 10
SW2	F0/11～F0/22	VLAN 20

4. 实训效果

相同 VLAN 的计算机能够互相连通，连接 2 台交换机之间的两条链路都能传输数据。

5. 实训思路

（1）添加并连接设备，修改设备名称，配置计算机的 IP 地址和子网掩码。
（2）更改交换机名称，创建 VLAN，并把相应接口划入对应 VLAN。
（3）进入交换机接口，把接口加入聚合接口并设置聚合模式。
（4）进入聚合接口，并设置接口模式为 Trunk。

链路聚合

6. 详细步骤

（1）按如图 2-30 所示的实训拓扑图，添加并连接设备，修改设备名称。
（2）设置 4 台计算机的 IP 地址及子网掩码。
（3）进入“SW1”交换机的全局配置模式，更改交换机名称。

```
Switch>enable                              //进入特权用户配置模式
Switch# conf t                             //进入全局配置模式
Switch(config)#hostname SW1                //更改交换机名称
SW1(config)#
```

（4）在“SW1”交换机上创建 VLAN 10 和 VLAN 20，并把 F0/1～F0/10 接口划入 VLAN 10，把 F0/11～F0/22 接口划入 VLAN 20。

```
SW1(config)# VLAN 10                       //创建编号为10的VLAN
SW1(config-VLAN)#exit                      //退出VLAN配置模式
SW1(config)# VLAN 20                       //创建编号为20的VLAN
SW1(config-VLAN)#exit                      //退出VLAN配置模式
SW1(config)#
SW1(config)#interface range f0/1-10        //同时进入F0/1～F0/10接口
SW1(config-if-range)#switchport access VLAN 10
                                           //把F0/1～F0/10接口划入VLAN 10
SW1(config-if-range)#exit                  //退出接口配置模式
SW1(config)#interface range f0/11-22       //同时进入F0/11～F0/22接口
SW1(config-if-range)#switchport access VLAN 20
                                           //把F0/11～F0/22接口划入VLAN 20
SW1(config-if-range)#exit                  //退出接口配置模式
SW1(config)#
```

（5）进入“SW1”交换机的 F0/23 和 F0/24 接口，把接口加入编号为 1 的聚合接口，并设置聚合模式为 on。

```
SW1 (config)#int f0/23                     //进入F0/23接口
SW1 (config-if)#channel-group 1 mode on
//创建编号为1的聚合接口，并设置模式为on
SW1 (config-if)#exit                       //退出接口配置模式
SW1 (config)#int f0/24                     //进入F0/24接口
SW1 (config-if)#channel-group 1 mode on //创建编号为1的聚合接口，并设置模式为on
SW1(config-if)#exit                        //退出接口配置模式
```

（6）进入“SW1”交换机编号为 1 的聚合接口，并设置该接口为 Trunk 模式。

```
SW1(config)#interface port-channel 1       //进入编号为1的聚合接口
SW1(config-if)#switchport trunk encapsulation dot1q
                                           //设置接口Trunk的封装协议为dot1q
```

```
SW1(config-if)#switchport mode trunk     //设置接口模式为Trunk
```

（7）进入“SW2”交换机的全局配置模式，更改交换机名称。

```
Switch>enable                                //进入特权用户配置模式
Switch# conf t                               //进入全局配置模式
Switch(config)#hostname SW2                  //更改交换机名称
SW2(config)#
```

（8）在“SW2”交换机上创建 VLAN 10 和 VLAN 20，并把 F0/1～F0/10 接口划入 VLAN 10，把 F0/11～F0/22 接口划入 VLAN 20。

```
SW2 (config)# VLAN 10                        //创建编号为10的VLAN
SW2(config-VLAN)#exit                        //退出VLAN配置模式
SW2 (config)# VLAN 20                        //创建编号为20的VLAN
SW2(config-VLAN)#exit                        //退出VLAN配置模式
SW2 (config)#

SW2(config)#interface range f0/1-10          //同时进入F0/1～F0/10接口
SW2(config-if-range)#switchport access VLAN 10
                                             //把F0/1～F0/10接口划入VLAN 10
SW2(config-if-range)#exit                    //退出接口配置模式
SW2(config)#interface range f0/11-22         //同时进入F0/11～F0/22接口
SW2(config-if-range)#switchport access VLAN 20
                                             //把F0/11～F0/22接口划入VLAN 20
SW2(config-if-range)#exit                    //退出接口配置模式
SW2(config)#
```

（9）进入“SW2”交换机的 F0/23 和 F0/24 接口，把接口加入编号为 1 的聚合接口，并设置聚合模式为 on。

```
SW2 (config)#int range f0/23-24              //同时进入F0/23和F0/24接口
SW2 (config-if-range)#channel-group 1 mode on
                                             //创建编号为1的聚合接口，并设置模式为on
SW2 (config-if)#exit                         //退出接口配置模式
```

（10）进入“SW2”交换机编号为 1 的聚合接口，并设置该接口为 Trunk 模式。

```
SW2(config)# interface port-channel 1        //进入编号为1的聚合接口
SW2(config-if)#switchport trunk encapsulation dot1q
                                             //设置接口Trunk的封装协议为dot1q
SW2(config-if)#switchport mode trunk         //设置接口模式为Trunk
```

（11）验证网络连通性，分别使用“PC1”计算机 Ping“PC3”计算机、“PC2”计算机 Ping“PC4”。测试结果为“PC1”计算机与“PC3”计算机能够连通，“PC2”计算机与“PC4”计算机能够连通。

（12）分别在“SW1”“SW2”交换机上用“show interfaces etherchannel”命令查看聚合接口信息。

```
SW1#show interfaces etherchannel
FastEthernet0/23:
Port state    = 1
Channel group    = 1         Mode = On       Gcchange = -
Port-channel  = Po1       GC = -          Pseudo port-channel = Po1
Port index    = 0         Load = 0x0      Protocol = -
```

```
Age of the port in the current state:  00d:00h:14m:28s

FastEthernet0/24:
Port state    = 1
Channel group    = 1        Mode = On       Gcchange = -
Port-channel  = Po1       GC = -          Pseudo port-channel = Po1
Port index    = 0        Load = 0x0      Protocol = -

Age of the port in the current state:  00d:00h:14m:28s

----
Port-channel1:Port-channel1
Age of the Port-channel   = 00d:00h:14m:28s
Logical slot/port   = 2/1           Number of ports = 2
GC                 = 0x00000000     HotStandBy port = null
Port state           =
Protocol             =   3
Port Security        = Disabled

Ports in the Port-channel:

Index   Load   Port    EC state        No of bits
------+------+------+------------------+-----------
  0     00     Fa0/23  On                 0
  0     00     Fa0/24  On                 0
Time since last port bundled:   00d:00h:14m:28s    Fa0/24
SW1#
```

7．相关命令

相关命令见表 2-26。

表 2-26　相关命令

命令	channel-group <port-group-number> mode {active|passive|on|auto|desirable}
功能	将物理接口加入 Port Channel
参数	<port-group-number> 为 Port Channel 的组号，范围为 1～6； Active：启动接口的 LACP 协议，并设置为 Active 模式； Passive：启动接口的 LACP 协议，并且设置为 Passive 模式； On：强制接口加入 Port Channel； Auto：被动启动接口的 PAGP 协议； Desirable：强制启动接口的 PAGP 协议
模式	接口配置模式
实例	在 Ethernet0/1 接口模式下，将该接口以 Active 模式加入 port-group： Switch（Config-Ethernet0/0/1）#channel-group 1 mode active
命令	interface port-channel <port-channel-number>
功能	进入汇聚接口配置模式
参数	<port-group-number> 为 Port Channel 的组号，范围为 1～6
模式	全局配置模式
实例	进入 port-channel1 配置模式： Switch(Config)#interface port-channel 1 Switch(Config-If-Port-Channel1)# port-group 1 mode on

8．相关知识

链路聚合（Port Trunking）的功能是将交换机的多个低带宽接口捆绑成一条高带宽链路，可以实现链路负载平衡，避免链路出现拥塞现象。通过配置交换机，可将 2 个、3 个或 4 个接口进行捆绑，分别负责特定接口的数据转发，可以避免单条链路转发速率过低而出现丢包的现象。

9．注意事项

（1）如果连接网络设备后存在物理环路，应先配置好相应设备后再连接线路，避免广播风暴。

（2）生成树协议（STP）的主要作用是避免出现环路。链路聚合的主要作用是增加网络带宽。

10．实训巩固

（1）使用链路聚合增加核心交换机和汇聚交换机的网络带宽。

（2）设置 VLAN 2 接口的 IP 地址为“192.168.10.254”，子网掩码为“255.255.255.0”；设置 VLAN 3 接口的 IP 地址为“192.168.20.254”，子网掩码为“255.255.255.0”。

（3）实现所有计算机互相连通。

（4）实训巩固拓扑图如图 2-31 所示。

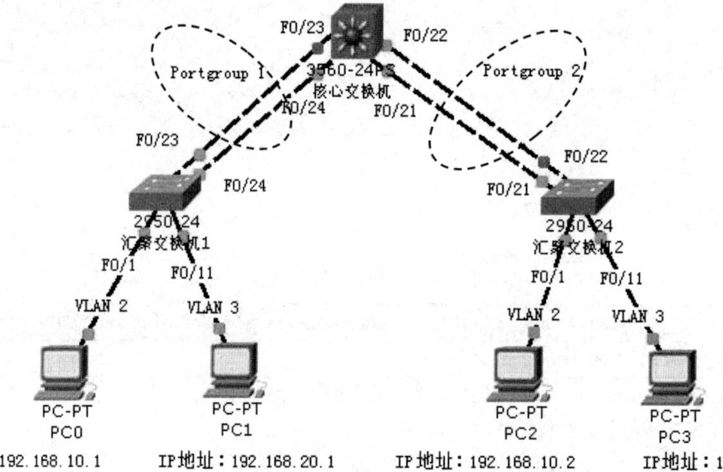

图 2-31　实训巩固拓扑图

11．扩展练习

链路聚合有多种模式，请通过上述实例巩固完成以下模式的配置，并填写表 2-27。

表 2-27　链路聚合实验

序号	聚合接口	SW1 聚合模式	SW2 聚合模式	是否聚合成功	备注
1	F0/23～F0/24	on	on		
2	F0/23～F0/24	on	auto		
3	F0/23～F0/24	active	active		
4	F0/23～F0/24	active	passive		
5	F0/23～F0/24	passive	auto		
6	F0/23～F0/24	auto	desirable		

2.10　交换机接口安全配置 1

预备知识

网络安全涉及方方面面。对于交换机，首先需要保障交换机接口的安全。在很多企业网中，员工可以随意地使用交换机等网络设备将一个上网接口扩展成多个，或使用个人计算机连接到网络，类似的情况都会给企业埋下网络安全隐患。

交换机的接口安全通过 MAC 地址来限制接口访问，当网络中具有非法 MAC 地址的设备接入时，交换机会自动关闭或拒绝非法设备接入，也可以限制某个接口的最大连接 MAC 地址数。一般在接入层交换机上配置接口安全，将非法接入的设备挡在网络最低层，而不会影响网络带宽。

可以通过限制接入接口的最大连接 MAC 地址数来确保交换机的接口安全。

1. 学习目标

（1）了解交换机接口安全的作用。

（2）能够读懂交换机 MAC 地址表。

（3）掌握配置交换机接口安全的方法。

2. 应用情境

某企业的部分办公室中出现了个别员工未经网络中心允许，私自将个人计算机连接到企业局域网的情况。当个人计算机中毒后会在局域网内传播病毒，会影响了公司的正常上网。这种情况可以通过配置交换机接口，使非法 MAC 地址的设备接入时，交换机自动关闭接口或拒绝非法设备接入，也可以限制某个接口的最大连接 MAC 地址数。

3. 实训要求

（1）设备要求。

① 2 台 2950-24 交换机、4 台计算机。

② 1 条交叉线、4 条直通线。

（2）实训拓扑图如图 2-32 所示。

（3）配置要求。

① 计算机配置见表 2-28。

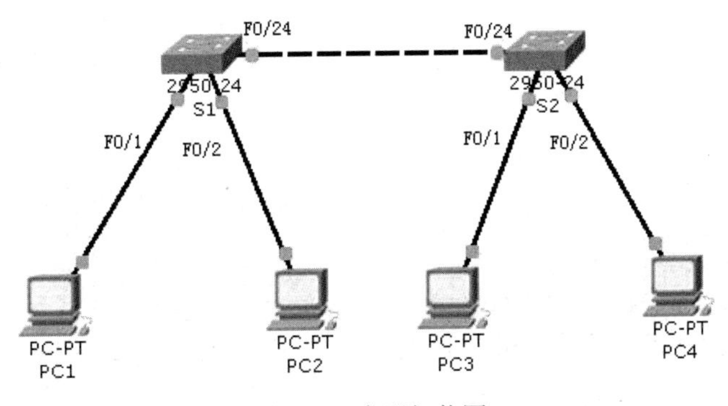

图 2-32　实训拓扑图

表 2-28 计算机配置

设备名称	IP 地址/子网掩码	接口连接
PC1	192.168.1.1/24	见图 2-32
PC2	192.168.1.2/24	
PC3	192.168.1.3/24	
PC4	192.168.1.4/24	

② 交换机配置要求。

启动“S1”交换机的 F0/24 接口安全，限制接口的最大连接 MAC 地址数为 2，并设置发生安全违规后丢弃该计算机发送的数据包并发送警告信息。

4．实训效果

“PC1”“PC2”“PC3”计算机之间能互通，“P1”“PC2”计算机不能与“PC4”计算机互通，而“PC3”计算机与“PC4”计算机能互通。

5．实训思路

（1）添加并连接设备。

（2）进入 F0/24 接口，启用接口安全配置。

（3）设置接口最大连接的 MAC 地址数。

（4）设置安全违规处理方式。

（5）测试连通效果。

6．详细步骤

交换机接口安全配置 1

特别提醒：以下所有设备的 MAC 地址应根据实验设备进行相应更改。

（1）按如图 2-32 所示的实训拓扑图，添加 2 台 2950-24 交换机和 4 台计算机，并修改设备名称。

（2）按实训要求配置 4 台计算机的 IP 地址和子网掩码。

（3）按如图 2-32 所示的实训拓扑图连接设备。

（4）进入“S1”交换机，更改交换机名称并进入 F0/24 接口，启用该接口的安全配置并设置最大连接的 MAC 地址数为 2，发生安全违规后丢弃数据包信息。

```
Switch>enable                                   //进入特权用户配置模式
Switch#conf t                                   //进入全局配置模式
Switch(config)#hostname S1                      //更改交换机名称
S1(config)#int f0/24                            //进入F0/24接口
S1(config-if)#switchport mode access            //设置接口模式为access
S1(config-if)#switchport port-security          //启用接口安全配置
S1(config-if)#switchport port-security maximum 2
                                                //设置接口最大连接MAC地址数为2
S1(config-if)#switchport port-security violation protect
                                                //设置接口安全违规处理方式为protect
S1(config-if)#
//安全违规处理方式有3种，分别为Protect、Restrict和Shutdown
```

（5）使用 Ping 命令测试各计算机之间的连通性，结果见表 2-29。

表 2-29　测试结果表

	PC1	PC2	PC3	PC4
PC1	—	通	通	不通
PC2	通	—	通	不通
PC3	通	通	—	通
PC4	不通	不通	通	—

（6）可在“S1”交换机上使用“show port-security address”命令查看安全地址。

```
S1#show port-security address        //显示接口安全地址
                 Secure Mac Address Table
-------------------------------------------------------------------------
VLAN Mac Address Type                          Ports             Remaining Age


---- ----------- ----                          -----             -------------
1    00D0.58EC.9A18  DynamicConfigured           FastEthernet0/24               -
1    00D0.BCCB.1725  DynamicConfigured           FastEthernet0/24               -
-------------------------------------------------------------------------
Total Addresses in System (excluding one mac per port)     : 1
Max Addresses limit in System (excluding one mac per port) : 1024
```

（7）在“S1”交换机上使用“show port-security interface f0/24”命令查看 F0/24 接口安全配置信息。

```
S1#show port-security interface f0/24        //查看F0/24接口安全配置信息
Port Security                    : Enabled
Port Status                      : Secure-up
Violation Mode                   : Protect
Aging Time                       : 0 mins
Aging Type                       : Absolute
SecureStatic Address Aging       : Disabled
Maximum MAC Addresses            : 2
Total MAC Addresses              : 2
Configured MAC Addresses         : 0
Sticky MAC Addresses             : 0
Last Source Address:VLAN         : 00D0.58EC.9A18:1
Security Violation Count         : 0
S1#
```

（8）前面的设置只限制了接口接入的数量，并没有限制哪台计算机能接入，这就造成了有时“PC3”计算机的数据能够通过 F0/24 接口，有时“PC4”计算机的数据能够通过 F0/24 接口。为此，可以通过接口绑定 MAC 地址的方法，限制 S1 的 F0/24 接口只能有两个 MAC 地址的设备数据才能通过，一个为“S1”交换机，另一个为“PC3”计算机。

```
S1#conf t                        //进入全局配置模式
S1(config)#int f0/24             //进入F0/24接口
S1(config-if)#switchport port-security mac-address 00D0.BCCB.1725
//配置只有该“00D0.BCCB.1725”MAC地址的设备的数据才能通过F0/24接口
S1(config-if)# ^Z                //退出到特权用户配置模式
S1#write                         //保存交换机配置
```

注意：可以单击“PC3”计算机，选择“配置→FastEthernet→MAC 地址”选项，查看“PC3”

计算机的 MAC 地址，如图 2-33 所示。

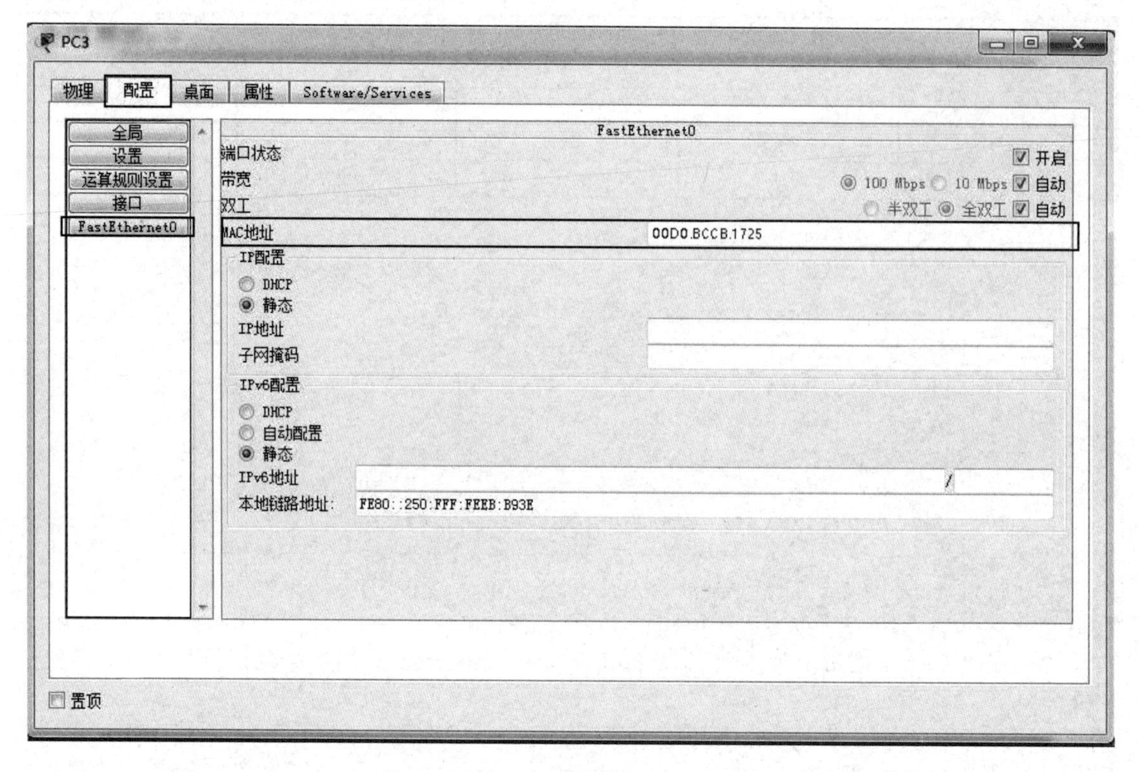

图 2-33　查看 PC1 的 MAC 地址

（9）分别测试“PC1”计算机与“PC3”“PC4”计算机的连通性，发现只有“PC3”计算机能够与“PC1”计算机连通。

7. 相关命令

相关命令见表 2-30。

表 2-30　相关命令

命令	show mac-address-table {dynamic|interfaces|static}
功能	显示交换机 MAC 地址表
参数	无参数表示显示整个交换机的 MAC 地址表；参数 dynamic 表示显示动态的 MAC 地址表；参数 interfaces 表示显示接口 MAC 地址表；参数 static 表示显示静态的 MAC 地址表
模式	特权用户配置模式
实例	显示动态的交换机地址表： Switch#show mac-address-table dynamic
命令	switchport port-security {mac-address|maximum|violation}
功能	配置交换机接口的安全配置
参数	无参数表示开启交换机接口的安全配置；参数 mac-address 表示在该接口绑定 MAC 地址；参数 maximum 表示在该接口绑定最大连接数；参数 violation 表示在该接口产生安全违规时的处理方式
模式	接口配置模式
实例	配置接口的最大连接数为 8： Switch(config-if)#switchport port-security Switch(config-if)#switchport port-security maximum 8

续表

命令	show port-security {address| interface}
功能	显示接口安全信息
参数	无参数表示显示所有接口安全信息；参数 address 表示显示安全地址；参数 interface 表示显示指定接口的安全地址信息
模式	特权用户配置模式
实例	显示 F0/1 接口的安全地址信息： Switch#show port-security int f0/1

8．相关知识

接口安全违规的处理方式有 Protect、Shutdown 和 Restrict。

（1）Protect 方式：当新的计算机接入交换机时，如果该接口的 MAC 地址数超过最大数，则这个新的计算机无法接入网络。

（2）Shutdown 方式：当新的计算机接入交换机时，如果该接口的 MAC 地址数超过最大数，则该接口将会被关闭，新的计算机和原有的计算机都无法接入网络，需要使用“no shutdown”命令重新打开该接口。

（3）Restrict：当新的计算机接入时，如果该接口的 MAC 地址数超过最大数，这个新的计算机仍可以接入网络，但交换机将发送警告信息。

9．注意事项

（1）交换机接口最大连接数是指该接口下连接的最大的 MAC 地址数。例如，某接口设置的最大连接数为 2，该接口下连接一台交换机后（交换机是具有 MAC 地址的设备），最多只能再连接一台具有 MAC 地址的终端，如一台计算机。

（2）使用接口安全配置时，需要使用“switchport port-security”命令开启接口安全配置。

（3）“switchport port-security maximum X”命令限制的最大连接 MAC 地址数是动态的，也就是说，最早接入的 X 台计算机数不受限制，第 X+1 台则会受到限制。但这 X 台计算机并不保证每次交换机重启后都是同一批计算机。

（4）配置交换机接口安全时，该接口模式不能为“dynamic”（动态接口），否则不能启用接口安全。

10．实训巩固

配置“Switch0”交换机的 F0/24 接口的最大连接数为 3，若超过最大连接数则关闭该接口，实训巩固拓扑图如图 2-34 所示。

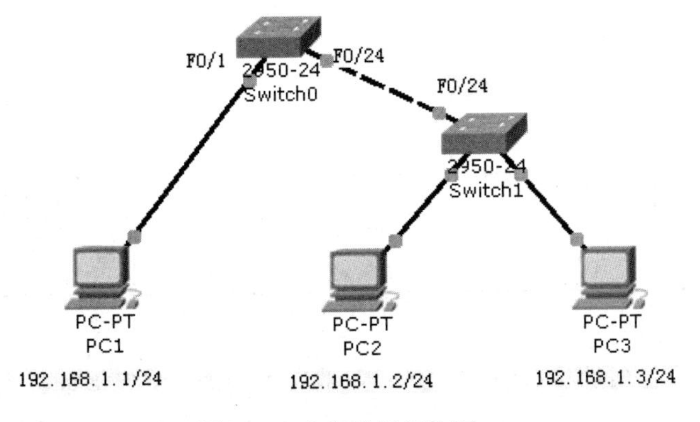

图 2-34　实训巩固拓扑图

要求：限制 F0/24 接口只能连接“Switch1”交换机和“PC2”“PC3”计算机。

提示：
交换机的 MAC 地址可在特权模式下使用“show version”查看。

2.11 交换机接口安全配置 2

预备知识

请复习“2.10 交换机接口安全配置 1”小节内容。

1. 学习目标

（1）了解交换机接口安全的作用。

（2）能够读懂交换机 MAC 地址表。

（3）掌握配置交换机接口安全的方法。

2. 应用情境

某校园网接入的交换机均启用了交换机接口安全，限制接口的接入数为 1，并指定了接口的接入 MAC 地址，防止未经授权的用户接入网络。但有些接口还没接入终端，不能确定以后接入的终端 MAC。使用交换机接口安全的黏性 MAC 地址，可使交换机接口有终端接入时自动学习 MAC 地址来绑定，这个设置会被保存在设置文件中。如果保存设置，交换机重新启动后无须再自动重新学习 MAC 地址。

小贴士：
黏性 MAC 地址是接口安全的一种应用。顾名思义，就是将交换机接口发现的终端设备的 MAC 地址粘贴到 MAC 地址表中，无须管理员手工输入。

3. 实训要求

（1）设备要求。

① 1 台 2950-24 二层交换机、2 台计算机。

② 两条直通线。

（2）实训拓扑图如图 2-35 所示。

（3）配置要求。

① 计算机配置要求见表 2-31。

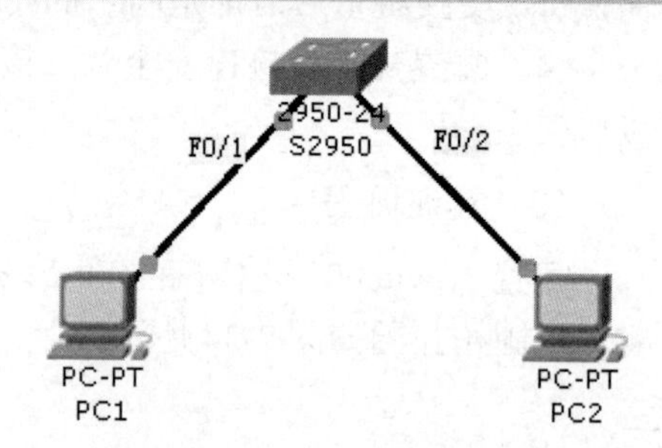

图 2-35 实训拓扑图

表 2-31 计算机配置

设备名称	IP 地址/子网掩码	接口连接
PC1	192.168.1.1/24	见图 2-35
PC2	192.168.1.2/24	

② 交换机配置要求。

启用交换机所有接口的接口安全配置，限制最大连接 MAC 地址数为 1，并设置接口安全为黏性 MAC 地址。设置发生安全违规后，丢弃新加入计算机发送的数据包并不发送警告。

4．实训效果

只有“PC1”计算机接入“S2950”交换机上的 F0/1 接口，“PC2”计算机接入“S2950”交换机上的 F0/2 接口，才能实现这 2 台计算机的连通，其他计算机接入 F0/1、F0/2 接口均不能通信。

5．实训思路

（1）添加并连接设备。

（2）启用接口安全配置。

（3）设置接口限制。

（4）设置安全违规处理方式。

（5）测试效果。

6．详细步骤

交换机接口安全配置 2

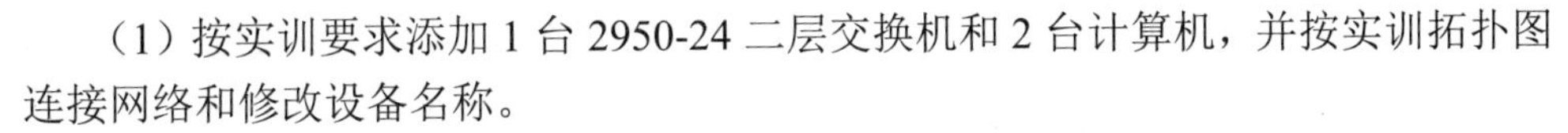

（1）按实训要求添加 1 台 2950-24 二层交换机和 2 台计算机，并按实训拓扑图连接网络和修改设备名称。

（2）按实训要求设置 2 台计算机的 IP 地址和子网掩码。

（3）进入交换机的 IOS 命令行界面，将交换机名称更改为“S2950”。

```
Switch>enable                               //进入特权用户配置模式
Switch#conf t                               //进入全局配置模式
Switch(config)#hostname S2950               //更改交换机名称
```

（4）进入交换机的 F0/1～F0/24 接口，设置限制 MAC 地址最大连接数，启用接口安全黏性 MAC 地址并设置安全违规方式。

```
S2950(config)#int range f0/1-24                      //进入F0/1～F0/24接口
S2950(config-if-range)#switchport mode access        //配置接口模式为access
S2950(config-if-range)#switchport port-security      //启用接口安全配置
S2950(config-if-range)#switchport port-security maximum 1
                                                     //设置接口最大MAC连接数为1
S2950(config-if-range)#switchport port-security mac-address sticky
//配置接口安全MAC地址为sticky模式
S2950(config-if-range)#switchport port-security violation protect
//设置接口安全违规处理方式为protect
S2950(config-if-range)#
```

（5）在特权用户配置模式下查看交换机的 MAC 地址表，确认学习到“PC1”和“PC2”计算机的地址后保存配置文件。

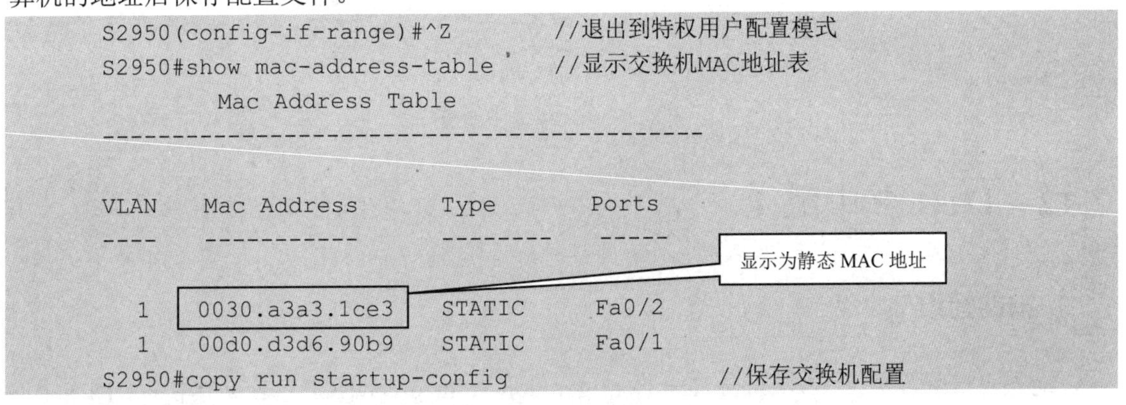

```
S2950(config-if-range)#^Z          //退出到特权用户配置模式
S2950#show mac-address-table       //显示交换机MAC地址表
          Mac Address Table
-------------------------------------------

VLAN    Mac Address       Type        Ports
----    -----------       --------    -----

   1    0030.a3a3.1ce3    STATIC      Fa0/2
   1    00d0.d3d6.90b9    STATIC      Fa0/1
S2950#copy run startup-config                         //保存交换机配置
```

```
Destination filename [startup-config]?      //直接按“Enter”键即可
Building configuration...
[OK]
S2950#
```

注意：若 MAC 地址表为空，则使“PC1”计算机和“PC2”计算机能够连通。

（6）测试“PC1”计算机和“PC2”计算机的连通性，结果为连通。

（7）把“PC1”计算机接到 F0/2 接口，“PC2”计算机接到 F0/1 接口。

（8）再次测试“PC1”计算机和“PC2”计算机的连通性，由于设置了接口安全，所以不能连通。

7. 相关命令

相关命令见表 2-32。

表 2-32　相关命令

命令	switchport port-security mac-address sticky
功能	动态将 MAC 地址设置为静态
参数	Sticky 表示交换机的接口会把首次接入的计算机设定为静态绑定
模式	接口配置模式
实例	显示交换机接口 IP 地址方式为 sticky： Switch(config-if)# switchport port-security mac-address sticky

8. 注意事项

使用参数“sticky”时，首次接入该接口的计算机确认是要连接的计算机，否则超过限制数后计算机不能接入。

9. 实训巩固

使用参数“sticky”配置“S1”交换机的 F0/24 接口只能接入“PC2”计算机或“PC3”计算机，若有其他计算机尝试接入，则丢弃其数据包。实训巩固拓扑图如图 2-36 所示。

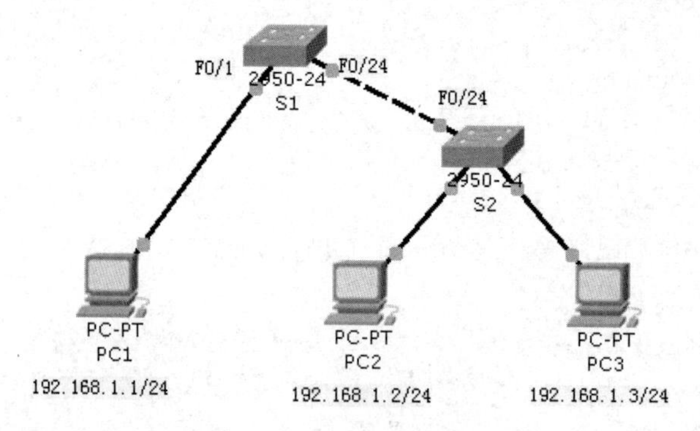

图 2-36　实训巩固拓扑图

2.12　DHCP 中继 1

预备知识

动态主机配置协议（Dynamic Host Configuration Protocol，DHCP）是一个用于给网络中的

计算机提供动态的 IP 地址信息（IP 地址、网关、DNS 等）的协议。运行该协议的设备称为 DHCP 服务器。

计算机设置为动态获取 IP 地址后，每次开机时网卡会向网络发送 DHCP 广播包，向网络中的 DHCP 服务器请求租用 IP 地址，当 DHCP 服务器收到该请求并有可租用的 IP 地址时，即会向计算机发送包含租用的 IP 地址信息。

计算机发送的 DHCP 广播包只能在同一网段内传输，因此 DHCP 服务器所在的网段必须与计算机是同一网段。但在大中型网络中，网络通常被划分为几个甚至是几十个网段，一些网段的计算机无法收到 IP 地址信息。通过在每个网段的网关处设置 DHCP 中继（DHCP Relay），可以把计算机的 DHCP 请求信息中继到不同一网段中的 DHCP 服务器，再把 DHCP 服务器提供的 IP 地址信息返回给请求计算机，这样就可以完成在不同网段中计算机的 DHCP 请求。

服务器版操作系统、三层交换机、路由器和具有 DHCP 功能的家用路由器等均可配置为 DHCP 服务器。

1. 学习目标

（1）了解 DHCP 服务器和 DHCP 中继的工作原理。

（2）掌握三层交换机的 DHCP 中继的配置方法。

2. 应用情境

某校园网由于计算机较多，划分了多个网段进行管理。计算机原来采用手动设置的方法配置，发现工作量大且容易造成 IP 地址冲突，现准备使用 DHCP 服务器动态分配 IP 地址的方式，提高网络管理员的工作效率。基于 DHCP 的工作原理，DHCP 请求信息不能跨网段进行传送，可以使用交换机的 DHCP 中继技术解决该问题，使不同网段的计算机也能从同一 DHCP 服务器获取 IP 地址信息。

3. 实训要求

（1）设备要求。

① 1 台 3560-24PS 三层交换机、1 台服务器和 2 台计算机。

② 3 条直通线。

（2）实训拓扑图如图 2-37 所示。

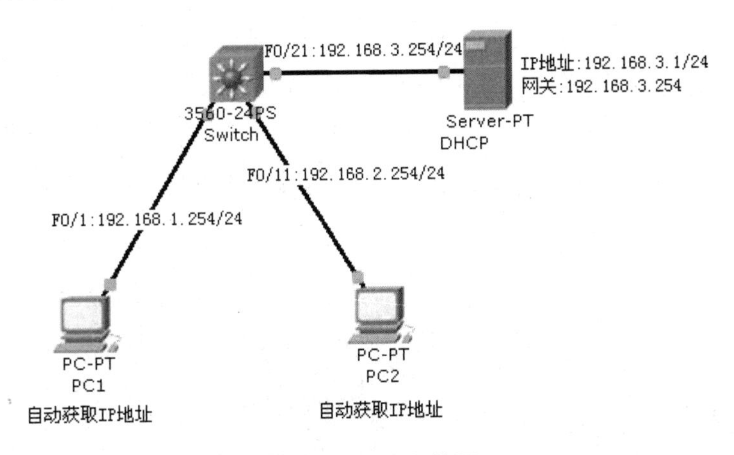

图 2-37　实训拓扑图

（3）配置要求。

① 计算机的配置要求见表 2-33。

表 2-33　计算机配置

设备名称	IP 地址/子网掩码、网关	接口连接
PC1	自动从 DHCP 获取	见图 2-38
PC2	自动从 DHCP 获取	

② 三层交换机配置要求。

F0/1 接口转换成路由接口，并设置 IP 地址为 192.168.1.254/24。

F0/11 接口转换成路由接口，并设置 IP 地址为 192.168.2.254/24。

F0/21 接口转换成路由接口，并设置 IP 地址为 192.168.3.254/24。

在 F0/1 和 F0/11 接口上分别启用 DHCP 中继。

③ DHCP 服务器的配置要求见表 2-34。

表 2-34　DHCP 服务器配置

设备名称	池名称	默认网关	起始 IP 地址/子网掩码	最大用户数
DHCP	VLAN 10	192.168.1.254	192.168.1.2/24	200
	VLAN 20	192.168.2.254	192.168.2.2/24	200

4．实训效果

“PC1”计算机和“PC2”计算机能从 DHCP 服务器自动获取相应网段的 IP 地址信息，并且能够实现互通。

5．实训思路

（1）为 DHCP 服务器配置网段（可分配的 IP 地址信息范围）。

（2）将交换机的交换接口转换成路由接口并设置 IP 地址。

（3）相应网段接口配置 DHCP 中继。

6．详细步骤

DHCP 中继 1

（1）根据如图 2-37 所示的实训拓扑图，添加 1 台服务器、1 台三层交换机和 2 台计算机，用直通线连接设备并修改设备名称。

（2）设置“PC1”计算机和“PC2”计算机自动获取 IP 地址，如图 2-38 所示。

图 2-38　自动获取 IP 地址

（3）配置 DHCP 服务器的 IP 地址、子网掩码及网关，如图 2-39 所示。

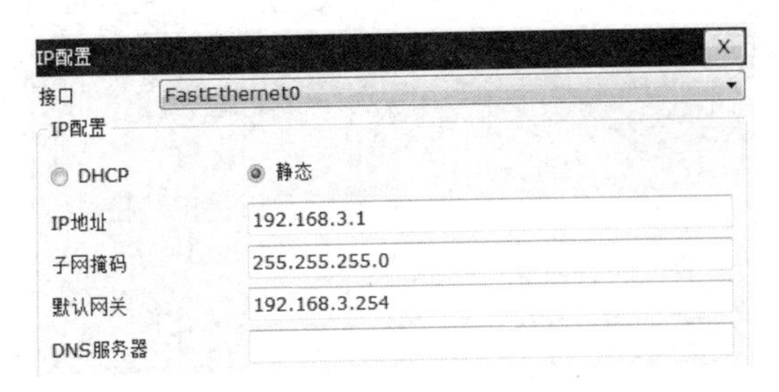

图 2-39　配置 IP 地址及网关

（4）单击“DHCP”服务器，选择“服务”选项卡，单击“DHCP”选项，在窗口右侧输入相应的参数，为 VLAN 10 添加可分配的 IP 地址信息，如图 2-40 所示，输入完成后单击“添加”按钮，然后再单击“保存”按钮。

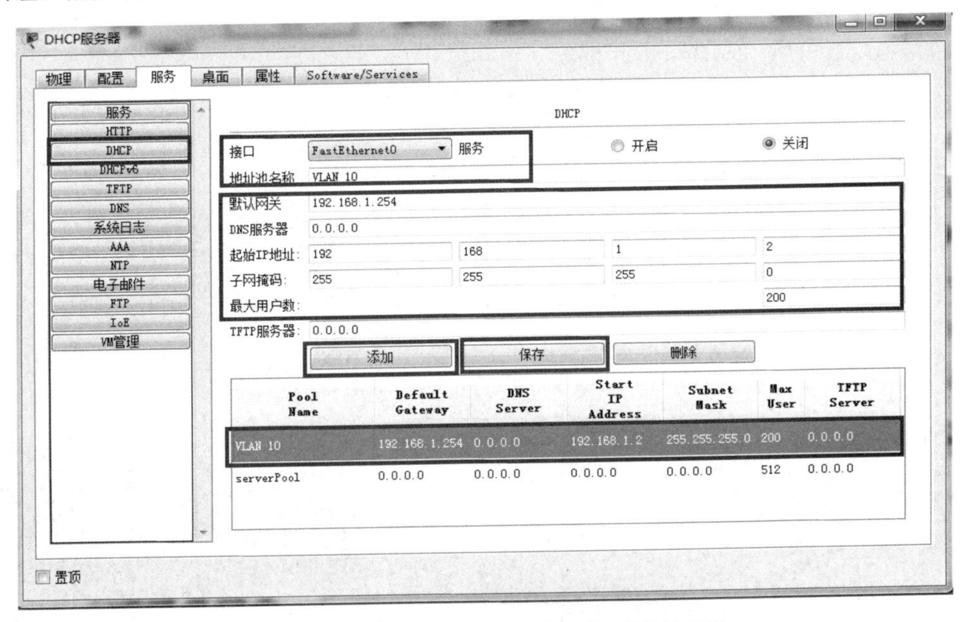

图 2-40　为 VLAN10 添加可分配的 IP 地址信息

（5）用同样的方法为 VLAN 20 添加可分配的 IP 地址信息，如图 2-41 所示。

（6）进入交换机的 IOS 命令行界面，更改交换机名称。

```
Switch>en                             //进入特权用户配置模式
Switch#conf t                         //进入全局配置模式
Switch (config)#hostname S1           //更改交换机名称
```

（7）将交换机相应接口转换成路由接口，并配置 IP 地址和子网掩码。

```
S1(config)#int f0/1                   //进入F0/1接口
S1(config-if)#no switchport           //把交换机接口转换成路由接口
S1(config-if)#ip address 192.168.1.254 255.255.255.0
                                      //配置接口IP地址和子网掩码
S1(config-if)#no shut                 //打开该接口
S1(config-if)#exit                    //退出接口配置模式
S1(config)#int f0/11                  //进入F0/11接口
S1(config-if)#no switchport           //把交换机接口转换成路由接口
S1(config-if)#ip address 192.168.2.254 255.255.255.0
                                      //配置接口IP地址和子网掩码
```

```
S1(config-if)#no shut                    //打开该接口
S1(config-if)#exit                       //退出接口配置模式
S1(config)#int f0/21                     //进入F0/21接口
S1(config-if)#no switchport              //把交换机接口转换成路由接口
S1(config-if)#ip address 192.168.3.254 255.255.255.0
                                         //配置接口IP地址和子网掩码
S1(config-if)#no shut                    //打开该接口
```

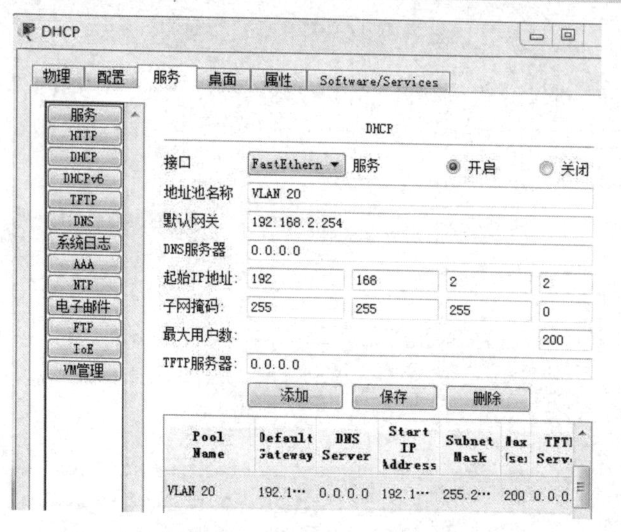

图 2-41　为 VLAN 20 添加可分配的 IP 地址信息

（8）配置交换机相应路由接口的 DHCP 中继。

```
S1(config)#int f0/1                     //进入F0/1接口
S1(config-if)#ip helper-address 192.168.3.1          //配置VLAN中继IP地址
S1(config-if)#exit                      //退出接口配置模式
S1(config)#int f0/11                    //进入F0/11接口
S1(config-if)#ip helper-address 192.168.3.1          //配置VLAN中继IP地址
S1(config-if)#exit                      //退出接口配置模式
S1(config)#ip routing                   //开启路由功能
```

（9）分别查看“PC1”“PC2”计算机的 IP 地址信息，如图 2-42 和图 2-43 所示。

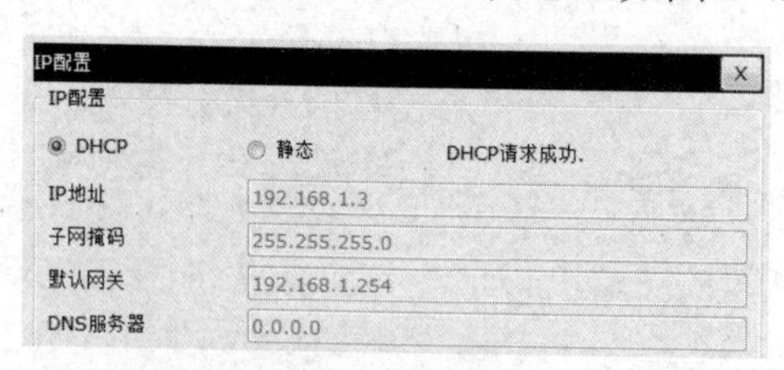

图 2-42　“PC1”计算机获取的 IP 信息

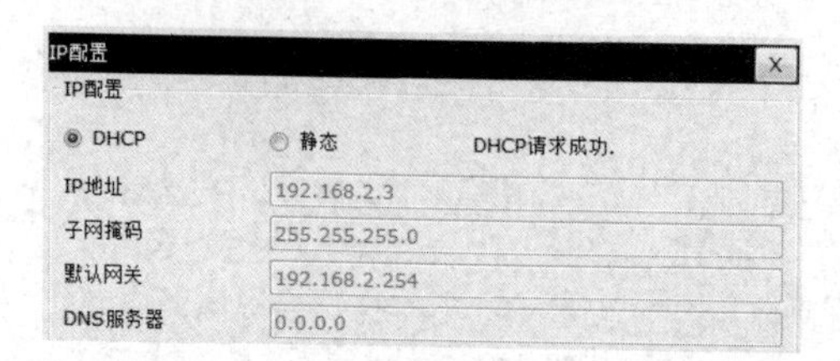

图 2-43　“PC2”计算机获取的 IP 信息

（10）使用 Ping 命令测试“PC1”计算机和“PC2”计算机的连通性，测试结果为互通。

> **小贴士：**
>
> Cisco Packet Tracer 软件中的交换机不支持 VLAN 接口的 DHCP 中继技术。
>
> 锐捷和神州数码等品牌的交换机应在 INT VLAN 10 和 INT VLAN 20 接口模式下执行“ip helper-address DHCP”命令，这样服务器地址才能做 DHCP 中继。

7. 相关命令

相关命令见表 2-35。

表 2-35　相关命令

命令	no switchport
功能	把三层交换机的接口改为路由接口
参数	无
模式	接口配置模式
实例	显示动态的交换机地址表： Switch(config-if)# **no switchport**
命令	ip helper-address [IP 地址]
功能	配置交换机网段的 DHCP 中继
参数	参数为 DHCP 服务器的 IP 地址
模式	接口配置模式或 VLAN 接口配置模式
实例	配置接口的 DHCP 中继地址为 192.168.1.254： Switch(config-if)#ip helper-address 192.168.1.254 Switch(config-if)#switchport port-security maximum 8

8. 相关知识

DHCP 服务器除了向客户端租用 IP 地址，还可以为客户端分配网关地址（default-router）、DNS 服务器地址（dns-server），指定地址租期（lease）和域名（domain-name）等。

9. 注意事项

思科交换机不支持直接在 VLAN 接口模式下配置 DHCP 中继，锐捷和神州数码等品牌的交换机则支持在 VLAN 接口下使用“ip helper-address”命令配置 DHCP 中继。

10. 实训巩固

根据如图 2-44 所示的实训巩固拓扑图配置网络，自定 DHCP 服务器参数，使“PC1”计算机与“PC2”计算机能够自动获取 IP 地址和网关，且全网能够互通。

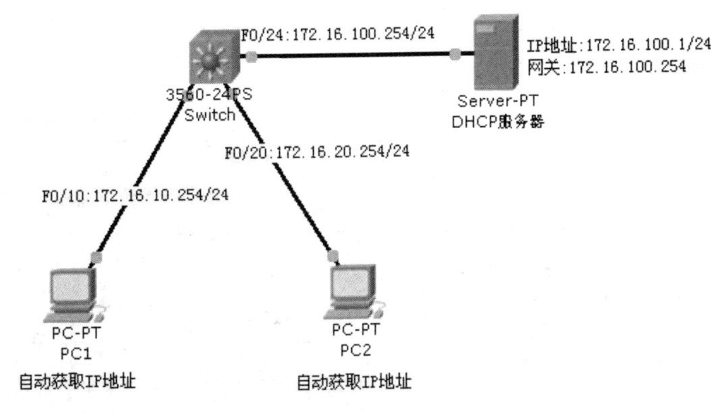

图 2-44　实训巩固拓扑图

2.13 DHCP 中继 2

预备知识

请复习“2.12 DHCP 中继 1”小节内容。

1. 学习目标

掌握交换机充当 DHCP 多域服务器的操作方法。

2. 应用情境

同“2.12 DHCP 中继 1”小节内容。

3. 实训要求

（1）设备要求。

① 1 台 S2950-24 二层交换机、1 台 S3560-24PS 三层交换机、2 台计算机。

② 1 条交叉线、2 条直通线。

（2）实训拓扑图如图 2-45 所示。

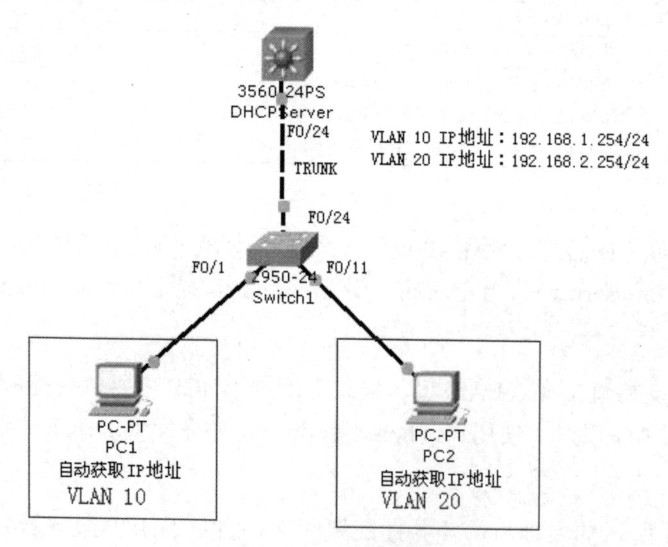

图 2-45　实训拓扑图

（3）配置要求见表 2-36～表 2-38。

表 2-36　计算机配置

设备名称	IP 地址/子网掩码、网关	接口连接
PC1	自动从 DHCP 服务器获取	见图 2-46
PC2	自动从 DHCP 服务器获取	

表 2-37　二层交换机 Switch1 配置

接口	F0/1～F0/10	F0/11～F0/23	F0/24
所属 VLAN	VLAN 10	VLAN 20	Trunk

表 2-38　三层交换机 DHCPServer 配置

地址池名称	起始 IP 地址	子网掩码	排除地址
VLAN 10	192.168.1.1	255.255.255.0	192.168.1.254
VLAN 20	192.168.2.1	255.255.255.0	192.168.2.254

4．实训效果

“PC1”计算机和“PC2”计算机能从“DHCPServer”服务器自动获取相应网段的 IP 地址信息，并且能够互通。

5．实训思路

（1）二层交换机创建 VLAN 并划入相应接口，配置 F0/24 接口为 Trunk 模式。

（2）三层交换机创建 VLAN 并配置 VLAN 接口的 IP 地址。

（3）配置排除地址和各 VLAN 的 DHCP 地址池。

（4）测试计算机是否能够获取相应 IP 地址段。

DHCP 中继 2

6．详细步骤

（1）根据如图 2-45 所示的实训拓扑图，添加 1 台两层交换机、1 台三层交换机和 2 台计算机，用直通线和交叉线连接设备并修改设备名称。

（2）配置“PC1”计算机和“PC2”计算机能够自动获取 IP 地址。

（3）配置“Switch1”二层交换机。创建 VLAN 10 和 VLAN 20，并把相应接口划入相应 VLAN，配置 F0/24 接口为 Trunk 模式。

```
Switch>enable                                   //进入特权用户配置模式
Switch#conf t                                   //进入全局配置模式
Switch(config)#hostname Switch1                 //更改交换机名称
Switch1(config)#VLAN 10                         //创建编号为10的VLAN
Switch1(config-VLAN)#exit                       //退出VLAN配置模式
Switch1(config)#VLAN 20                         //创建编号为20的VLAN
Switch1(config-VLAN)#exit                       //退出VLAN配置模式
Switch1(config)#int range f0/1-10               //进入F0/1～F0/10接口
Switch1(config-if -range)#switchport access VLAN 10
                                                //把F0/1～F0/10接口划入VLAN 10中
Switch1(config-if -range)#exit                  //退出接口配置模式
Switch1(config)#int range f0/11-23              //进入F0/11～F0/23接口
Switch1(config-if -range)#switchport access VLAN 20
                                                //把F0/11～F0/23接口划入VLAN 20中
Switch1(config-if -range)#exit                  //退出接口配置模式
Switch1(config)#int f0/24                       //进入F0/24接口
Switch1(config-if)#switchport mode trunk
                                                //设置接口模式为Trunk
```

（4）配置三层交换机。将交换机名称更改为 DHCPServer，并创建 VLAN10 和 VLAN20，配置交换机 F0/24 接口为 Trunk 模式。

```
Switch>enable                                   //进入特权用户配置模式
Switch#conf t                                   //进入全局配置模式
Switch(config)#hostname DHCPServer              //更改交换机名称
```

```
DHCPServer (config)#VLAN 10                       //创建编号为10的VLAN
DHCPServer (config-VLAN)#exit                     //退出VLAN配置模式
DHCPServer (config)#VLAN 20                       //创建编号为20的VLAN
DHCPServer (config-VLAN)#exit                     //退出VLAN配置模式
DHCPServer (config)#interface f0/24               //进入F0/24接口
DHCPServer (config-if)# switchport trunk encapsulation dot1q
                                                  //封装dot1q协议
DHCPServer (config-if)#switchport mode trunk
                                                  //设置接口模式为Trunk
```

（5）配置 VLAN 10 和 VLAN 20 的虚拟接口 IP 地址。

```
DHCPServer (config-if)#exit                       //退出接口配置模式
DHCPServer (config)#interface VLAN 10             //进入VLAN 10接口
DHCPServer (config-if)#ip address 192.168.1.254 255.255.255.0
                                                  //设置IP地址和子网掩码
DHCPServer (config-if)#no shut                    //打开接口
DHCPServer (config-if)#exit                       //退出接口配置模式
DHCPServer (config)#interface VLAN 20             //进入VLAN 20
DHCPServer (config-if)#ip address 192.168.2.254 255.255.255.0
                                                  //设置IP地址和子网掩码
DHCPServer (config-if)#no shut                    //打开接口
DHCPServer (config-if)#exit                       //退出接口配置模式
DHCPServer (config)#
```

（6）配置 DHCP 服务器。设置 DHCP 排除地址，排除两个网段的网关“192.168.1.254”和“192.168.2.254”。创建两个 DHCP 地址池，并配置其网段和网关。

```
DHCPServer (config)#ip dhcp excluded-address 192.168.1.254
                //设置DHCP排除地址，即IP地址192.168.1.254不分配给客户机
DHCPServer (config)#ip dhcp excluded-address 192.168.2.254
                //设置DHCP排除地址，即IP地址192.168.2.254不分配给客户机
DHCPServer (config)#ip dhcp pool VLAN10           //创建名称为VLAN10的DHCP地址池
DHCPServer (dhcp-config)#network 192.168.1.0 255.255.255.0
                //DHCP分配的IP地址网段
DHCPServer (dhcp-config)#default-router 192.168.1.254
                //设置DHCP地址池的默认网关
DHCPServer (dhcp-config)#exit                     //退出DHCP配置模式
DHCPServer (config)#ip dhcp pool VLAN20           //创建名称为VLAN20的DHCP地址池
DHCPServer (dhcp-config)#network 192.168.2.0 255.255.255.0
                //DHCP分配的IP地址网段
DHCPServer (dhcp-config)#default-router 192.168.2.254
                //设置DHCP地址池的默认网关
DHCPServer (dhcp-config)#exit                     //退出DHCP配置模式
DHCPServer (config)#ip routing                    //开启路由功能
```

（7）查看“PC1”和“PC2”计算机自动获取的 IP 地址信息，如图 2-46 和图 2-47 所示。

图 2-46　“PC1”计算机自动获取的 IP 地址信息

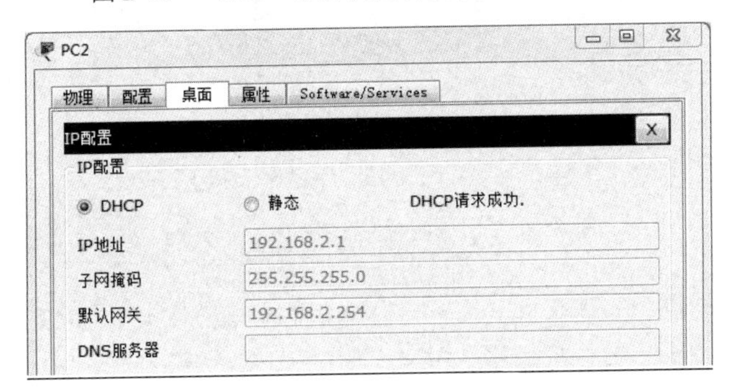

图 2-47　“PC2”计算机自动获取的 IP 地址信息

（8）使用 Ping 命令测试“PC1”计算机和“PC2”计算机的连通性，测试结果为连通。

7. 相关命令

相关命令，如表 2-39 所示。

表 2-39　相关命令

命令	ip dhcp excluded-address [IP 地址]
功能	把 DHCP 服务器 IP 分配范围中的地址排除出来不进行租用
参数	参数为指定要排除的 IP 地址
模式	全局配置模式
实例	排除 172.16.20.254 的地址： Switch（config）#ip dhcp excluded-address 172.16.20.254
命令	ip dhcp pool [地址池名称]
功能	创建 DHCP 地址池，并将其命名
参数	参数为 DHCP 地址池名称。
模式	全局配置模式
实例	创建名称为“bangong”的 DHCP 地址池： Switch(config)#ip dhcp pool bangong

8. 实训巩固

根据如图 2-48 所示的实训巩固拓扑图配置网络，自定 DHCP 服务器参数，“PC1”计算机与“PC2”计算机能够自动获取 IP 地址和网关，且全网能够互通。

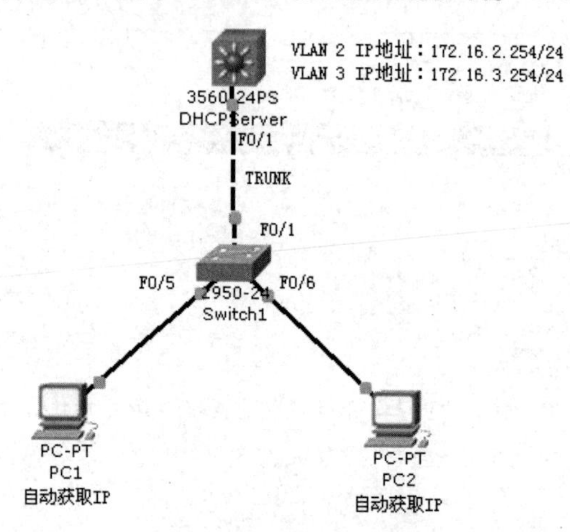

图 2-48　实训巩固拓扑图

第 3 章

路由器配置

3.1 路由器的基本配置

预备知识

路由器是一台具有特殊用途的计算机，和常见的计算机一样，路由器有 CPU、RAM 和 ROM 等组件。比起计算机，路由器多了 NVRAM、FlashROM 及各种各样的接口。路由器各个组件的作用介绍如下。

（1）CPU：即中央处理单元，CPU 执行操作系统指令，如系统初始化、路由器功能和交换功能等。

（2）RAM：即内存，存储 CPU 所需执行的指令和数据。当启动时，路由器会将互联网操作系统（Internetwork Operating System，IOS）复制到 RAM 中运行。在路由器上配置的大多数命令均存储在内存中，这些配置存储在“running-config”文件中。IP 路由表用以确定转发数据包的最佳路径，IP 路由表保存在内存中，ARP 缓存也保存在内存中。数据包到达接口之后和从接口送出之前，也都会暂时存储在内存的缓冲区中。

（3）FlashROM：即闪存，是一种非易失性存储器。闪存用来存储操作系统，在大多数型号的思科路由器中，IOS 存储在闪存中，在启动过程中才复制到 RAM 执行，如果路由器断电，闪存中的内容也不会丢失。

（4）ROM：是一种永久性存储器。思科设备使用 ROM 来储存 bootstrap 指令、基本诊断软件和精简版 IOS。ROM 使用的是固件，即内嵌于集成电路中的软件。固件一般包含不需要修改或升级的软件和指令，如启动指令。当路由器断电或重新启动时，ROM 中的内容不会丢失。

（5）NVRAM：即非易失性 RAM，在电源关闭后不会丢失信息。NVRAM 被用以存储启动配置文件“startup-config”。路由器配置的更改都存储于 RAM 的“running-config”文件中，并由 IOS 执行。要保存这些更改以防路由器重新启动或断电，必须将“running-config”复制到 NVRAM 中，存储的文件名为“startup-config”。

（6）管理接口：管理接口主要有控制台接口和辅助接口。控制台接口用以连接终端（运行终端模拟器软件的计算机），当对路由器进行初始配置时，必须使用控制台接口。辅助接口的使用方式与控制台接口的类似，此接口通常用以连接调制解调器。

（7）网络接口：路由器有多个接口，用于连接多个网络。路由器连接多种类型的网络时，需要用到不同类型的电缆和接口。以太网接口用来连接 LAN，而各种类型的 WAN 接口用来连接多种串行链路（其中包括 T1，DSL 和 ISDN 等）。

1．学习目标

（1）了解路由器的各个部件及功能。

（2）了解路由器的各种模式及作用。

（3）掌握进入及退出各种模式的命令。

（4）掌握更改路由器名称的方法。

（5）掌握配置接口 IP 地址、为接口命名、打开及关闭接口的方法。

2．应用情境

路由器是一种网络设备，它可以连接不同的网络，通过不同接口设置不同的 IP 地址，以实现位于不同网络中的计算机的互联。

3．实训要求

（1）设备要求。

① 1 台 2811 路由器，2 台计算机。

② 2 条交叉线。

（2）实训拓扑图如图 3-1 所示。

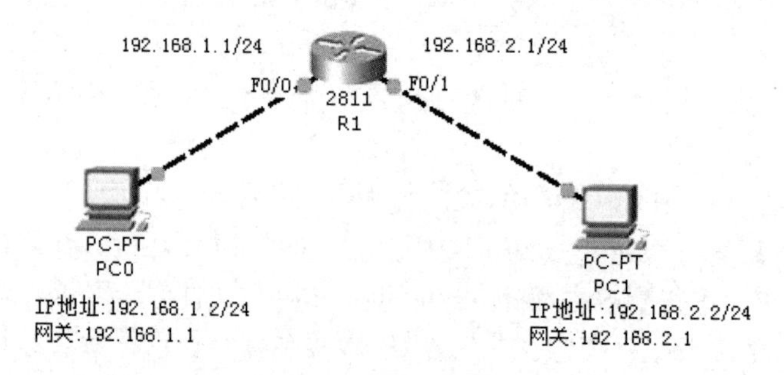

图 3-1　实训拓扑图

（3）配置要求见表 3-1 和表 3-2。

表 3-1　计算机配置

设备名称	IP 地址/子网掩码	网关	连接接口
PC0	192.168.1.2/24	192.168.1.1	路由器的 F0/0
PC1	192.168.2.2/24	192.168.2.1	路由器的 F0/1

表 3-2　路由器配置

接口	接口 IP 地址/子网掩码
F0/0	192.168.1.1/24
F0/1	192.168.2.1/24

4．实训效果

“PC0”计算机能够连通“PC1”计算机，2 台计算机之间能够互相访问。

5. 详细步骤

（1）根据如图 3-1 所示的实训拓扑图添加并连接设备。

（2）按照实训要求，分别设置“PC0”“PC1”计算机的 IP 地址及网关。

（3）进入“R1”路由器的 IOS 命令行界面，更改路由器名称。

```
Router>enable                    //进入特权用户配置模式
Router#conf t                    //进入全局配置模式
Router(config)#hostname R1       //将路由器名称更改为R1
```

（4）进入接口配置模式，配置 F0/0 接口 IP 地址，命名接口并打开接口。

```
R1(config)#interface f0/0        //进入接口配置模式
R1(config-if)#ip address 192.168.1.1 255.255.255.0
//配置以太网接口的IP地址为192.168.1.1，子网掩码为255.255.255.0
R1(config-if)# description lan1  //为接口命名为LAN1
R1(config-if)#no shut
```

小贴士：

默认路由器的各个接口是关闭的，在新的思科 IOS 中，路由器的第一个以太网接口是开启的。

（5）用同样的方法，进入 F0/1 接口进行配置。

```
R1(config-if)#exit
R1(config)#interface f0/1
R1(config-if)#ip address 192.168.2.1 255.255.255.0
R1(config-if)# description lan2
R1(config-if)#no shutdown
R1(config-if)#
```

（6）切换到特权用户配置模式，查看接口状态。

```
R1(config-if)# ^Z                //按“Ctrl+Z”组合键，切换到特权用户配置模式
R1#show interfaces f0/0                     //显示F0/0接口的详细信息
FastEthernet0/0 is up, line protocol is up (connected)
  Hardware is Lance, address is 00e0.8f90.5e01 (bia 00e0.8f90.5e01)
  Description: lan1                         //接口描述
  Internet address is 192.168.1.1/24        //接口IP地址
  MTU 1500 bytes, BW 100000 Kbit, DLY 100 usec,
     reliability 255/255, txload 1/255, rxload 1/255
  Encapsulation ARPA, loopback not set
  ARP type: ARPA, ARP Timeout 04:00:00,
  Last input 00:00:08, output 00:00:05, output hang never
  Last clearing of "show interface" counters never
  …
R1#
```

（7）在“PC0”计算机上使用 Ping 命令测试其与“PC1”计算机的连通性，测试结果为连通。

6. 相关命令

相关命令见表 3-3。

表 3-3　相关命令

命令	ip address [IP 地址] [子网掩码]
功能	配置以太网接口 IP 地址和子网掩码
参数	无
命令模式	接口配置模式
实例	见本实训配置

7．注意事项

（1）在使用路由器的接口时，必须先开启接口，因为路由器的各个接口是默认关闭的。

（2）路由器与计算机用交叉线相连。

8．实训巩固

根据如图 3-2 所示的实训巩固拓扑图，使所有计算机能够互相连通。

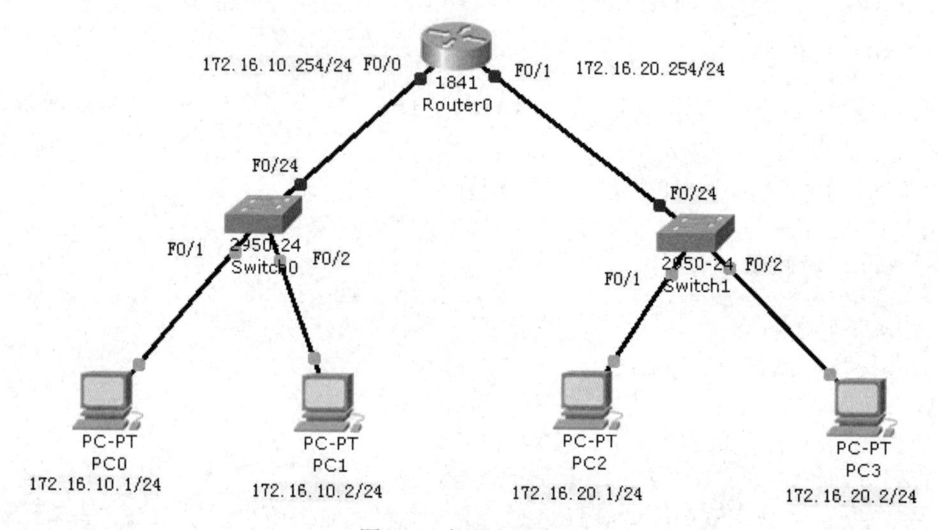

图 3-2　实训巩固拓扑图

3.2　路由器的 Telnet 远程登录配置

预备知识

路由器网络设备的管理方式包括带外管理和带内管理。带外管理使用 Console 接口配置路由器，虽然不占用网络带宽，但由于要使用专用的配置线缆，且该配置线缆较短，长度在 1.5m～3m，所以对于要配置分散在不同楼、不同楼层或不在同一区域的路由器来说，工作效率会很低，这种方式适用于首次配置路由器。带内管理只需要配置好路由器，即可在任何一台能连接到设备的计算机上配置并管理网络上的路由器，对于管理大中型网络来说，这种管理方式能极大地提高工作效率。

使用 Telnet 远程登录对路由器进行配置，是一种最常用的带内管理方式。这种管理方式首先需要配置路由器的远程管理地址，然后进入 VTY 线路配置模式，配置远程登录密码并开启远程登录功能。由于需要进行 Telent 远程登录和管理路由器，出于安全考虑，路由器应配置进入特权用户配置模式的密码。配置好路由器后，可使用网络中的任何一台与设备连通的计算机，通过 Telnet 程序连接并远程管理路由器。

1．学习目标

（1）了解 Telnet 远程登录的原理及应用环境。

（2）掌握用 Console 接口对路由器进行配置的方法。

（3）掌握用 Telnet 远程登录的配置命令。

2．应用情境

某校园网上的路由器分布在各栋楼的不同楼层里，经常需要进行网络配置。如果使用 Console 接口对路由器进行配置，则需要单独配置各台路由器，一次小的配置改动就要到多栋楼的不同楼层进行配置，这种配置方式效率极低，而路由器的 Telnet 远程登录管理方式，允许管理员从网络上的任意终端登录并进行路由器配置，这种方式提高了配置效率。

3．实训要求

（1）设备要求。

① 1 台计算机，1 台 2811 路由器。

② 1 条交叉线和 1 条路由器配置线。

（2）实训拓扑图如图 3-3 所示。

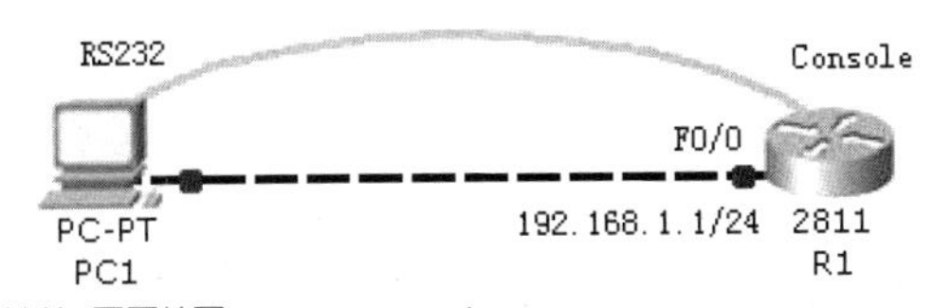

图 3-3　实训拓扑图

（3）配置要求见表 3-4 和表 3-5。

表 3-4　计算机配置参数

设备名称	IP 地址/子网掩码	网关	连接接口
PC1	192.168.1.2/24	192.168.1.1	R1 的 F0/0

表 3-5　路由器配置参数

设备名称	接口 IP 地址/子网掩码
R1	192.168.1.1/24

4．实训效果

管理员既能用配置线配置路由器，又能通过 Telnet 远程登录对路由器进行配置。

5．详细步骤

路由器的 Telnet 远程登录配置

（1）添加 1 台 2811 路由器和 1 台计算机，使用配置线连接计算机的 RS232 接口和路由器的 Console 接口，如图 3-4 所示。

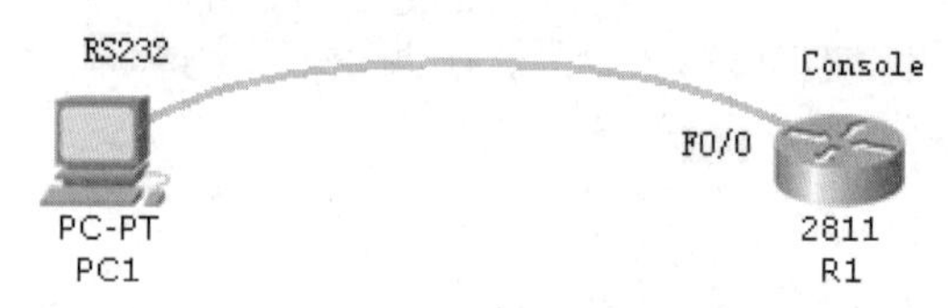

图 3-4　用配置线连接计算机和路由器

（2）单击“PC1”计算机，在打开的“PC1”窗口中选择“桌面”选项卡，单击“终端”图标，在“端口配置”选区中单击“确定”按钮，如图 3-5 所示，进入路由器的命令行配置界面。

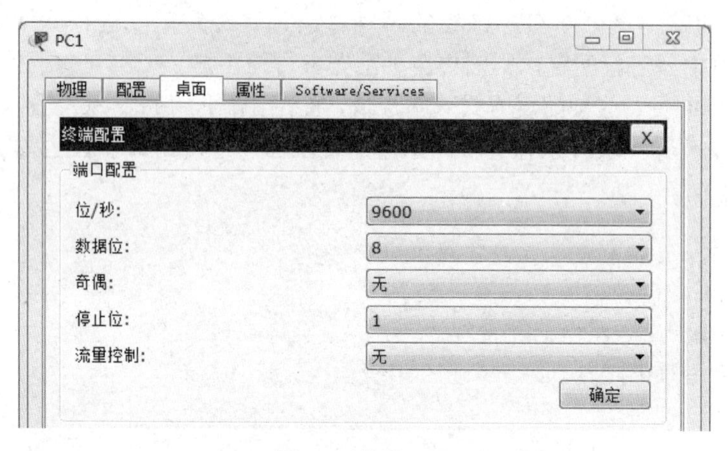

图 3-5　终端配置

（3）在路由器配置模式下，进入全局配置模式并设置路由器名称。

```
Router>enable
Router#conf t
Router(config)#hostname R1
```

（4）进入 F0/0 接口，配置接口 IP 地址和子网掩码，并打开接口。

```
R1(config)#interface f0/0
R1(config-if)#ip address 192.168.1.1 255.255.255.0
R1(config-if)#no shutdown
```

（5）进入线路配置模式，设置远程登录密码，并允许远程登录。

```
R1(config-if)#exit                              //退出接口配置模式
R1(config)#line vty 0 4                         //进入终端线路配置模式
R1(config-line)#password cisco123               //设置进入路由器的密码
R1(config-line)#login                           //允许远程登录
```

（6）退出到全局配置模式，设置进入特权用户配置模式的密码。

```
R1(config-line)#exit
R1(config)#enable secret cisco456               //设置进入特权用户配置模式的密码
```

（7）查看特权用户配置模式的密码是否加密。

```
R1(config)#^Z
R1#
%SYS-5-CONFIG_I: Configured from console by console

R1#show run                                     //查看路由器配置情况
Building configuration...
Current configuration : 527 bytes
```

```
!
version 12.4
no service timestamps log datetime msec
no service timestamps debug datetime msec
no service password-encryption
!
hostname R1
enable secret 5 $1$mERr$nU5A2OzzVK4SUlSP717zP.
!              //上面这行是加密的密码，前面的数字5代表加密
省略其他信息...
R1#
```

（8）使用交叉线连接计算机的以太网接口和路由器的 F0/0 接口，删除配置线，如图 3-6 所示。

图 3-6　用交叉线连接计算机和路由器

（9）按实训要求对“PC1”计算机进行 IP 配置，如图 3-7 所示。

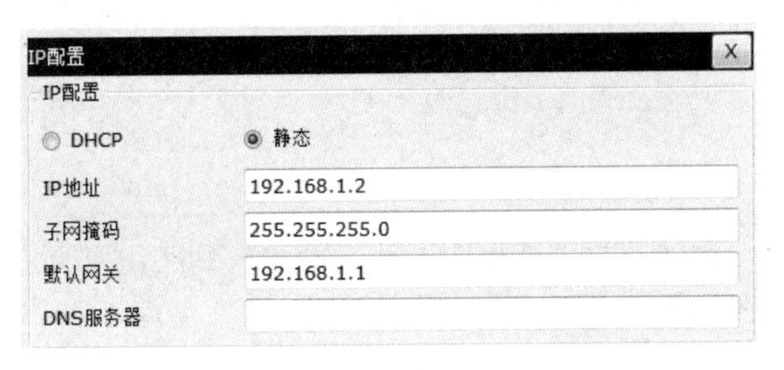

图 3-7　对“PC1”计算机进行 IP 配置

（10）进入“PC1”计算机的命令提示符界面，使用“telnet IP 地址”的命令方式，测试路由器的远程登录功能。

```
Packet Tracer PC Command Line 1.0
C:\>telnet 192.168.1.1            //路由器IP地址192.168.1.1
Trying 192.168.1.1 ...Open

User Access Verification

Password:                         //远程登录密码：cisco123
R1>en
Password:                         //进入特权用户配置模式的密码：cisco456
R1#
```

6. 相关命令

相关命令见表 3-6。

表 3-6　相关命令

命令	line vty [开始终端] [结束终端]
功能	从全局配置模式进入终端线路配置模式
参数	第 1 个参数为开始终端，参数范围为 0～15；第 2 个参数为结束终端，参数范围为 1～15
模式	全局配置模式
实例	进入终端线路配置模式，线路从 0 到 4： Router(config)#line vty 0 4

7．相关知识

设置 Telnet 远程登录认证方式可以使用存储在本地数据库中的用户名和密码。

（1）在路由器上配置 Telnet 远程登录。

```
Router(config)#username admin secret cisco123    //添加本地数据库用户名和密码
Router(config)#line vty 0 4                      //进入终端线路配置模式
Router(config-line)#login local                  //登录认证方式使用本地数据库
Router(config-line)#exit
```

（2）通过计算机的“命令提示符”窗口，使用 Telnet 命令远程登录路由器。

```
Packet Tracer PC Command Line 1.0
PC>telnet 192.168.1.2                            //Telnet远程登录
Trying 192.168.1.2 ...Open
User Access Verification
Username: admin                                  //本地数据库中的用户名
Password:                                        //本地数据库中的密码
Router>
```

8．实训巩固

要求从网络上任意一台计算机都能用 Telnet 远程登录到路由器上进行远程管理。

（1）实训巩固拓扑图如图 3-8 所示。

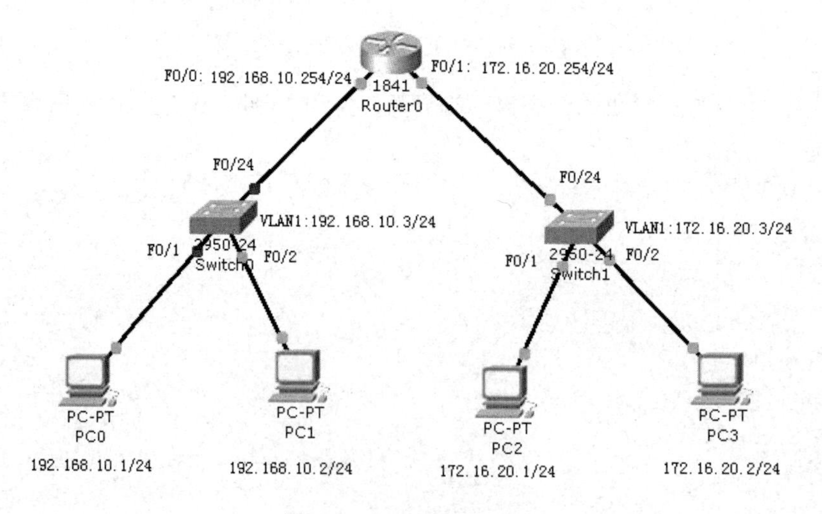

图 3-8　实训巩固拓扑图

（2）交换机所有密码统一使用“test123”。通过用户名加密码的方式设置路由器远程登录，用户名为“admin”，密码为“test123”。

3.3　路由器密码恢复

预备知识

路由器密码恢复的关键在于对配置登记码（Configuration Register Value）进行修改，让路由器能够从不同的内存中调用不同的参数进行启动。有效密码存放在 NVRAM 中，因此修改密码的实质是将登记码进行修改，从而让路由器跳过 NVRAM 中的配置表直接进入 ROM 模式，然后对有效口令和终接口令进行修改或者重新设置有效加密口令，完成后再恢复登记码。

1. 学习目标

掌握路由器的密码恢复步骤。

2. 应用情境

生活中密码无处不在，如 QQ 密码、微信密码、Windows 登录密码等，对于网络管理员来说，当然还要记住多种网络设备的密码。忘记 QQ 密码，可以通过 QQ 安全中心找回密码。忘记路由器密码，需要用路由器特有的方法来对密码进行恢复。

3. 实训要求

（1）设备要求。

① 1 台计算机，1 台 2620XM 路由器。

② 1 条配置线。

（2）实训拓扑图如图 3-9 所示。

图 3-9　实训拓扑图

4. 实训效果

恢复路由器的密码。

路由器密码恢复

5. 详细步骤

（1）添加 1 台路由器和 1 台计算机，并用配置线连接，如图 3-9 所示。

（2）通过“PC0”计算机的终端进入路由器，配置进入路由器特权用户配置模式的密码。

```
R1>enable
R1#conf t
R1(config)#enable secret qqq222
R1(config)#exit
R1#write
```

（3）重启路由器后，进入特权用户配置模式需要输入密码。

```
R1#reload
Proceed with reload? [confirm]
System Bootstrap, Version 12.1(3r)T2, RELEASE SOFTWARE (fc1)
Copyright (c) 2000 by cisco Systems, Inc.
cisco 2620 (MPC860) processor (revision 0x200) with 60416K/5120K bytes of memory
Self decompressing the image :
#########################################################################
```

```
R1>enable
Password:
```

（4）进入特权用户配置模式后，使用“reload”命令重启路由器。在路由器重启时，出现“####…”时按“Ctrl+Break”组合键，进入路由器的 ROM 模式，修改寄存值。

```
Self decompressing the image :
#####################################
monitor: command "boot" aborted due to user interrupt
rommon 1 > confreg 0x2142                //修改寄存值为0x2142
rommon 2 > boot                          //重启路由器
```

（5）此时，再次进入特权用户配置模式已无须输入密码。

```
R1>enable
R1#
```

（6）重新设置并保存特权密码，重启后，特权密码并没有启用。

```
R1#conf t                                //进入全局配置模式
Enter configuration commands, one per line.  End with CNTL/Z.
Router(config)#enable secret www222      //修改特权密码
Router(config)#^Z                        //退到特权用户配置模式
Router#write                             //保存设置
Building configuration...
[OK]
Router#reload                            //重启路由器
Proceed with reload? [confirm]
//重启后
Router>enable
Router#
```

（7）路由器寄存值“0x2102”默认加载 startup-config 文件，“0x2142”不加载 startup-config 文件。前面已将路由器寄存值修改成了“0x2142”，现在只要将它修改成“0x2102”，即可保存信息。

```
Router#conf t
Router(config)#enable secret www222
Router(config)#config-register 0x2102    //修改寄存值为0x2102
Router(config)#^Z
Router#write
Building configuration...
[OK]
Router#reload
//重启后
Router>enable
Password:
Router#
```

6．相关命令

相关命令见表 3-7。

表 3-7　相关命令

命令	reload
功能	重启路由器
参数	无
模式	特权用户配置模式
实例	Router#reload
命令	config-register 值
功能	需要修改的寄存值
参数	赋值范围从 0x0 到 0xFFFF 0x2102
模式	全局配置模式或 ROM 模式
实例	config-register 0x2102

7. 相关知识

路由器寄存器的值(config-register)共 16 位，用 4 位 16 进制数表示格式，赋值范围从 0x0000 到 0xFFFF，常用寄存器值有以下 6 个。

（1）0x2102：标准默认值，表示路由器根据 NVRAM 中的配置文件决定启动位置。

（2）0x2142：从 Flash RAM 中启动系统，但不使用 NVRAM 中的配置文件（用于口令恢复）。

（3）0x2101：从 Boot RAM 中启动系统，应用于更新系统文件。

（4）0x2141：从 Boot RAM 中启动系统，但不使用 NVRAM 中的配置文件。

（5）0x0141：表示关闭“Break”键，不使用 NVRAM 中的配置文件，并且从系统默认的 ROM 中启动系统。

（6）0x0040：表示允许路由器读取 NVRAM 中的配置文件。

3.4　路由器单臂路由配置

预备知识

网络利用交换机划分 VLAN 后，形成相互隔离的逻辑网络，逻辑网络之间不能直接进行通信。如果要相互进行通信，必须要经过三层设备，可以选择路由器或者三层交换机。

如果要使用二层交换机连接不同的 VLAN，可以通过添加一台路由器来实现。这台路由器就相当于三层交换机的路由模块，只是将其放到了交换机的外部。

路由器与交换机之间通过外部线路进行连接，这个外部线路虽然只有一条，但是它在逻辑上是分开的，需要路由的数据包会通过这个线路到达路由器，然后经过路由后再通过此线路返回交换机进行转发，所以大家给这种拓扑方式起了一个形象的名字，单臂路由。单臂路由就是数据包从同一个接口进出，不同于传统网络拓扑中数据包从某个接口进入路由器又从另一个接口离开路由器的方式。

1. 学习目标

（1）了解路由器以太网接口上的子接口的概念及其配置方法。

（2）掌握单臂路由的概念及配置方法。

2. 应用情境

单臂路由仅仅是对现有网络升级时采取的一种策略。在企业内部网络中划分 VLAN 后，VLAN 之间有部分主机需要通信，但交换机又不支持三层交换，这时我们就使用该方法来解决实际问题。

3. 实训要求

（1）设备要求。

① 1 台 2811 路由器，1 台 2960-24 交换机，4 台计算机。

② 3 条直通线。

（2）实训拓扑图如图 3-10 所示。

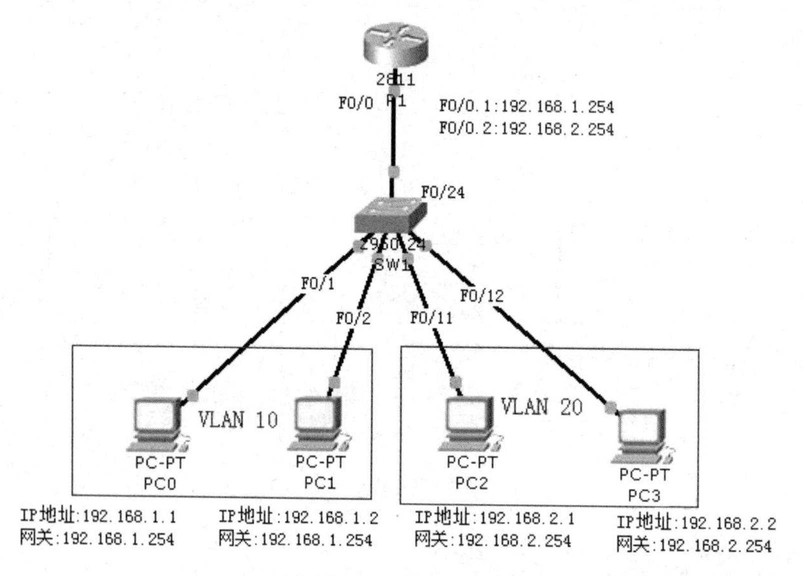

图 3-10　实训拓扑图

（3）配置要求见表 3-8～表 3-10。

表 3-8　计算机配置

设备名称	IP 地址/子网掩码	网关	所属 VLAN	接口连接
PC0	192.168.1.1/24	192.168.1.254	VLAN 10	见图 3-10
PC1	192.168.1.2/24	192.168.1.254	VLAN 10	
PC2	192.168.2.1/24	192.168.2.254	VLAN 20	
PC3	192.168.2.2/24	192.168.2.254	VLAN 20	

表 3-9　交换机配置

设备名称	VLAN 10	VLAN 20	接口连接
SW1	F0/1～F0/2	F0/11～F0/12	见图 3-10

表 3-10　路由器配置

设备名称	F0/0.1	F0/0.2	接口连接
R1	192.168.1.254	192.168.2.254	见图 3-10

4. 实训效果

4 台计算机能够互相连通。

5．详细步骤

路由器单臂路由配置

（1）根据如图 3-10 所示的实训拓扑图，添加 1 台 2811 路由器、1 台 2960-24 交换机和 4 台计算机，连接并修改设备名称。

（2）按实训要求设置 4 台计算机的 IP 地址、子网掩码及网关。

（3）交换机名称更改为 SW1，创建 VLAN 并把相应接口加入 VLAN。

```
Switch>enable                                   //进入特权用户配置模式
Switch#conf t                                   //进入全局配置模式
Switch(config)#hostname SW1                     //将交换机名称更改为SW1
SW1 (config)#VLAN 10                            //创建VLAN 10
SW1 (config-VLAN)#exit
SW1 (config)#VLAN 20                            //创建VLAN 20
SW1 (config-VLAN)#exit
SW1 (config)#interface range f0/1-10            //进入F0/1～F0/10号接口
SW1 (config-if-range)#switchport access VLAN 10
//将F0/1～F0/10号接口划到VLAN 10
SW1(config-if-range)#exit
SW1config)#interface range f0/11-20             //进入F0/11～F0/20号接口
SW1(config-if-range)#switchport access VLAN 20
//将F0/11～F0/20号接口划到VLAN 20
SW1(config-if-range)#
```

（4）将 F0/24 接口设置为 Trunk 模式。

```
SW1(config-if-range)#exit
SW1(config)#interface f0/24                     //进入F0/24接口
SW1(config-if)#switchport mode trunk            //将F0/24接口设置为Trunk模式
SW1(config-if)#
```

（5）进入路由器命令行配置窗口，更改路由器名称并打开路由器 F0/0 接口。

```
Router>enable                                   //进入特权用户配置模式
Router#conf t                                   //进入全局配置模式
Enter configuration commands, one per line.  End with CNTL/Z.
Router(config)#hostname R1                      //将路由器命名为R1
R1(config)#int f0/0                             //进入F0/0接口
R1(config-if)#no shut                           //开启F0/0接口
R1(config-if)#
```

（6） 在路由器 F0/0 接口中创建 F0/0.1 子接口，封装 dot1q 协议并配置子接口的接口 IP 地址信息作为 VLAN 10 的网关。

```
R1(config)#interface f0/0.1                     //进入F0/0接口的F0/0.1子接口
R1(config-subif)#encapsulation dot1Q 10
 //为以太网接口VLAN 10封装dot1Q协议
R1(config-subif)#ip address 192.168.1.254 255.255.255.0
//配置子接口的IP地址及子网掩码
R1(config-subif)#no shut                        //开启F0/0.1子接口
R1(config-subif)#exit
```

（7）用同样的方法，在路由器 F0/0 接口中创建 F0/0.2 子接口，封装 dot1q 协议并配置子接口的 IP 地址信息作为 VLAN 20 的网关。

```
R1(config)#interface f0/0.2                     //进入F0/0接口的F0/0.2子接口
R1(config-subif)#encapsulation dot1Q 20
//为以太网接口VLAN 20封装dot1q协议
```

```
R1(config-subif)#ip address 192.168.2.254 255.255.255.0
//配置子接口的IP地址及子网掩码
R1(config-subif)#no shut                    //开启F0/0.2子接口
R1(config-subif)#
```

（8）在“PC0”计算机的“命令提示符”界面中，使用 Ping 命令测试与其他计算机的连通性，测试结果为互相连通。

6．相关命令

相关命令见表 3-11。

表 3-11　相关命令

命令	encapsulation dotlq [VLAN-ID]
功能	封装 dot1q 协议
参数	[VLAN-ID]为 VLAN 编号，取值范围为 1～4095
模式	以太网子接口配置模式
实例	将以太网接口 VLAN 30 封装为 dot1q 格式： encapsulation dotlQ 30
命令	switchport access VLAN [VLAN-ID]
功能	在接口配置模式下将接口划入编号所在 VLAN
参数	[VLAN-ID]为 VLAN 编号，取值范围为 1～4095
模式	接口配置模式
实例	把接口 F0/10 划入 VLAN 10： Switch(config)#int f0/10 Switch(config-if)#switchport access VLAN 10

7．相关知识

在设置 Trunk 模式时，需要定义 Trunk 所使用的协议，通常有 ISL 和 dot1q 两种协议供用户选择。如果采用的是思科的设备，使用哪种协议都可以；如果采用的设备除了 Cisco，还有其他公司的产品，就需要使用 802.1q 协议了。

8．实训巩固

根据如图 3-11 所示的实训巩固拓扑图，通过单臂路由配置网络，使计算机能够互相连通。

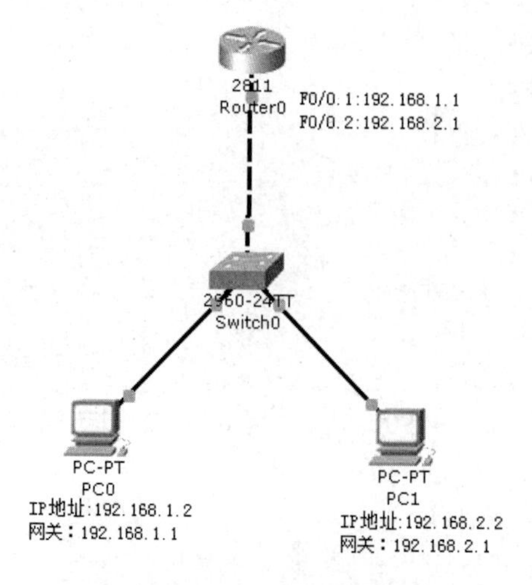

图 3-11　实训巩固拓扑图

3.5　路由器静态路由配置

预备知识

路由器属于网络层设备，能够根据 IP 数据包的包头信息选择一条最佳路径，将数据包转发出去，实现不同网段主机之间的互相访问。路由表就是由一条条路由信息组成的表。路由器是根据路由表进行选路和转发的，路由器使用送出接口把数据发送至离目的地址最接近的位置，而下一跳则是相连路由器上的一个接口，同样用来把数据发送至离最终目的地址最接近的位置。

配置路由表主要有两种方式，手工配置和动态配置，即静态路由协议配置和动态路由协议配置。

静态路由是由网络管理员手动配置的。静态路由包括目的网络的网络地址和子网掩码，以及出接口和下一跳路由器的 IP 地址，路由表用 S 表示静态路由。静态路由比动态路由更加稳定和可靠，但其管理距离比动态路由的管理距离要小很多。

1. 学习目标

（1）了解静态路由的概念。

（2）掌握静态路由的配置方法。

2. 应用情境

静态路由可满足特定的网络需求。根据网络的物理拓扑，静态路由可以用于进行流量控制。将网络流量局限于单一的入口或出口的网络称为末节网络。在一些企业网络中，小型的分支机构只有一条通往其他网络的路径。在这种情况下，就没有必要使用路由更新（会加重末节网络的负担），也没有必要采用动态路由协议（会增加系统开销），此时采用静态路由无疑更为合适。

3. 实训要求

（1）设备要求。

① 2 台 2811 路由器，2 台计算机。

② 4 条交叉线。

（2）实训拓扑图如图 3-12 所示。

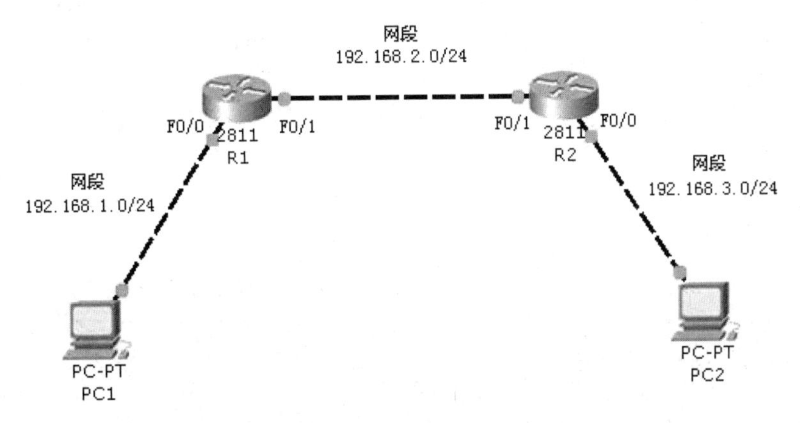

图 3-12　实训拓扑图

（3）配置要求见表 3-12 和表 3-13。

表 3-12 计算机配置

设备名称	IP 地址/子网掩码	网关	接口连接
PC1	192.168.1.2/24	192.168.1.1	见图 3-12
PC2	192.168.3.2/24	192.168.3.1	

表 3-13 路由器配置

设备名称	F0/0	F0/1	接口连接
R1	192.168.1.1/24	192.168.2.1/24	见图 3-12
R2	192.168.3.1/24	192.168.2.2/24	

4．实训效果

2 台计算机能够 Ping 通。

5．详细步骤

路由器静态路由配置

（1）根据如图 3-12 所示的实训拓扑图，添加 2 台 2811 路由器和 2 台计算机，连接并修改设备名称。

（2）按实训要求设置计算机的 IP 地址、子网掩码及网关。

（3）进入“R1”路由器的 IOS 命令行界面，更改路由器名称，为 F0/0 接口和 F0/1 接口配置 IP 地址和子网掩码，并打开接口。

```
Router>enable                          //进入特权用户配置模式
Router#conf t                          //进行全局配置模式
Router(config)#hostname R1             //将路由器命名为R1
R1(config)#interface f0/0              //进入接口配置模式
R1(config-if)#ip address 192.168.1.1 255.255.255.0
//将以太网的接口指定IP地址和子网掩码
R1(config-if)#no shutdown              //打开接口
//此时注意观察F0/0接口的状态
R1(config-if)#exit                     //退出接口模式
R1(config)#interface f0/1
R1(config-if)#ip address 192.168.2.1 255.255.255.0
R1(config-if)#no shut
R1(config-if)#
```

（4）用同样的方法进入“R2”路由器的 IOS 命令行界面，更改路由器名称，为 F0/0 接口和 F0/1 接口配置 IP 地址和子网掩码，并打开接口。

```
Router>enable
Router#conf t
Router(config)#hostname R2
R2(config)#interface f0/0
R2(config-if)#ip address 192.168.3.1 255.255.255.0
R2(config-if)#no shutdown //此时注意观察F0/0接口的状态
R2(config-if)#exit
R2(config)#interface f0/1
R2(config-if)#ip address 192.168.2.2 255.255.255.0
R2(config-if)#no shutdown
```

```
R2(config-if)# //此时注意观察“R1”和“R2”路由器的F0/1接口的状态
```

（5）测试“PC1”计算机和“PC2”计算机的连通性，测试结果为不连通。

（6）使用“show ip route”命令，在特权用户配置模式下查看路由器R1的路由信息表。

```
R1#show ip route   //显示路由表
Codes: C - connected, S - static, I - IGRP, R - RIP, M - mobile, B - BGP
       D - EIGRP, EX - EIGRP external, O - OSPF, IA - OSPF inter area
       N1 - OSPF NSSA external type 1, N2 - OSPF NSSA external type 2
       E1 - OSPF external type 1, E2 - OSPF external type 2, E - EGP
       i - IS-IS, L1 - IS-IS level-1, L2 - IS-IS level-2, ia - IS-IS inter area
       * - candidate default, U - per-user static route, o - ODR
       P - periodic downloaded static route
Gateway of last resort is not set

C    192.168.1.0/24 is directly connected, FastEthernet0/0
C    192.168.2.0/24 is directly connected, FastEthernet0/1
R1#                      // 上面两行表示“R1”路由器的路由信息表，字母C代表直连路由
```

（7）使用“show ip route”命令，在特权用户配置模式下查看“R2”路由器的路由信息表。

```
R2#show ip route
Codes: C - connected, S - static, I - IGRP, R - RIP, M - mobile, B - BGP
       D - EIGRP, EX - EIGRP external, O - OSPF, IA - OSPF inter area
       N1 - OSPF NSSA external type 1, N2 - OSPF NSSA external type 2
       E1 - OSPF external type 1, E2 - OSPF external type 2, E - EGP
       i - IS-IS, L1 - IS-IS level-1, L2 - IS-IS level-2, ia - IS-IS inter area
       * - candidate default, U - per-user static route, o - ODR
       P - periodic downloaded static route
Gateway of last resort is not set
C    192.168.2.0/24 is directly connected, FastEthernet0/1
C    192.168.3.0/24 is directly connected, FastEthernet0/0
R2#                      //上面两行表示“R2”路由器的路由信息表，字母C代表直连路由
```

（8）进入“R1”路由器的全局配置模式，配置网段“192.168.3.0”的静态路由。

```
R1#conf t
R1(config)#ip route 192.168.3.0 255.255.255.0 192.168.2.2
//配置网段192.168.3.0的静态路由
R1(config)#
```

（9）用同样的方法，进入“R2”路由器的全局配置模式，配置网段“192.168.1.0”的静态路由。

```
R2#conf t
Enter configuration commands, one per line.  End with CNTL/Z.
R2(config)#ip route 192.168.1.0 255.255.255.0 192.168.2.1
//配置到网段192.168.1.0的静态路由
R2(config)#
```

（10）测试“PC1”计算机和“PC2”计算机的连通性，测试结果为连通。

（11）再次查看“R1”路由器的路由信息表，此时已有非直连网段的静态路由信息。

```
R1(config)#exit
R1#show ip route
Codes: C - connected, S - static, I - IGRP, R - RIP, M - mobile, B - BGP
       D - EIGRP, EX - EIGRP external, O - OSPF, IA - OSPF inter area
```

```
       N1 - OSPF NSSA external type 1, N2 - OSPF NSSA external type 2
       E1 - OSPF external type 1, E2 - OSPF external type 2, E - EGP
       i - IS-IS, L1 - IS-IS level-1, L2 - IS-IS level-2, ia - IS-IS inter area
       * - candidate default, U - per-user static route, o - ODR
       P - periodic downloaded static route
Gateway of last resort is not set
C    192.168.1.0/24 is directly connected, FastEthernet0/0
C    192.168.2.0/24 is directly connected, FastEthernet0/1
S    192.168.3.0/24 [1/0] via 192.168.2.2        //S表示静态路由
R1#
```

（12）再次查看“R2”路由器的路由信息表，此时已有非直连网段的静态路由信息。

```
R2(config)#exit
R2#show ip route
Codes: C - connected, S - static, I - IGRP, R - RIP, M - mobile, B - BGP
       D - EIGRP, EX - EIGRP external, O - OSPF, IA - OSPF inter area
       N1 - OSPF NSSA external type 1, N2 - OSPF NSSA external type 2
       E1 - OSPF external type 1, E2 - OSPF external type 2, E - EGP
       i - IS-IS, L1 - IS-IS level-1, L2 - IS-IS level-2, ia - IS-IS inter area
       * - candidate default, U - per-user static route, o - ODR
       P - periodic downloaded static route
Gateway of last resort is not set
C    192.168.2.0/24 is directly connected, FastEthernet0/1
C    192.168.3.0/24 is directly connected, FastEthernet0/0
S    192.168.1.0/24 [1/0] via 192.168.2.1       //S表示静态路由
R2#
```

6. 相关命令

相关命令见表 3-14。

表 3-14 相关命令

命令	show ip route
功能	显示路由表信息
参数	无
命令模式	特权用户配置模式
实例	显示“R1”路由器的路由表信息： show ip route
命令	ip route [network-address] [subnet mask] [address of next hop OR exit interface]
功能	配置静态路由
参数	[network-address] ：目的网络地址 [subnet mask] ：子网掩码 [address of next hop OR exit interface]：下一跳地址或者下一个接口
命令模式	全局配置模式
实例	通过下一跳地址 192.168.2.3 到达网段 192.168.4.0： R1(config)#ip route 192.168.4.0 255.255.255.0 192.168.2.3

7. 相关知识

线路上的波特率由 DCE 决定，因此当同步串口工作在 DCE 方式下，需要配置波特率。之所以要配置时钟频率，是因为如果两端的时钟频率不一致，会使接收端在错误的时间对数据进行采样，造成数据错误，这是由数字信号系统的传输机制所决定的。如果作为DTE设备使用，则不配置波特率。

8．实训巩固

根据如图3-13的实训巩固拓扑图，实现“PC0”计算机与“PC1”计算机互相连通。

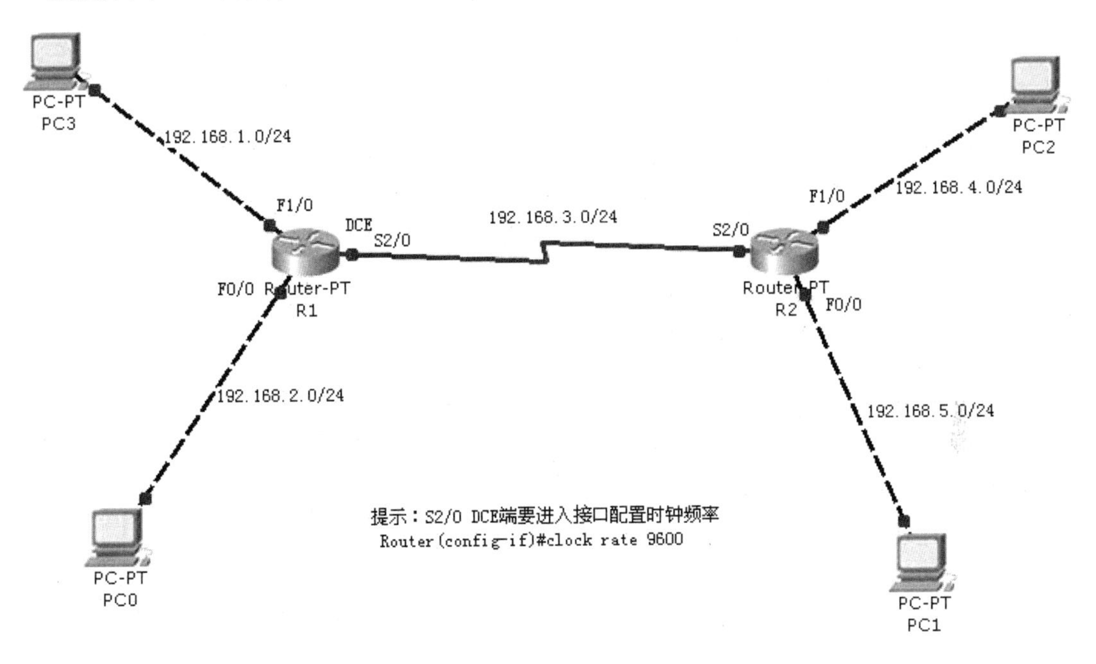

图3-13 实训巩固拓扑图

3.6 路由器默认路由配置

预备知识

路由表无法保存通往所有互联网站点的路由信息。随着路由表的不断变大，其需要更多的内存和更强的处理能力。为此，出现了一种特殊的静态路由，即默认路由。当路由表不包含目的地址的路径时，它指定了一个网关以供使用。默认路由通常指向通往ISP路径中的下一台路由器。在复杂的企业网络环境中，默认路由将互联网流量从网络中导出。在路由表中默认路由标记有一个星号。

默认路由就是在没有找到匹配的路由表条目时才使用的路由，即只有当没有合适的路由时，默认路由才会被使用。在路由表中，默认路由以到网络“0.0.0.0（掩码为0.0.0.0）”的路由形式出现。如果报文的目的地址不能与路由表的任何条目相匹配，那么该报文将选取默认路由。如果没有默认路由且报文的目的地址不在路由表中，那么该报文被丢弃的同时，将向源端返回一个ICMP报文报告该目的地址或网络不可达。

1．学习目标

（1）了解默认路由的工作原理及应用场境。

（2）掌握默认路由的配置方法。

2．应用情境

默认路由有些时候非常有效。当存在末梢网络（也叫末端网络或存根网络，通常指只有一个出口的网络）时，使用一条默认路由就可以完成路由器的配置，这种方式减轻了管理员的工作负担，提高了网络性能。如果没有默认路由，那么目的地址在路由表中没有匹配表项的包将被丢弃。

3．实训要求

（1）设备要求。

① 2 台 Router-PT 路由器，2 台 2950-24 交换机，4 台计算机。

② 5 条直通线。

（2）实训拓扑图如图 3-14 所示。

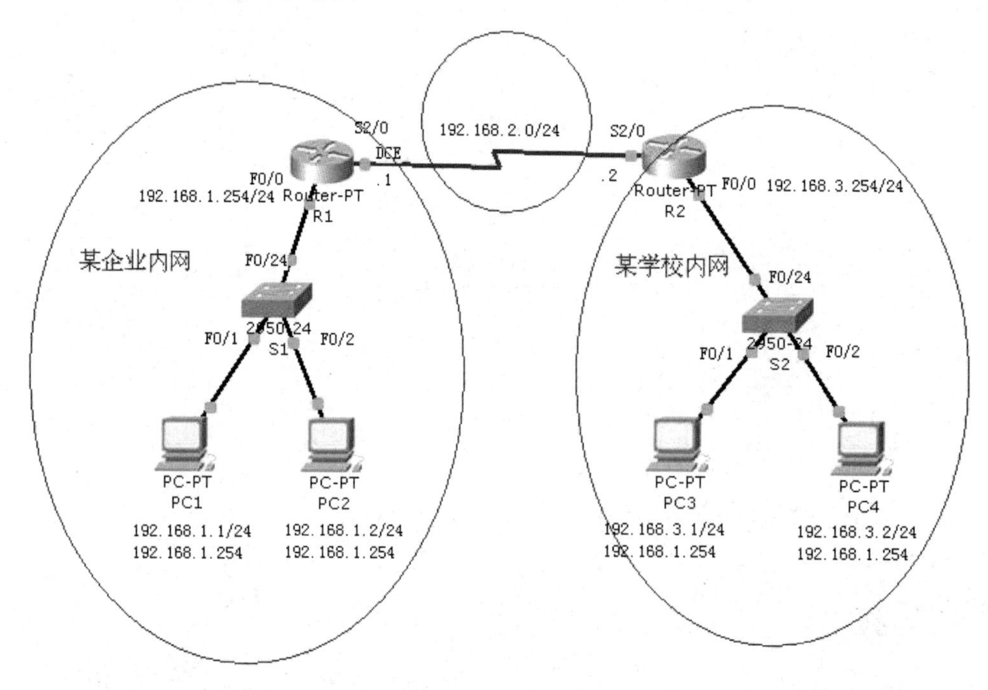

图 3-14 实训拓扑图

（3）配置要求见表 3-15 和表 3-16。

表 3-15 计算机配置

设备名称	IP 地址/子网掩码	网关	接口连接
PC1	192.168.1.1/24	192.168.1.254	见图 3-14
PC2	192.168.1.2/24	192.168.1.254	
PC3	192.168.3.1/24	192.168.3.254	
PC4	192.168.3.2/24	192.168.3.254	

表 3-16 路由器配置

设备名称	F0/0	S2/0	接口连接
R1	192.168.1.254/24	192.168.2.1/24	见图 3-14
R2	192.168.3.254/24	192.168.2.2/24	

4．实训效果

4 台计算机之间能够互相连通。

5．详细步骤

路由器默认
路由配置

（1）根据如图 3-14 所示的实训拓扑图，添加 2 台 Router-PT 路由器、2 台 2950-24 交换机和 4 台计算机，连接设备并修改设备名称。

（2）按实训要求，分别设置计算机的 IP 地址及网关信息。

（3）进入"R1"路由器的 IOS 命令行界面，更改路由器名称，配置 F0/0 接口和 S2/0 接口的 IP 地址和子网掩码，并将其打开。由于 S2/0 接口是 DCE，需要配置时钟频率。

```
Router>
Router>enable                          //进入特权用户配置模式
Router#conf t                          //进入全局配置模式
Router(config)#hostname R1             //将路由器命名为R1
R1(config)#int f0/0                    //进入接口配置模式
R1(config-if)#ip add 192.168.1.254 255.255.255.0
//设置接口IP地址和子网掩码
R1(config-if)#no shut                  //开启接口
R1(config-if)#exit                     //退出接口配置模式
R1(config)#int s2/0                    //进入接口配置模式
R1(config-if)#ip add 192.168.2.1 255.255.255.0
//设置接口IP地址和子网掩码
R1(config-if)#no shut                  //开启接口
R1(config-if)#clock rate 9600          //配置时钟频率，单位为bps，有多种频率可选
R1(config-if)#no shut
R1(config-if)#
```

（4）用同样的方法，进入"R2"路由器的 IOS 命令行界面，更改路由器名称，配置 F0/0 接口和 S2/0 接口的 IP 地址和子网掩码，并将其打开。

```
Router>enable
Router#conf t
Router(config)#hostname R2
R2(config)#int f0/0
R2(config-if)#ip add 192.168.3.254 255.255.255.0
R2(config-if)#no shut
R2(config-if)#exit
R2(config)#int s2/0
R2(config-if)#ip add 192.168.2.2 255.255.255.0
R2(config-if)#no shut
R2(config-if)#
```

（5）分别进入"R1"路由器和"R2"路由器查看它们的路由表，此时路由表里只有直连路由。

① "R1"路由器的路由表。

```
R1#show ip route   //显示"R1"路由器的路由表信息
Codes: C - connected, S - static, I - IGRP, R - RIP, M - mobile, B - BGP
       D - EIGRP, EX - EIGRP external, O - OSPF, IA - OSPF inter area
       N1 - OSPF NSSA external type 1, N2 - OSPF NSSA external type 2
       E1 - OSPF external type 1, E2 - OSPF external type 2, E - EGP
```

```
        i - IS-IS, L1 - IS-IS level-1, L2 - IS-IS level-2, ia - IS-IS inter area
        * - candidate default, U - per-user static route, o - ODR
        P - periodic downloaded static route

Gateway of last resort is not set

C    192.168.1.0/24 is directly connected, FastEthernet0/0
C    192.168.2.0/24 is directly connected, Serial2/0
R1#
```

② “R2”路由器的路由表。

```
R2#show ip route
Codes: C - connected, S - static, I - IGRP, R - RIP, M - mobile, B - BGP
        D - EIGRP, EX - EIGRP external, O - OSPF, IA - OSPF inter area
        N1 - OSPF NSSA external type 1, N2 - OSPF NSSA external type 2
        E1 - OSPF external type 1, E2 - OSPF external type 2, E - EGP
        i - IS-IS, L1 - IS-IS level-1, L2 - IS-IS level-2, ia - IS-IS inter area
        * - candidate default, U - per-user static route, o - ODR
        P - periodic downloaded static route

Gateway of last resort is not set

C    192.168.2.0/24 is directly connected, Serial2/0
C    192.168.3.0/24 is directly connected, FastEthernet0/0
R2#
```

（6）在“R1”路由器上进入全局配置模式，使用“ip route”命令配置静态路由。

```
R1#conf t
R1(config)#ip route 0.0.0.0 0.0.0.0 192.168.2.2  //配置默认路由
R1(config)#
```

（7）在“R2”路由器上进入全局配置模式，使用“ip route”命令配置静态路由。

```
R2#conf t
R2(config)#ip route 0.0.0.0 0.0.0.0 192.168.2.1  //配置默认路由
R2(config)#
```

（8）再次查看“R1”路由器和“R2”路由器的路由表，此时路由表里已经有默认路由。
“R1”路由器的路由表。

```
R1#show ip route
Codes: C - connected, S - static, I - IGRP, R - RIP, M - mobile, B - BGP
        D - EIGRP, EX - EIGRP external, O - OSPF, IA - OSPF inter area
        N1 - OSPF NSSA external type 1, N2 - OSPF NSSA external type 2
        E1 - OSPF external type 1, E2 - OSPF external type 2, E - EGP
        i - IS-IS, L1 - IS-IS level-1, L2 - IS-IS level-2, ia - IS-IS inter area
        * - candidate default, U - per-user static route, o - ODR
        P - periodic downloaded static route

Gateway of last resort is 192.168.2.2 to network 0.0.0.0

C    192.168.1.0/24 is directly connected, FastEthernet0/0
C    192.168.2.0/24 is directly connected, Serial2/0
```

```
S*   0.0.0.0/0 [1/0] via 192.168.2.2
R1#           //以上是手动添加的默认路由，S*表示该路由是静态路由
```

“R2”路由器的路由表。

```
R2#show ip route
Codes: C - connected, S - static, I - IGRP, R - RIP, M - mobile, B - BGP
       D - EIGRP, EX - EIGRP external, O - OSPF, IA - OSPF inter area
       N1 - OSPF NSSA external type 1, N2 - OSPF NSSA external type 2
       E1 - OSPF external type 1, E2 - OSPF external type 2, E - EGP
       i - IS-IS, L1 - IS-IS level-1, L2 - IS-IS level-2, ia - IS-IS inter area
       * - candidate default, U - per-user static route, o - ODR
       P - periodic downloaded static route

Gateway of last resort is 192.168.2.1 to network 0.0.0.0

C    192.168.2.0/24 is directly connected, Serial2/0
C    192.168.3.0/24 is directly connected, FastEthernet0/0
S*   0.0.0.0/0 [1/0] via 192.168.2.1
//手动添加的默认路由，S*表示该路由是静态路由
R2#
```

（9）使用其中一台计算机测试网络连通性。这里使用“PC1”计算机与其他计算机测试，测试结果为“PC1”计算机与其他计算机都能连通。

6. 相关命令

相关命令见表 3-17。

表 3-17　相关命令

命令	show ip route
功能	显示路由表信息
参数	无
模式	特权用户配置模式
实例	显示路由器 R1 的路由表信息： R1#show ip route
命令	ip route [network-address] [subnet mask] [address of next hop OR exit interface]
功能	配置默认路由
参数	[network-address]：目的网络地址为 0.0.0.0 [subnet mask]：子网掩码为 0.0.0.0 [address of next hop OR exit interface]：下一跳地址或者下一个接口
模式	全局配置模式
实例	通过下一跳地址 192.168.2.3 的默认路由： R1(config)#ip route 0.0.0.0 0.0.0.0 192.168.2.3
命令	clock rate 值
功能	配置时钟频率
参数	1200 2400 4800 9600　19200 38400……　4000000
模式	接口配置模式
实例	见本书实训

7. 相关知识

默认网关：在计算机中配置的默认路由就是默认网关。例如，内网网段为“192.168.1.0”，出口路由器的内网接口 IP 地址为“192.168.1.1”（假设为末梢网络，路由器配置为默认路由），则计算机的默认网关或者默认路由的下一跳地址就是“192.168.1.1”。在 IOS 命令行界面中执行“route print”命令来查看本机的路由表，可以看到路由表的第一行就是一条默认路由“0.0.0.0 0.0.0.0 192.168.1.1”。其含义是如果要跟外网通信，所有的数据包都将发往“192.168.1.1”这个 IP 地址的接口，也就是路由器的内网接口。这时路由器的默认路由在发挥作用，把所有的数据包发往路由器的 WAN 接口或者下一跳地址。

8. 实训巩固

根据如图 3-15 所示的实训拓扑图配置网络，使用默认路由实现全网互通。

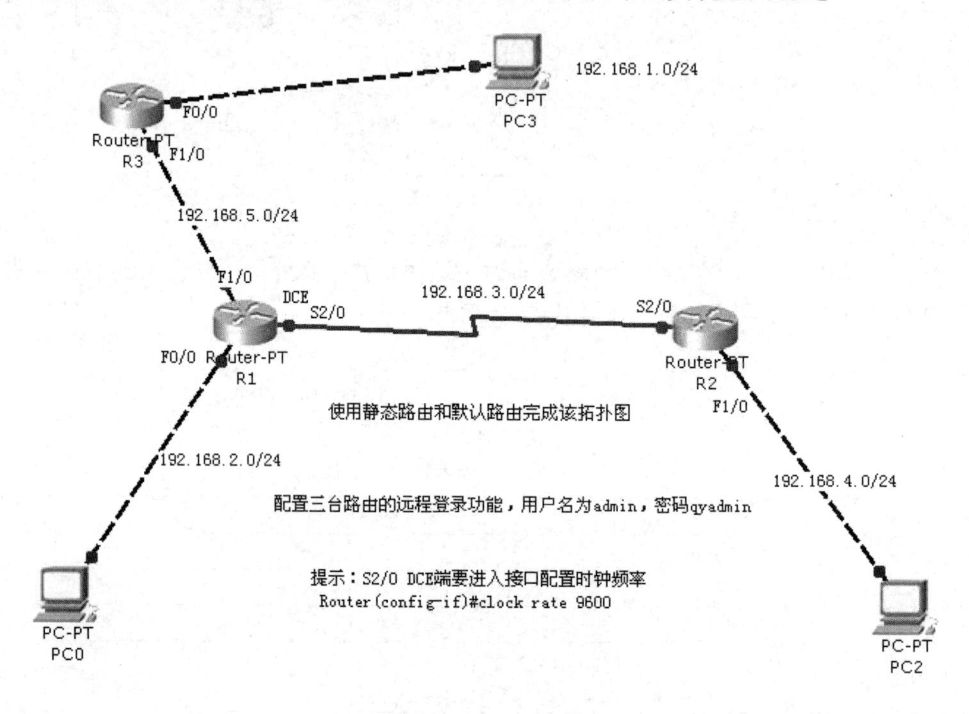

图 3-15　实训巩固拓扑图

3.7　路由器 RIP 动态路由配置

预备知识

动态路由是指路由器之间通过路由协议动态交换路由信息来构建路由表。使用动态路由最大的好处是，当网络拓扑结构发生变化时，路由器会自动相互交换路由信息，因此路由器不仅能够自动获取新增加的网络，而且还可以在当前网络连接失败时找到备用路径。

路由信息协议（Routing Information Protocol，RIP）最初是为 Xerox 网络系统的 Xerox parc 通用协议而设计的，是互联网中常用的一个路由协议。RIP 采用距离向量算法，即路由器根据距离选择路由，所以 RIP 也称为距离向量协议。路由器收集所有可到达目的地址的不同路径，并且保存有关到达每个目的地址的最少站点数的路径信息，除了保存到达目的地址的最佳路径，任何其他路径信息均会被丢弃。同时，路由器也将收集的路由信息用 RIP 通知相邻的其他路由器。这样，正确的路由信息就会逐渐扩散到全网。

因为 RIP 具有简单可靠、配置方便的特点，所以 RIP 应用非常广泛。RIP 只适用于小型的同构网络，它允许的最大站点数为 15，任何超过 15 个站点的目的地址均被标记为不可达。

1. 学习目标

（1）了解静态路由与动态路由的区别。

（2）掌握动态路由 RIP 的配置与应用方法。

2. 应用情境

动态路由协议使用路由选择算法，根据实测或估计的距离、时延和网络拓扑结构等度量权值，自动计算最佳路径，建立路由表。它能自动地适应网络拓扑结构的变化，实时、动态地更新路由表。

动态路由协议适合应用于大、中型且网络拓扑结构变化频繁的网络。通常在一个园区网或归属于一个技术部门管理的互联网，也就是同一个自治域内的所有路由器都是用内部网关协议。RIP（路由信息协议）、OSPF（开放最短路径优先协议）、IGRP（内部网关选择协议）和 EIGRP（增强 IGRP 协议）都属于内部网关协议。

3. 实训要求

（1）设备要求。

① 3 台 Router-PT 路由器，3 台计算机。

② 3 条交叉线，2 条串口线。

（2）实训拓扑图如图 3-16。

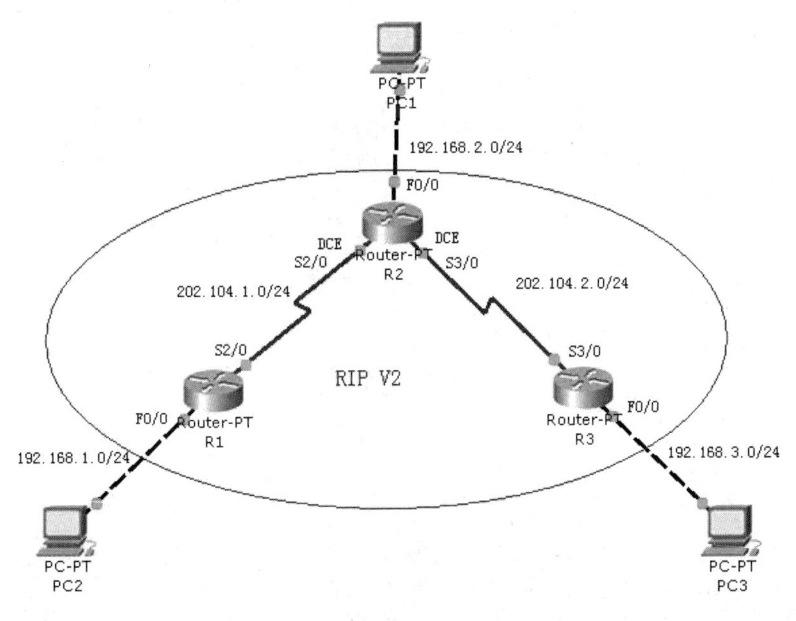

图 3-16　实训拓扑图

（3）配置要求见表 3-18 和表 3-19 所示。

表 3-18　计算机配置参数

设备名称	IP 地址/子网掩码	网关	接口连接
PC1	192.168.2.2/24	192.168.2.1	见图 3-16
PC2	192.168.1.2/24	192.168.1.1	
PC3	192.168.3.2/24	192.168.3.1	

表 3-19　路由器配置参数

设备名称	F0/0	S2/0	S3/0	接口连接
R1	192.168.1.1/24	202.104.1.1/24		见图 3-16
R2	192.168.2.1/24	202.104.1.2/24	202.104.2.2/24	
R3	192.168.3.1/24		202.104.2.1/24	

4．实训效果

3 台计算机之间能够互相连通。

路由器 RIP 动态路由配置

5．详细步骤

（1）根据如图 3-16 所示的实训拓扑图，添加 3 台 Router-PT 路由器和 3 台计算机，连接设备并修改设备名称。

（2）按实训要求设置各计算机的 IP 地址、子网掩码和网关。

（3）进入“R1”路由器的 IOS 命令行界面，更改路由器名称和配置 F0/0 和 S2/0 接口的 IP 地址和子网掩码，并打开接口。

```
Router>enable                          //进入特权用户配置模式
Router#conf t                          //进入全局配置模式
Router(config)#hostname R1             //将路由器改名为R1
R1(config)#int f0/0                    //进入F0/0接口
R1(config-if)#ip add 192.168.1.1 255.255.255.0
                                       //配置F0/0接口的IP地址和子网掩码
R1(config-if)#no shut                  //打开接口
R1(config-if)#exit                     //退出接口配置模式
R1(config)#int s2/0                    //进入S2/0接口
R1(config-if)#ip add 202.104.1.1 255.255.255.0
                                       //配置S2/0接口IP地址和子网掩码
R1(config-if)#no shut                  //打开接口
R1(config-if)#
```

（4）用同样方法对“R2”路由器进行配置。

```
Router>enable                          //进入特权用户配置模式
Router#conf t                          //进入全局配置模式
Router(config)#hostname R2             //配置交换机名称
R2(config)#int f0/0                    //进入F0/0接口
R2(config-if)#ip add 192.168.2.1 255.255.255.0
                                       //配置F0/0接口IP地址和子网掩码
R2(config-if)#no shut                  //打开接口
R2(config-if)#int s2/0                 //进入S2/0接口
R2(config-if)#ip add 202.104.1.2 255.255.255.0
                                       //配置S2/0接口IP地址和子网掩码
R2(config-if)#no shut                  //打开接口
```

```
    R2(config-if)#clock rate 9600    //配置接口时钟频率。如执行此命令出现“This
command applies only to DCE interfaces”提示，请删除该路由器的S2/0和S3/0接口的串行DCE
接线，执行成功后再接回
    R2(config-if)#exit
    R2(config)#int s3/0              //进入S3/0接口
    R2(config-if)#ip add 202.104.2.2 255.255.255.0
                                     //配置S3/0接口IP地址和子网掩码
    R2(config-if)#no shut            //打开接口
    R2(config-if)#clock rate 9600    //配置接口时钟频率
    R2(config-if)#
```

（5）用同样方法对“R3”路由器进行配置。

```
Router>en                        //进入特权用户配置模式
Router#conf t                    //进入全局配置模式
Router(config)#host R3           //配置交换机名称
R3(config)#int f0/0              //进入F0/0接口
R3(config-if)#ip add 192.168.3.1 255.255.255.0
                                 //配置F0/0接口IP地址和子网掩码
R3(config-if)#no shut            //打开接口
R3(config-if)#exit
R3(config)#int s3/0              //进入S3/0接口
R3(config-if)#ip add 202.104.2.1 255.255.255.0
                                 //配置S3/0接口IP地址和子网掩码
R3(config-if)#no shut            //打开接口
R3(config-if)#
```

（6）分别在特权用户配置模式下查看“R1”“R2”“R3”路由器的路由表，此时各路由器的路由表里只有直连路由。

①“R1”路由器的路由表。

```
R1#show ip route    //显示“R1”路由器的路由表信息
Codes: C - connected, S - static, I - IGRP, R - RIP, M - mobile, B - BGP
       D - EIGRP, EX - EIGRP external, O - OSPF, IA - OSPF inter area
       N1 - OSPF NSSA external type 1, N2 - OSPF NSSA external type 2
       E1 - OSPF external type 1, E2 - OSPF external type 2, E - EGP
       i - IS-IS, L1 - IS-IS level-1, L2 - IS-IS level-2, ia - IS-IS inter area
       * - candidate default, U - per-user static route, o - ODR
       P - periodic downloaded static route

Gateway of last resort is not set

C    192.168.1.0/24 is directly connected, FastEthernet0/0
      // C代表直连网段
C    202.104.1.0/24 is directly connected, Serial2/0
R1#
```

②“R2”路由器的路由表。

```
R2#show ip route    //显示“R2”路由器的路由表信息
Codes: C - connected, S - static, I - IGRP, R - RIP, M - mobile, B - BGP
       D - EIGRP, EX - EIGRP external, O - OSPF, IA - OSPF inter area
       N1 - OSPF NSSA external type 1, N2 - OSPF NSSA external type 2
```

```
       E1 - OSPF external type 1, E2 - OSPF external type 2, E - EGP
       i - IS-IS, L1 - IS-IS level-1, L2 - IS-IS level-2, ia - IS-IS inter area
       * - candidate default, U - per-user static route, o - ODR
       P - periodic downloaded static route

Gateway of last resort is not set

C    192.168.2.0/24 is directly connected, FastEthernet0/0
C    202.104.1.0/24 is directly connected, Serial2/0
C    202.104.2.0/24 is directly connected, Serial3/0
  // C代表直连网段
R2#
```

③ “R3”路由器的路由表。

```
R3#show ip route   //显示“R3”路由器的路由表信息
Codes: C - connected, S - static, I - IGRP, R - RIP, M - mobile, B - BGP
       D - EIGRP, EX - EIGRP external, O - OSPF, IA - OSPF inter area
       N1 - OSPF NSSA external type 1, N2 - OSPF NSSA external type 2
       E1 - OSPF external type 1, E2 - OSPF external type 2, E - EGP
       i - IS-IS, L1 - IS-IS level-1, L2 - IS-IS level-2, ia - IS-IS inter area
       * - candidate default, U - per-user static route, o - ODR
       P - periodic downloaded static route

Gateway of last resort is not set

C    192.168.3.0/24 is directly connected, FastEthernet0/0
C    202.104.2.0/24 is directly connected, Serial3/0
   // C代表直连网段
R3#
```

（7）进入“R1”路由器的全局配置模式，启用 RIP V2 协议并宣告直连网段。

```
R1#conf t
Enter configuration commands, one per line.  End with CNTL/Z.
R1(config)#router rip                       //启动RIP进程
R1(config-router)#version 2                 //配置RIP版本为2
R1(config-router)#network 192.168.1.0       //宣告直连网段
R1(config-router)#network 202.104.1.0       //宣告直连网段
R1(config-router)#^Z                        //退出到特权用户配置模式
R1#write                                    //将刚才所进行的配置写入内存中
Building configuration...
[OK]
R1#
```

（8）用同样的方法进入“R2”路由器的全局配置模式，启用 RIP V2 并宣告直连网段。

```
R2#conf t
R2(config)#router rip                       //启动RIP进程
R2(config-router)#version 2                 //配置RIP版本为2
R2(config-router)#network 202.104.1.0       //宣告直连网段
R2(config-router)#network 192.168.2.0       //宣告直连网段
R2(config-router)#network 202.104.2.0       //宣告直连网段
R2(config-router)#^Z
```

```
R2#write
Building configuration...
[OK]
R2#
```

（9）用同样的方法进入“R3”路由器全局配置模式，启用 RIP V2 并宣告直连路由。

```
R3#conf t
R3(config)#router rip                        //启动RIP进程
R3(config-router)#version 2                  //配置RIP版本为2
R3(config-router)#network 202.104.2.0        //宣告直连网段
R3(config-router)#network 192.168.3.0        //宣告直连网段
R3(config-router)#^Z
R3#write
Building configuration...
[OK]
R3#
```

（10）再次查看“R1”“R2”“R3”路由器的路由表，发现路由器已通过 RIP 学习到非直连网段的路由信息。

① “R1”路由器的路由表。

```
R1#show ip route    //显示“R1”路由器的路由表信息
Codes: C - connected, S - static, I - IGRP, R - RIP, M - mobile, B - BGP
       D - EIGRP, EX - EIGRP external, O - OSPF, IA - OSPF inter area
       N1 - OSPF NSSA external type 1, N2 - OSPF NSSA external type 2
       E1 - OSPF external type 1, E2 - OSPF external type  2, E - EGP
       i - IS-IS, L1 - IS-IS level-1, L2 - IS-IS level-2, ia - IS-IS inter area
       * - candidate default, U - per-user static route, o - ODR
       P - periodic downloaded static route

Gateway of last resort is not set

C    192.168.1.0/24 is directly connected, FastEthernet0/0
R    192.168.2.0/24 [120/1] via 202.104.1.2, 00:00:22, Serial2/0
R    192.168.3.0/24 [120/2] via 202.104.1.2, 00:00:22, Serial2/0
C    202.104.1.0/24 is directly connected, Serial2/0
R    202.104.2.0/24 [120/1] via 202.104.1.2, 00:00:22, Serial2/0
R1#                                  // R代表通过RIP学习到的路由信息
```

② “R2”路由器的路由表。

```
R2#show ip route    //显示“R2”路由器的路由表信息
Codes: C - connected, S - static, I - IGRP, R - RIP, M - mobile, B - BGP
       D - EIGRP, EX - EIGRP external, O - OSPF, IA - OSPF inter area
       N1 - OSPF NSSA external type 1, N2 - OSPF NSSA external type 2
       E1 - OSPF external type 1, E2 - OSPF external type 2, E - EGP
       i - IS-IS, L1 - IS-IS level-1, L2 - IS-IS level-2, ia - IS-IS inter area
       * - candidate default, U - per-user static route, o - ODR
       P - periodic downloaded static route

Gateway of last resort is not set
```

```
R    192.168.1.0/24 [120/1] via 202.104.1.1, 00:00:18, Serial2/0
C    192.168.2.0/24 is directly connected, FastEthernet0/0
R    192.168.3.0/24 [120/1] via 202.104.2.1, 00:00:12, Serial3/0
C    202.104.1.0/24 is directly connected, Serial2/0
C    202.104.2.0/24 is directly connected, Serial3/0
R2#                        //R代表通过RIP学习到的路由信息
```

③ “R3”路由器的路由表。

```
R3#show ip route         //显示“R3”路由器的路由表信息
Codes: C - connected, S - static, I - IGRP, R - RIP, M - mobile, B - BGP
      D - EIGRP, EX - EIGRP external, O - OSPF, IA - OSPF inter area
      N1 - OSPF NSSA external type 1, N2 - OSPF NSSA external type 2
      E1 - OSPF external type 1, E2 - OSPF external type 2, E - EGP
      i - IS-IS, L1 - IS-IS level-1, L2 - IS-IS level-2, ia - IS-IS inter area
      * - candidate default, U - per-user static route, o - ODR
      P - periodic downloaded static route

Gateway of last resort is not set

R    192.168.1.0/24 [120/2] via 202.104.2.2, 00:00:22, Serial3/0
R    192.168.2.0/24 [120/1] via 202.104.2.2, 00:00:22, Serial3/0
C    192.168.3.0/24 is directly connected, FastEthernet0/0
R    202.104.1.0/24 [120/1] via 202.104.2.2, 00:00:22, Serial3/0
C    202.104.2.0/24 is directly connected, Serial3/0
R3#                              //R代表通过RIP学习得到的路由信息
```

（11）使用“PC1”计算机测试与“PC2”“PC3”计算机的连通性，测试结果为连通。

6．相关命令

相关命令见表 3-20 所示。

表 3-20　相关命令

命令	route　rip
功能	启动 RIP 进程
参数	无
模式	全局配置模式
实例	R1(config)#route rip
命令	**version　{1|2|3}**
功能	配置 RIP 协议的版本号
参数	参数为版本号
模式	全局配置模式
实例	配置 RIP 的版本号为 2： R1(config-router)# Version 2
命令	**network　[network address]**
功能	宣告直连路由
参数	[network address]为直连网段
模式	全局配置模式
实例	R1(config-router)#network 192.168.1.0

7. 相关知识

动态路由是指网络中的路由器之间相互通信，传递路由信息，利用收到的路由信息更新路由表。动态路由能实时地适应网络结构的变化，如果路由更新信息表明发生了网络变化，路由选择软件会重新计算路由，并发出新的路由更新信息。这些信息通过各个网络，使得各路由器重新启动其路由算法，并更新各自的路由表以动态地反映网络拓扑变化。动态路由适用于网络规模大、网络拓扑复杂的网络。当然，各种动态路由协议会不同程度地占用网络带宽和路由器 CPU 资源。

静态路由和动态路由有着各自的特点和适用范围，因此在网络中动态路由通常作为静态路由的补充。当一个分组在路由器中进行寻径时，路由器首先会查找静态路由，如果查到则根据相应的静态路由转发分组，否则再查找动态路由。

8. 实训巩固

根据如图 3-17 所示的实训巩固拓扑图，使用 RIP 路由协议实现各台计算机互相连通。

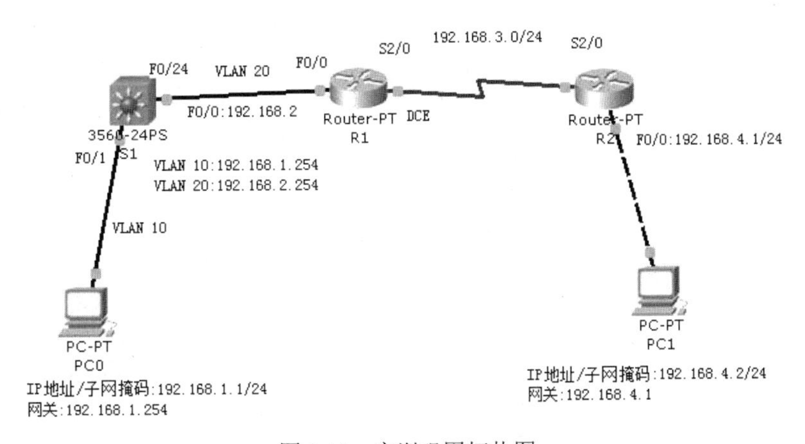

图 3-17　实训巩固拓扑图

3.8　路由器 OSPF 动态路由配置

预备知识

开放最短路径优先（OSPF）协议是在企业网络中应用最广泛的一种协议，OSPF 使用链路状态算法实现内部网关路由协议标准。开放最短路径优先（OSPF）协议是一种链路状态路由协议。该协议将网络划分为若干个不同的部分，也叫作区域，这种划分可以提高网络的可扩展性。通过各网络划分为多个网络区域，网络管理员可以有选择性地启用路由总结并将出现的路由问题隔离到某个区域中。

链路状态路由协议（如 OSPF）并不会频繁、定期地发送整个路由表的更新信息。相反，在网络完全稳定之后，链路状态协议只会在拓扑发生更改（如链路断开）时才发送更新信息。

1. 学习目标

（1）了解 OSPF 路由协议。

（2）掌握 OSPF 路由协议的配置方法。

2．应用情境

作为一种链路状态的路由协议，OSPF 具备许多优点，如快速收敛、支持变长网络屏蔽码、支持 CIDR 和地址 Summary、具有层次化的网络结构和支持路由信息验证等。这些特点保证了 OSPF 路由协议能够被应用在大型的、复杂的网络环境中。

3．实训要求

（1）设备要求。

① 3 台 Router-PT 路由器，3 台计算机。

② 3 条交叉线，2 条串口线。

（2）实训拓扑图如图 3-18。

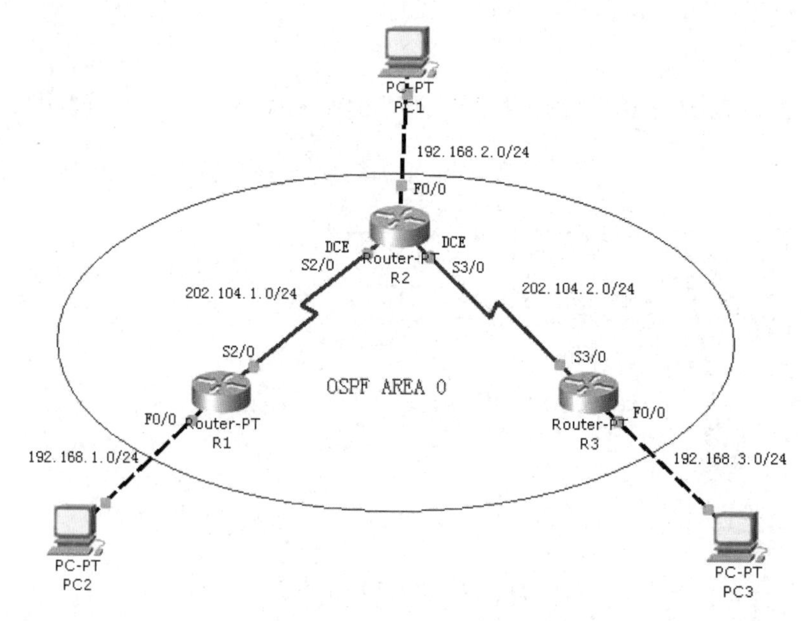

图 3-18　实训拓扑图

（3）配置要求见表 3-21 和表 3-22。

表 3-21　计算机配置

设备名称	IP 地址/子网掩码	网关	接口连接
PC1	192.168.2.2/24	192.168.2.1	见图 3-18
PC2	192.168.1.2/24	192.168.1.1	
PC3	192.168.3.2/24	192.168.3.1	

表 3-22　路由器配置

设备名称	F0/0	S2/0	S3/0	接口连接
R1	192.168.1.1/24	202.104.1.1/24		见图 3-18
R2	192.168.2.1/24	202.104.1.2/24	202.104.2.2/24	
R3	192.168.3.1/24		202.104.2.1/24	

4．实训效果

各台计算机之间能够互相连通。

5．详细步骤

（1）按如图 3-18 所示的实训拓扑图，添加 3 台 Router-PT 路由器和 3 台计算机，并连接网络。

（2）按实训要求设置各台计算机的 IP 地址、子网掩码和网关。

（3）进入“R1”路由器的 IOS 命令行界面，更改路由器名称，配置 F0/0 和 S2/0 接口的 IP 地址和子网掩码，并打开接口。

```
Router>enable                    //进入特权用户配置模式
Router#conf t                    //进入全局配置模式
Router(config)#hostname R1       //将路由器命名为R1
R1(config)#int f0/0              //进入接口配置模式
R1(config-if)#ip add 192.168.1.1 255.255.255.0  //为接口配置IP地址和子网掩码
R1(config-if)#no shut            //开启接口
R1(config-if)#exit               //退出接口配置模式
R1(config)#int s2/0              //进入接口配置模式
R1(config-if)#ip add 202.104.1.1 255.255.255.0  //为接口配置IP地址和子网掩码
R1(config-if)#no shut            //开启接口
R1(config-if)#
```

（4）用同样方法对“R2”路由器进行配置。

```
Router>enable
Router#conf t
Router(config)#hostname R2
R2(config)#int f0/0
R2(config-if)#ip add 192.168.2.1 255.255.255.0
R2(config-if)#no shut
R2(config-if)#int s2/0
R2(config-if)#ip add 202.104.1.2 255.255.255.0
R2(config-if)#no shut
R2(config-if)#clock rate 9600
R2(config-if)#exit
R2(config)#int s3/0
R2(config-if)#ip add 202.104.2.2 255.255.255.0
R2(config-if)#no shut
R2(config-if)#clock rate 9600
R2(config-if)#
```

（5）用同样方法对“R3”路由器进行配置。

```
Router>enable
Router#conf t
Router(config)#hostname R3
R3(config)#int f0/0
R3(config-if)#ip add 192.168.3.1 255.255.255.0
R3(config-if)#no shut
R3(config-if)#exit
R3(config)#int s3/0
R3(config-if)#ip add 202.104.2.1 255.255.255.0
R3(config-if)#no shut
R3(config-if)#
```

（6）分别在特权用户配置模式下查看“R1”、“R2”和“R3”计算机的路由表。此时，各路由器的路由表里只有直连路由，如下所示。

① “R1”路由器的路由表。

```
R1#show ip route   //显示“R1”路由器的路由表信息
Codes: C - connected, S - static, I - IGRP, R - RIP, M - mobile, B - BGP
       D - EIGRP, EX - EIGRP external, O - OSPF, IA - OSPF inter area
       N1 - OSPF NSSA external type 1, N2 - OSPF NSSA external type 2
       E1 - OSPF external type 1, E2 - OSPF external type 2, E - EGP
       i - IS-IS, L1 - IS-IS level-1, L2 - IS-IS level-2, ia - IS-IS inter area
       * - candidate default, U - per-user static route, o - ODR
       P - periodic downloaded static route

Gateway of last resort is not set

C    192.168.1.0/24 is directly connected, FastEthernet0/0
C    202.104.1.0/24 is directly connected, Serial2/0
R1#
```

② “R2”路由器的路由表。

```
R2#show ip route    //显示“R2”路由器的路由表信息
Codes: C - connected, S - static, I - IGRP, R - RIP, M - mobile, B - BGP
       D - EIGRP, EX - EIGRP external, O - OSPF, IA - OSPF inter area
       N1 - OSPF NSSA external type 1, N2 - OSPF NSSA external type 2
       E1 - OSPF external type 1, E2 - OSPF external type 2, E - EGP
       i - IS-IS, L1 - IS-IS level-1, L2 - IS-IS level-2, ia - IS-IS inter area
       * - candidate default, U - per-user static route, o - ODR
       P - periodic downloaded static route

Gateway of last resort is not set

C    192.168.2.0/24 is directly connected, FastEthernet0/0
C    202.104.1.0/24 is directly connected, Serial2/0
C    202.104.2.0/24 is directly connected, Serial3/0
R2#
```

③ “R3”路由器的路由表。

```
R3#show ip route   //显示“R1”路由器的路由表信息
Codes: C - connected, S - static, I - IGRP, R - RIP, M - mobile, B - BGP
       D - EIGRP, EX - EIGRP external, O - OSPF, IA - OSPF inter area
       N1 - OSPF NSSA external type 1, N2 - OSPF NSSA external type 2
       E1 - OSPF external type 1, E2 - OSPF external type 2, E - EGP
       i - IS-IS, L1 - IS-IS level-1, L2 - IS-IS level-2, ia - IS-IS inter area
       * - candidate default, U - per-user static route, o - ODR
       P - periodic downloaded static route

Gateway of last resort is not set

C    192.168.3.0/24 is directly connected, FastEthernet0/0
C    202.104.2.0/24 is directly connected, Serial3/0
R3#
```

（7）进入“R1”路由器的全局配置模式，启用 OSPF 协议并宣告直连网段。

```
R1#conf t                                   //进入全局配置模式
R1(config)#router ospf 100                  //设置路由信息协议
R1(config-router)#network 192.168.1.0 0.0.0.255 area 0  //宣告直连网段
R1(config-router)#network 202.104.1.0 0.0.0.255 area 0  //宣告直连网段
R1(config-router)#^Z                        //退出到特权用户配置模式
R1#write                                    //将路由器上的配置保存到内存
Building configuration...
[OK]
R1#
```

（8）用同样的方法进入“R2”路由器的全局配置模式，启用 OSPF 协议并宣告直连网段。

```
R2#conf t
R2(config)#router ospf 1
R2(config-router)#network 202.104.1.0 0.0.0.255 area 0
R2(config-router)#network 192.168.2.0 0.0.0.255 area 0
R2(config-router)#network 202.104.2.0 0.0.0.255 area 0
R2(config-router)#^Z
R2#write
Building configuration...
[OK]
R2#
```

（9）用同样的方法进入“R3”路由器的全局配置模式，启用 OSPF 协议并宣告直连网段。

```
R3#conf t
R3(config)#router ospf 10
R3(config-router)#network 192.168.3.0 0.0.0.255 area 0
R3(config-router)#network 202.104.2.0 0.0.0.255 area 0
R3(config-router)#^Z
R3#write
Building configuration...
[OK]
R3#
```

（10）再次查看“R1”“R2”“R3”路由器的路由表，发现路由器已经通过 OSPF 协议学习到非直连网段的路由信息。

①“R1”路由器的路由表。

```
R1#show ip route        //查看“R1”路由器的路由表信息
Codes: C - connected, S - static, I - IGRP, R - RIP, M - mobile, B - BGP
       D - EIGRP, EX - EIGRP external, O - OSPF, IA - OSPF inter area
       N1 - OSPF NSSA external type 1, N2 - OSPF NSSA external type 2
       E1 - OSPF external type 1, E2 - OSPF external type 2, E - EGP
       i - IS-IS, L1 - IS-IS level-1, L2 - IS-IS level-2, ia - IS-IS inter area
       * - candidate default, U - per-user static route, o - ODR
       P - periodic downloaded static route
Gateway of last resort is not set
C    192.168.1.0/24 is directly connected, FastEthernet0/0
O    192.168.2.0/24 [110/782] via 202.104.1.2, 00:07:32, Serial2/0
O    192.168.3.0/24 [110/1563] via 202.104.1.2, 00:02:56, Serial2/0
C    202.104.1.0/24 is directly connected, Serial2/0
```

```
O    202.104.2.0/24 [110/1562] via 202.104.1.2, 00:07:11, Serial2/0
R1#                         // 以上是“R1”路由器通过OSPF协议学习到的路由信息
```

② “R2”路由器的路由表。

```
R2#show ip route      //查看“R2”路由器的路由表信息
Codes: C - connected, S - static, I - IGRP, R - RIP, M - mobile, B - BGP
       D - EIGRP, EX - EIGRP external, O - OSPF, IA - OSPF inter area
       N1 - OSPF NSSA external type 1, N2 - OSPF NSSA external type 2
       E1 - OSPF external type 1, E2 - OSPF external type 2, E - EGP
       i - IS-IS, L1 - IS-IS level-1, L2 - IS-IS level-2, ia - IS-IS inter area
       * - candidate default, U - per-user static route, o - ODR
       P - periodic downloaded static route

Gateway of last resort is not set

O    192.168.1.0/24 [110/782] via 202.104.1.1, 00:08:32, Serial2/0
C    192.168.2.0/24 is directly connected, FastEthernet0/0
O    192.168.3.0/24 [110/782] via 202.104.2.1, 00:03:49, Serial3/0
// 以上是“R2”路由器通过OSPF协议学习到的路由信息
C    202.104.1.0/24 is directly connected, Serial2/0
C    202.104.2.0/24 is directly connected, Serial3/0
R2#
```

③ “R3”路由器的路由表。

```
R3#show ip route    //查看“R3”路由器的路由表信息
Codes: C - connected, S - static, I - IGRP, R - RIP, M - mobile, B - BGP
       D - EIGRP, EX - EIGRP external, O - OSPF, IA - OSPF inter area
       N1 - OSPF NSSA external type 1, N2 - OSPF NSSA external type 2
       E1 - OSPF external type 1, E2 - OSPF external type 2, E - EGP
       i - IS-IS, L1 - IS-IS level-1, L2 - IS-IS level-2, ia - IS-IS inter area
       * - candidate default, U - per-user static route, o - ODR
       P - periodic downloaded static route

Gateway of last resort is not set

O    192.168.1.0/24 [110/1563] via 202.104.2.2, 00:04:27, Serial3/0
O    192.168.2.0/24 [110/782] via 202.104.2.2, 00:04:27, Serial3/0
C    192.168.3.0/24 is directly connected, FastEthernet0/0
O    202.104.1.0/24 [110/1562] via 202.104.2.2, 00:04:27, Serial3/0
C    202.104.2.0/24 is directly connected, Serial3/0
R3#                              //以上是“R3”路由器通过OSPF协议学习到的路由信息
```

（11）使用“PC1”计算机测试与“PC2”“PC3”计算机的连通性，测试结果为连通。

6. 相关命令

相关命令见表 3-23。

表 3-23　相关命令

命令	router ospf 进程号
功能	启动 OSPF 进程
参数	进程号范围为 0～255
模式	全局配置模式
实例	R1(config)#router ospf 100

续表

命令	network 主机地址 0.0.0.0 area area-id network 网段 反子网掩码 area area-id
功能	配置主网络和区域
参数	无
模式	全局配置模式
实例	R1(config-router)#network 202.104.2.0 0.0.0.255 area 0

7. 相关知识

对于路由器而言，要找出最优的数据传输路径是一项复杂的工作。寻找最优的数据传输路径可能会依赖于节点间的转发次数、当前的网络运行状态、不可用的连接、数据传输速率和拓扑结构。为了找出最优路径，各个路由器之间要通过路由协议来相互通信。

路由协议只用于收集关于网络当前状态的数据，并负责寻找最优传输路径。根据这些数据，路由器就可以创建路由表来用于以后的数据包转发。除了寻找最优路径，路由协议还可以用收敛时间来表示路由器在网络发生变化或断线时，路由协议寻找出最优传输路径所耗费的时间。带宽开销是指运行中的网络为支持路由协议所需要的带宽，也是路由协议的一个较为显著的特征。

8. 实训巩固

根据如图 3-19 所示的实训巩固拓扑图，使用 OSPF 动态路由协议实现各台计算机互相连通。

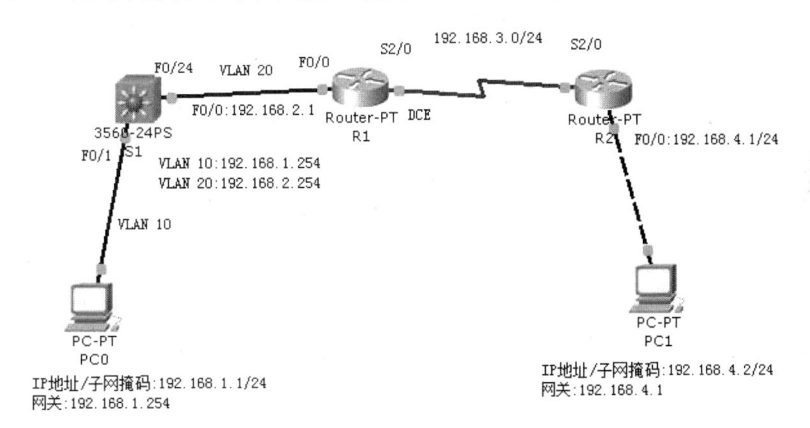

图 3-19　实训巩固拓扑图

3.9　标准 IP 访问控制列表

预备知识

访问控制列表（Access Control Lists，ACL）是路由器和交换机接口的指令列表，用来控制接口进出的数据包。ACL 适用于所有的路由协议，如 IP、IPX 和 AppleTalk 等。

ACL 通过定义一些规则对网络设备接口上的数据报文进行控制，允许通过或丢弃，从而提高网络的可管理性和安全性。

IP ACL 分为两种：标准 IP 访问列表和扩展 IP 访问列表。标准 IP 访问列表的编号范围为 1～

99 和 1300～1999；扩展 IP 访问列表的编号范围为 100～199 和 2000～2699。标准 IP 访问控制列表可以根据数据包的源 IP 地址定义访问控制规则，用来进行数据包的过滤。扩展 IP 访问控制列表可以根据数据包的源 IP、目的 IP、源接口、目的接口、协议来定义规则，用来进行数据包的过滤。IP 访问控制列表应用在接口上，分为入栈应用和出栈应用。

1. 学习目标

（1）了解 ACL 的工作方式和工作过程。

（2）了解标准 IP 访问控制列表与扩展 IP 访问控制列表的区别。

（3）掌握定义、应用标准 ACL 的方法。

2. 应用情境

随着大规模开放式网络的开发，网络面临的威胁越来越多。为了业务的发展，必须开启对网络资源的访问权限，又必须确保数据和资源尽可能安全，网络安全问题一度成为网络管理员最头疼的问题。网络安全采用的技术有很多，通过 ACL 对数据流进行过滤，是实现基本的网络安全手段之一。

3. 实训要求

（1）设备要求。

① 1 台 2811 路由器，1 台 2950-24 交换机，3 台计算机。

② 3 条直通线，1 条交叉线。

（2）实训拓扑图如图 3-20。

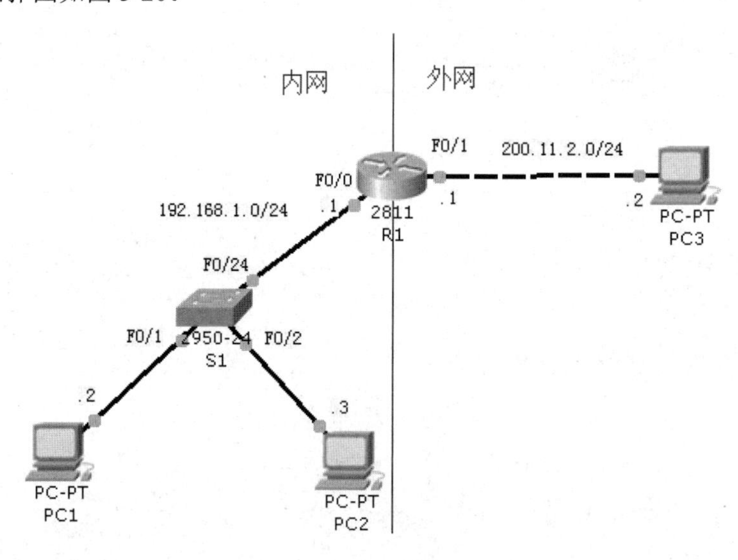

图 3-20　实训拓扑图

（3）配置要求见表 3-24 和表 3-25。

表 3-24　计算机配置

设备名称	IP 地址/子网掩码	网关	接口连接
PC1	192.168.1.2/24	192.168.1.1	见图 3-21
PC2	192.168.1.3/24	192.168.1.1	
PC3	200.11.2.2/24	200.11.2.1	

表 3-25　路由器配置

设备名称	F0/0	F0/1	接口连接
R1	192.168.1.1/24	200.11.2.1/24	见图 3-21

4．实训效果

标准 IP 访问控制列表

“PC1”计算机能 Ping 通“PC3”计算机，“PC2”计算机不能 Ping 通“PC3”计算机。

5．详细步骤

（1）根据如图 3-20 所示的实训拓扑图，添加 1 台 2811 路由器和 2 台计算机，连接设备并修改设备名称。

（2）按实训要求设置“PC1”“PC2”“PC3”计算机的 IP 地址、子网掩码和网关。

（3）进入“R1”路由器的 IOS 命令行界面，更改路由器名称，配置接口 IP 地址和子网掩码，打开对应接口。

```
Router>en                          //进入特权用户配置模式
Router#conf t                      //进入全局配置模式
Router(config)#hostname R1         //将路由器命名为R1
R1(config)#int f0/0                //进入接口配置模式
R1(config-if)#ip add 192.168.1.1 255.255.255.0
                                   //为接口配置IP地址和子网掩码
R1(config-if)#no shut              //开启接口
R1(config-if)#exit                 //退出接口配置模式
R1(config)#int f0/1                //进入接口配置模式
R1(config-if)#ip add 200.11.2.1 255.255.255.0
                                   //为接口配置IP地址和子网掩码
R1(config-if)#no shut              //开启接口
```

（4）分别测试“PC1”计算机与“PC3”计算机、“PC2”计算机与“PC3”计算机的连通性。测试结果为“PC1”计算机与“PC2”计算机能连通，“PC1”计算机与“PC3”能连通。

（5）在“R1”路由器的全局配置模式下创建标准 IP 访问控制列表，阻止“PC2”计算机访问“PC3”计算机。

```
R1(config-if)#exit                              //退出接口配置模式
R1(config)#access-list 1 deny host 192.168.1.3
//定义标准访问列表1，拒绝某个IP地址
R1(config)# access-list 1 permit any
///定义标准访问列表1，允许所有数据包通过路由器
R1(config)#
```

或

```
R1(config-if)#exit
R1(config)#ip access-list standard 1            //定义标准访问列表1
R1(config-std-nacl)#deny host 192.168.1.3       //拒绝某个IP地址
R1(config-std-nacl)#permit any                  //允许所有数据包通过路由器
R1(config-std-nacl)#
/*只创建了列表，没有应用到具体的接口。此时“PC2”与“PC3”计算机还能连通*/
```

（6）在“R1”路由器的特权用户配置模式下使用“show ip access-lists”命令，查看创建的访问控制列表。

```
R1#show ip access-lists            //显示访问控制列表
```

```
Standard IP access list 1          //标准访问控制列表，列表号为1
   deny host 192.168.1.3
   permit any
R1#
```

（7）把创建的标准 IP 访问控制列表应用到与控制源地址最近“R1”路由器的 F0/1 接口。

```
R1(config)#int f0/1                //进入接口模式
R1(config-if)#ip access-group 1 out
//将访问列表1应用于F0/1接口以过滤出站流量
R1(config-if)#
```

（8）在“R1”路由器的特权用户配置模式下使用“show running-config”命令，查看访问控制列表应用情况。

```
R1#show running-config             //显示配置信息
省略…
interface FastEthernet0/1
 ip address 200.11.2.1 255.255.255.0
 ip access-group 1 out             //访问控制列表1已应用到F0/1接口上
 duplex auto
 speed auto
!
interface FastEthernet0/0
 ip address 192.168.1.1 255.255.255.0
 duplex auto
 speed auto
!
access-list 1 deny host 192.168.1.3
access-list 1 permit any
省略…
R1#write                           //将所做的配置保存到内存
Building configuration...
[OK]
R1#
```

（9）再次测试“PC1”计算机与“PC3”计算机、“PC2”计算机与“PC3”计算机的连通性。测试结果为“PC1”计算机与“PC3”计算机连通，而“PC2”计算机与“PC3”计算机不连通。

6. 相关命令

相关命令见表 3-26。

表 3-26 相关命令

命令	access-list [访问列表编号] {deny|permit} [源地址] [通配符] [log]
功能	定义标准 ACL
参数	deny：匹配条件时拒绝访问 permit：匹配条件时准许访问 源地址：发送数据包的网络号或主机号 通配符：与源地址相对应
模式	全局配置模式
实例	略（见本书实训）

续表

命令	ip access-group 访问列表编号 {in | out}
功能	将标准访问列表应用到某个接口
参数	访问列表编号：1～99、1300～1999
模式	全局配置模式
实例	略（见本书实训）

7．实训巩固

根据如图 3-21 所示的实训巩固拓扑图，使用 RIP 动态路由技术实现各台计算机的连通，然后利用标准 IP 访问控制列表配置，实现“PC1”计算机与“PC3”计算机连通，“PC2”计算机与“PC3”计算机不连通。

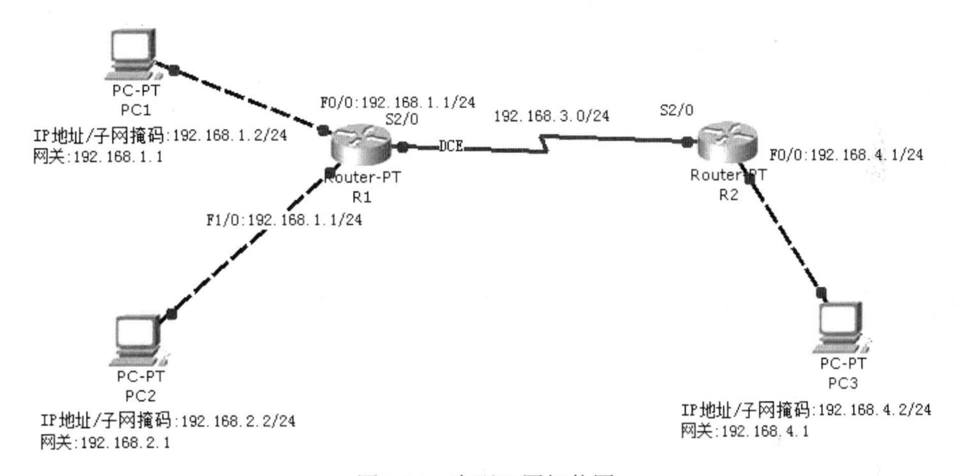

图 3-21　实训巩固拓扑图

3.10　扩展 IP 访问控制列表

预备知识

请参考“3.9 标准 IP 访问控制列表”小节内容。

1．学习目标

（1）了解 ACL 的工作方式和工作过程。

（2）了解标准 IP 访问控制列表与扩展 IP 访问控制列表的区别。

（3）掌握定义扩展 ACL 的方法。

（4）掌握应用扩展 ACL 的方法。

2．应用情境

与“3.9 标准 IP 访问控制列表”小节内容相同。

3．实训要求

（1）实训设备。

① 1 台 2811 路由器，1 台 2950-24 交换机，2 台计算机，1 台服务器。

② 3 条直通线，1 条交叉线。

（2）实训拓扑图如图 3-22 所示。

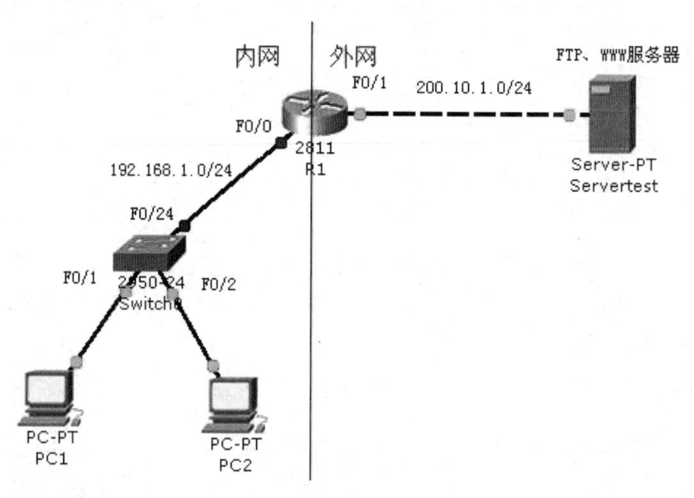

图 3-22　实训拓扑图

（3）配置要求见表 3-27 和表 3-28。

表 3-27　计算机配置

设备名称	IP 地址/子网掩码	网关	接口连接
PC1	192.168.1.2/24	192.168.1.1	见图 3-22
PC2	192.168.1.3/24	192.168.1.1	
Servertest	200.10.1.2/24	200.10.1.1	

表 3-28　路由器配置

设备名称	F0/0	F0/1	接口连接
R1	192.168.1.1/24	200.10.1.1/24	见图 3-22

4. 实训效果

“PC1”计算机能访问“Servertest”服务器的 WWW 服务及其他服务；“PC2”计算机不能访问“Servertest”服务器的 WWW 服务，但能访问其他服务。

5. 详细步骤

扩展 IP
访问控制列表

（1）根据如图 3-22 所示的实训拓扑图，添加 1 台 2811 路由器、1 台 2950-24 交换机、2 台计算机和 1 台 Server-PT 服务器，连接设备并修改设备名称。

（2）按表 3-27 和表 3-28 所示的配置要求，配置设备的 IP 地址、子网掩码和网关。

（3）进入“R1”路由器的 IOS 命令行界面，更改路由器名称，配置接口 IP 地址和子网掩码，并打开对应的接口。

```
Router>enable
Router#conf t
Router(config)#hostname R1
R1(config)#int f0/0
R1(config-if)#ip add 192.168.1.1 255.255.255.0
R1(config-if)#no shut
```

```
R1(config-if)#exit
R1(config)#int f0/1
R1(config-if)#ip add 200.10.1.1 255.255.255.0
R1(config-if)#no shut
```

（4）分别测试“PC1”计算机与“Servertest”服务器、“PC2”计算机与“Servertest”服务器的连通性，测试结果为均能连通。

（5）分别通过“PC1”“PC2”计算机的“Web 浏览器”界面访问“Servertest”服务器的 WWW 服务（http://200.10.1.2），经测试均能访问。

（6）在“R1”路由器的全局配置模式下创建扩展 IP 访问控制列表，阻止“PC2”计算机访问“Servertest”服务器的 WWW 服务。

```
R1(config-if)#exit
R1(config)#ip access-list extended 100
R1(config-ext-nacl)# deny tcp host 192.168.1.3 host 200.10.1.2 eq www
R1(config-ext-nacl)#permit ip any any
R1(config-ext-nacl)#
```

（7）在“R1”路由器的特权用户配置模式下使用“show ip access-lists”命令，查看创建的访问控制列表。

```
R1(config-ext-nacl)#^Z
R1#
R1#show ip access-lists
Extended IP access list 100
   deny tcp host 192.168.1.3 host 200.10.1.2 eq www
   permit ip any any
R1#
```

（8）把创建的扩展 IP 访问控制列表应用到与控制目的地址最近路由器“R1”的 F0/1 接口。

```
R1#conf t
R1(config)#int f0/0
R1(config-if)#ip access-group 100 in
R1(config-if)#^Z
R1#
```

（9）在“R1”路由器的特权用户配置模式下使用“show running-config”命令，查看访问控制列表应用情况。

```
R1#show running-config
省略…
interface FastEthernet0/0
 ip address 192.168.1.1 255.255.255.0
ip access-group 100 in
 duplex auto
 speed auto
!
interface FastEthernet0/1
 ip address 200.10.1.1 255.255.255.0
duplex auto
 speed auto
```

```
!
//省略...
access-list 100 deny tcp host 192.168.1.3 host 200.10.1.2  eq www
access-list 100 permit ip any any
!
```

（10）分别通过“PC1”“PC2”计算机的“Web 浏览器”界面访问“Servertest”服务器的 WWW 服务（http://200.10.1.2），发现“PC1”计算机能访问“Servertest”服务器的 WWW 服务，而“PC2”计算机已经无法访问“Servertest”服务器的 WWW 服务。

（11）分别测试“PC1”计算机与“Servertest”服务器、“PC2”计算机与“Servertest”服务器的连通性。经测试均能连通。

6. 相关命令

相关命令见表 3-29。

表 3-29　常用命令

命令	access-list [访问列表编号] {deny|permit}[协议][源地址][目标地址] [通配符] [接口或应用协议]
功能	定义扩展 ACL
参数	Deny：匹配条件时拒绝访问 permit：匹配条件时准许访问 源地址：发送数据包的网络号或主机号 通配符：跟源地址相对应
模式	全局配置模式
实例	略（见本书实训）
命令	ip access-group 访问列表编号 {in | out}
功能	将标准 IP 访问列表应用到某个接口
参数	访问列表编号：1～99、1300～1999
模式	全局配置模式
实例	略（见本书实训）

7. 实训巩固

根据如图 3-23 所示的实训巩固拓扑图，使用动态路由 RIP 配置来实现网络连通，然后利用扩展 IP 访问控制列表配置实现“PC1”与“PC3”计算机连通，“PC2”与“PC3”计算机不连通。（提示：Ping 属于 ICMP 协议）

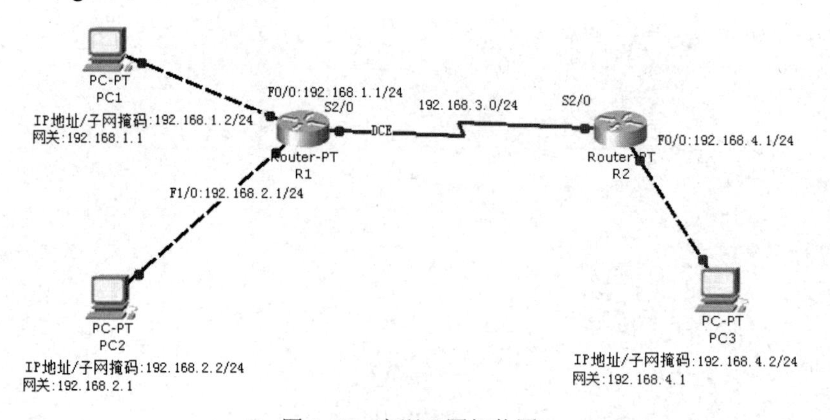

图 3-23　实训巩固拓扑图

3.11　命名访问控制列表配置

预备知识

命名访问控制列表是创建标准访问控制列表和扩展访问控制列表的另一种方法。在大型企业网中，访问列表的管理会变得十分艰难。例如，当需要修改一个访问列表时，经常要将访问列表复制到一个文本编辑器中，修改号码并编辑列表，然后将新的列表复制到路由器中。这样就可以只简单地将接口上的访问列表的旧号码修改为新号码。

在创建和应用标准或扩展访问控制列表时，都允许使用命名访问控制列表。命名访问控制列表让人能够看到其名称就能大概了解其用途。

1. 学习目标

（1）了解命名 ACL、标准 ACL 和扩展 ACL 的区别。

（2）掌握创建命名 ACL 的步骤。

（3）掌握 ACL 列表应用环境的命名方法。

2. 应用情境

假如在路由器上查看访问列表时，发现了一个长度是 33 行的访问列表 177（扩展的访问列表），这可能让你产生很多疑问。它是因什么目的而设置的呢？它为什么在这里？访问列表应用在账务室，名称为什么不用“财务室”而用数字“177”？

命名 ACL 允许在标准 ACL 或扩展 ACL 中，使用字符串代替前面所使用的数字来表示 ACL。命名 ACL 还可以被用来从某一特定的 ACL 中删除个别的控制条目，让网络管理员易于修改 ACL。

3. 实训要求

（1）实训设备。

① 1 台 2811 路由器，1 台 2950-24 交换机。

② 1 台计算机，1 台 Server-PT 服务器。

③ 4 条直通线，1 条交叉线。

（2）实训拓扑图如图 3-24 所示。

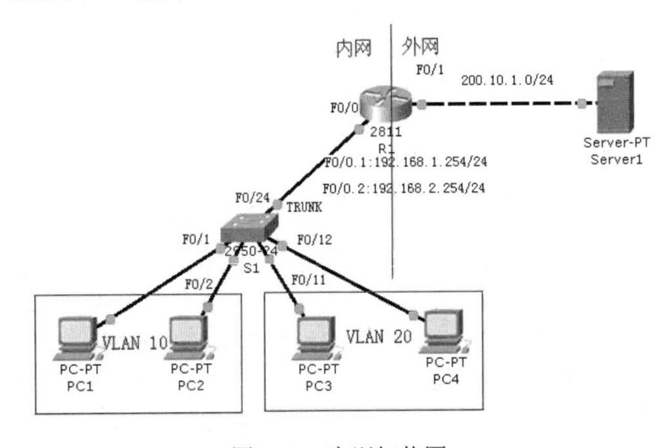

图 3-24　实训拓扑图

（3）配置要求见表 3-30～表 3-32。

表 3-30 计算机配置

设备名称	IP 地址/子网掩码	网关	接口连接
PC1	192.168.1.1/24	192.168.1.254	见图 3-24
PC2	192.168.1.2/24	192.168.1.254	
PC3	192.168.2.1/24	192.168.2.254	
PC4	192.168.2.2/24	192.168.2.254	

表 3-31 路由器配置

设备名称	F0/0.1	F0/0.2	F0/1	接口连接
R1	192.168.1.254/24	192.168.2.254/24	200.10.1.1/24	见图 3-24

表 3-32 服务器配置

设备名称	IP 地址/子网掩码	网关	开启的服务	接口连接
Server1	200.10.1.2/24	200.10.1.1	WWW	见图 3-29

4. 实训效果

“PC1”“PC2”计算机能访问“Server1”服务器的 WWW 服务，但“PC3”“PC4”计算机不能访问“Server1”服务器的 WWW 服务。

5. 实训思路

（1）按照如图 3-24 所示的实训拓扑图添加设备，连接设备并修改设备名称，设置各台计算机的 IP 信息。

（2）二层交换机创建 VLAN，接口加入 VLAN，并将 F0/24 接口设置为 Trunk 模式

（3）配置路由器，为路由器的 F0/0.1、F0/0.2、F0/1 这 3 个接口设置相应的 IP 地址及子网掩码。

（4）配置 Server-PT 服务器的 IP 信息，并开启 WWW 服务。

（5）配置命名 ACL，并应用命名 ACL。

命名访问控制列表配置 1

命名访问控制列表配置 2

6. 详细步骤

（1）根据如图 3-24 所示的实训拓扑图，添加 1 台 2811 路由器、1 台 2950-24 交换机、1 台计算机和 1 台 Server-PT 服务器，连接设备并修改设备名称。

（2）按实训要求设置“PC1”“PC2”“PC3”“PC4”计算机和“Server1”服务器的 IP 地址、子网掩码及网关。

（3）进入“S1”交换机的 IOS 命令行界面，更改交换机名称。

```
Switch>enable                          //进入特权用户配置模式
Switch#conf t                          //进入全局配置模式
Switch(config)#hostname S1             //将交换机的名称更改为S1
S1(config)#
```

（4）创建 VLAN 10、VLAN 20，将 F0/1～F0/10 接口划入 VLAN 10，将 F0/11～F0/23 接口划入 VLAN 20。

```
S1(config)#VLAN 10                     //创建VLAN 10
S1(config-VLAN)#name bg                //将VLAN 10命名为bg
```

```
S1(config-VLAN)#exit                  //退出命名模式
S1(config)#VLAN 20                    //创建VLAN 10
S1(config-VLAN)#name jx               //将VLAN 20命名为jx
S1(config-VLAN)#exit                  //退出命名模式
S1(config)#int range f0/1-10          //进入交换机的F0/11～F0/10接口
S1(config-if-range)#sw
S1(config-if-range)#switchport acc
S1(config-if-range)#switchport access VLAN 10
//将交换机的F0/1～F0/10号接口划入VLAN 10
S1(config-if-range)#exit              //退出
S1(config)#int range f0/11-23         //进入交换机的F0/11～F0/23接口
S1(config-if-range)#switchport access VLAN 20
//将交换机的F0/11～F0/23号接口划入VLAN 20
S1(config-if-range)#
```

（5）进入 F0/24 接口，配置接口模式为 Trunk 模式，并配置相应描述。

```
S1(config-if-range)#exit              //退出
S1(config)#int f0/24                  //进入F0/24接口
S1(config-if)#switchport mode trunk   //配置接口模式为Trunk模式
S1(config-if)#description linktoR1    //将F0/24接口命名为linktoR1
S1(config-if)#no shut                 //开启接口
S1(config-if)#
```

（6）进入“R1”路由器的 IOS 命令行界面，更改路由器名称，配置 F0/1 接口 IP 地址和子网掩码，并打开接口。

```
Router>enable                         //进入特权用户配置模式
Router#conf t                         //进入全局配置模式
Router(config)#hostname R1            //将路由器命名为R1
R1(config-if)#exit                    //退出
R1(config)#int f0/1                   //进入接口配置模式
R1(config-if)#ip add 200.10.1.1 255.255.255.0//配置F0/0接口的IP地址和子网掩码
R1(config-if)#no shut                 //开启接口
```

（7）进入“R1”路由器的 F0/0 接口，打开该接口并创建子接口 F0/0.1 和 F0/0.2，封装 DOT1Q 协议，绑定 VLAN 10 和 VLAN 20，并配置子接口 IP 地址和子网掩码。

```
R1(config-if)#exit                //退出
R1(config)#int f0/0               //进入F0/0接口
R1(config-if)#no shutdown         //开启接口
R1(config-if)#exit                //退出
R1(config)#int f0/0.1             //进入F0/0接口的子接口1
R1(config-subif)#
R1(config-subif)#encapsulation dot1Q 10
//配置将子接口为VLAN 10，封装格式为802.1Q
R1(config-subif)#ip add 192.168.1.254 255.255.255.0
//配置子接口的IP地址和子网掩码
R1(config-subif)#no shut          //开启接口
R1(config-subif)#exit             //退出
R1(config)#int f0/0.2  进入F0/0接口的子接口2
R1(config-subif)#encapsulation dot1Q 20
```

```
//配置将子接口为VLAN 20，封装格式为802.1Q
R1(config-subif)#ip add 192.168.2.254 255.255.255.0
//配置子接口的IP地址和子网掩码
R1(config-subif)#no shut          //开启接口
R1(config-subif)#
```

（8）分别使用 Ping 命令在“PC1”“PC2”“PC3”“PC4”计算机测试与“Server1”服务器的连通性，经测试均能连通。

（9）分别在“PC1”“PC2”“PC3”“PC4”计算机的“Web 浏览器”界面访问“Server1”服务器的 WWW 服务（http://200.10.1.2），经测试均能访问。

（10）在“R1”路由器的全局配置模式下创建命名访问控制列表，阻止 VLAN 20 网段的计算机访问外网 WWW 服务。

```
R1(config-subif)#exit                              //退出
R1(config)#ip access-list extended denywww  //定义扩展访问列表denywww
R1(config-ext-nacl)#deny tcp 192.168.2.0 0.0.0.255 any eq www
//拒绝192.168.2.0网段的PC访问WWW服务
R1(config-ext-nacl)#permit ip any any
//允许任何所有
R1(config-ext-nacl)# ^Z      //按“Ctrl+Z”组合键，返回特权用户配置模式
```

（11）在特权用户配置模式下查看创建的访问控制列表。

```
R1#show ip access-lists                        //显示创建的访问控制列表信息
Extended IP access list denywww
//扩展访问控制列表denywww的信息
10 deny tcp 192.168.2.0 0.0.0.255 any eq www
20 permit ip any any
R1#
```

（12）把创建的命名访问控制列表应用到与控制目的地址最近的“R1”路由器 F0/1 接口上。

```
R1#conf t                                      //进入全局配置模式
R1(config)#int f0/1                            //进入接口配置模式
R1(config-if)#ip access-group denywww out //在接口处应用访问控制列表denywww
R1(config-if)#
```

（13）再次使用“PC1”“PC2”“PC3”“PC4”计算机访问“Server1”服务器的 WWW 服务，此时“PC3”计算机和“PC4”计算机不能访问“Server1”服务器的 WWW 服务，测试结果如图 3-25～图 3-28 所示。

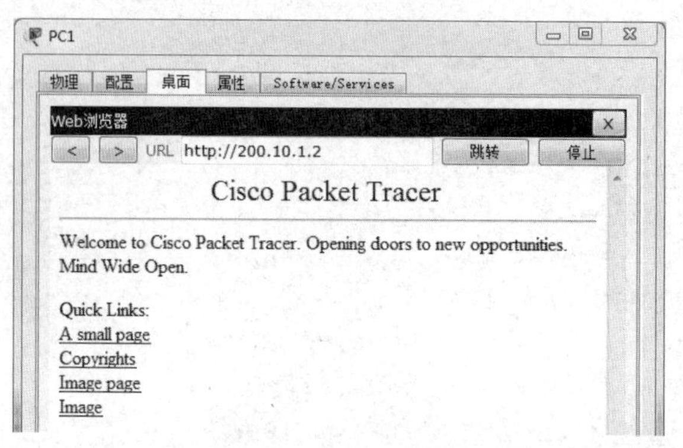

图 3-25 “PC1”计算机访问“Server1”服务器的 WWW 服务

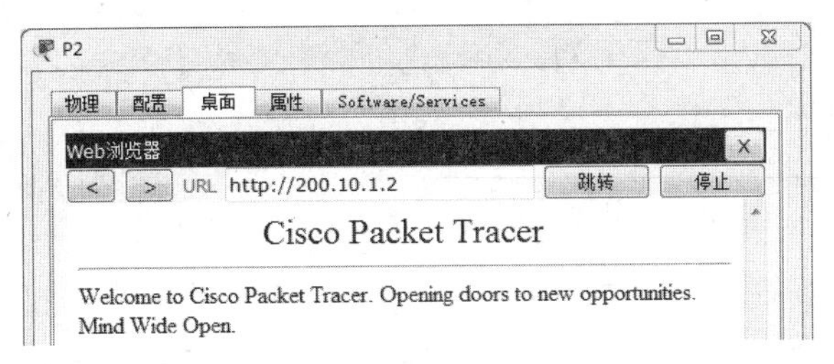

图 3-26　“PC2”计算机访问“Server1”服务器的 WWW 服务

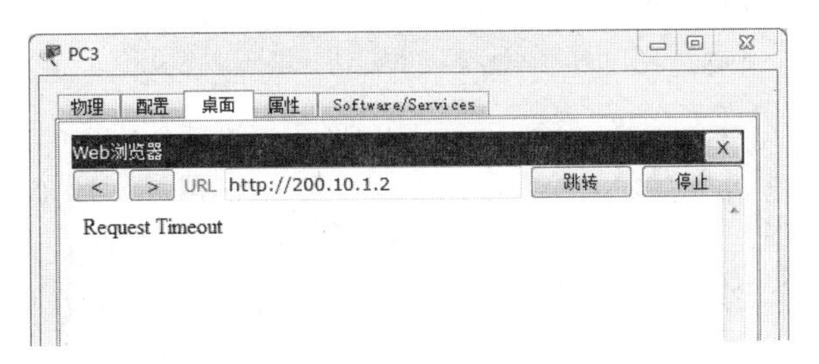

图 3-27　“PC3”计算机访问“Server1”服务器的 WWW 服务

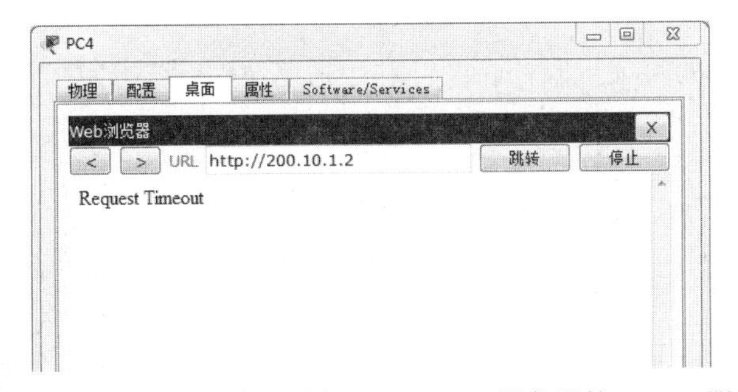

图 3-28　“PC4”服务器访问“Server1”服务器的 WWW 服务

7. 相关命令

相关命令见表 3-33。

表 3-33　相关命令

命令	Ip access-list {standard | extended } 名称
功能	定义命名 ACL
参数	名称为 ACL 的名称
模式	全局配置模式
实例	略（见本书实训）
命令	ip access-group 访问列表名称 {in | out}
功能	将命名访问控制列表应用到某个接口
参数	访问列表名称为 ACL 的名称
模式	全局配置模式
实例	略（见本书实训）

8. 相关知识

ACL 的工作过程。

（1）无论在路由器上是否命名 ACL，接收到数据包的处理方法都是一样的。当数据包进入某个入站口时，路由器首先会对其进行检查，查其是否可路由，如果不可路由，那么就丢弃该数据包。可通过查询路由表，发现该路由的 AD、METRIC 及对应的出接口等详细信息。

（2）我们假定该数据包是可路由的，并且已经顺利完成了第一步，找出了将其送出站的接口，此时路由器会检查该出站口是否被编入 ACL。如果没有编入 ACL，那么数据包将直接从该接口送出；如果该接口编入了 ACL，那么就需要进一步执行。路由器将按照从上到下的顺序依次把该数据和 ACL 进行匹配，当发现与其中的某条 ACL 相匹配时，将会根据该 ACL 指定的操作对数据进行相应处理（允许或拒绝），并停止继续查询匹配；当查到 ACL 的最末尾，仍未找到匹配项，那么将会调用 ACL 最末尾的一条隐含命句“deny any”来将该数据包丢弃。

对于 ACL，从工作原理上来看，可以分成两种类型。

① 入站 ACL。

② 出站 ACL。

上面所述的工作过程的解释是针对出站 ACL，它是在数据包进入路由器并路由选择找到出接口后进行的匹配操作，而入站 ACL 是指当数据刚进入路由器接口时进行的匹配操作。入站 ACL 省略了路由过程，减少了查表过程。无论应用入站 ACL 还是出站 ACL，需要根据实际情况而定。

9. 实训巩固

根据如图 3-29 所示的实训巩固拓扑图，利用命名 ACL 实现图中的功能。

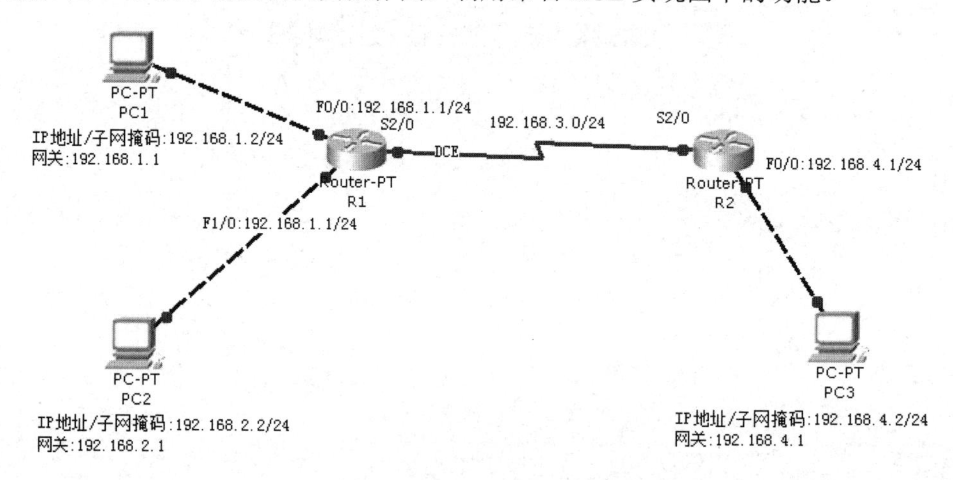

图 3-29　实训巩固拓扑图

3.12　接口多路复用 PAT 配置

预备知识

PAT 能够实现一个公网地址和一个私网地址之间的映射。当源主机发送消息到目的主机时，将结合 IP 地址和接口号来跟踪每次会话。在 PAT 中，网关路由器将本地源地址和接口号转换为一个全局 IP 地址及一个大于 1024 的唯一接口号。

路由器中的一张表列出了转换为外部地址的内部 IP 地址和接口号的组合。虽然每台主机都转换为了同一个全局 IP 地址，但是每个会话关联的接口号却是唯一的。由于可用的接口超过 64000 个，因此在实际应用中路由器不太可能用尽地址。

企业网络和家庭网络均能使用 PAT 功能。PAT 内置于集成路由器中，默认为启用状态。

1．学习目标

（1）掌握 PAT 的特征。

（2）掌握 PAT 的配置与调试。

2．应用情境

接口多路复用是指改变外出数据包的源接口并进行接口转换，即接口地址转换。采用接口多路复用方式，内部网络的所有主机均可共享一个合法的外部 IP 地址，实现对互联网的访问，从而最大限度地节约 IP 地址资源，同时又可隐藏网络内部的所有主机，有效避免来自互联网的攻击。

3．实训要求

（1）实训设备。

① 2 台 Router-PT 路由器。

② 1 台 2950-24 交换机。

③ 1 台 Server-PT 服务器。

④ 2 台计算机。

⑤ 3 条直通线，1 条交叉线，1 条串口线。

（2）实训拓扑如图 3-30 所示。

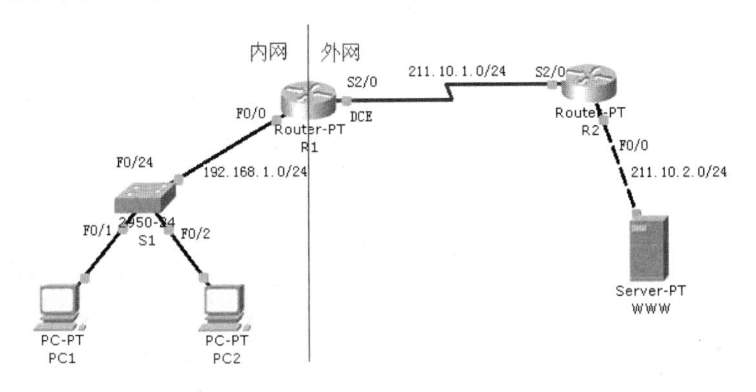

图 3-30　实训拓扑图

（3）配置要求见表 3-34～表 3-36。

表 3-34　计算机配置

设备名称	IP 地址/子网掩码	网关	接口连接
PC1	192.168.1.2/24	192.168.1.1	见图 3-30
PC2	192.168.1.3/24	192.168.1.1	

表 3-35　路由器配置

设备名称	F0/0	S2/0	接口连接
R1	192.168.1.1/24	211.10.1.1/24	见图 3-30
R2	211.10.2.1/24	211.10.1.2/24	

表 3-36　服务器配置

设备名称	IP 地址/子网掩码	服务	网关	接口连接
Servertest	211.10.2.2/24	WWW	211.10.2.1	见图 3-30

4. 实训效果

内网的“PC1”“PC2”计算机能够访问外网的 WWW 服务。

5. 实训思路

（1）根据实训拓扑图添加相应的设备，连接设备并修改设备名称，配置各计算机的 IP 地址信息。

（2）配置“WWW”服务器的 IP 地址、子网掩码和网关。

（3）在“R1”路由器上配置接口 IP 地址，打开对应接口并配置静态路由。

（4）在“R2”路由器上配置接口 IP 地址，打开对应接口并配置静态路由。

（5）在“R1”路由器上定义 NAT 内网接口和外网接口。

（6）在“R1”路由器上创建允许访问外网的标准访问控制列表及转换外网地址池，并在全局配置模式下创建 PAT。

6. 详细步骤

接口多路复用 PAT 配置

（1）根据如图 3-30 所示的实训拓扑图，添加 2 台 Router-PT 路由器、1 台 2950-24 交换机、1 台 Server-PT 服务器和 2 台计算机，连接设备并修改设备名称。

（2）按实训要求配置“PC1”计算机、“WWWServer”服务器的 IP 地址、子网掩码和网关。

（3）进入“R1”路由器的 IOS 命令行界面，更改路由器名称，配置接口 IP 地址和子网掩码，并打开对应接口。

```
Router>en                          //进入特权用户配置模式
Router#conf t                      //进入全局配置模式
Router(config)#hostname R1         //将路由器命名为R1
R1(config)#int f0/0                //进入接口配置模式
R1(config-if)#ip add 192.168.1.1 255.255.255.0
//配置接口IP地址和子网掩码
R1(config-if)#no shut              //开启接口
R1(config-if)#exit                 //退出
R1(config)#int s2/0                //进入串口模式
R1(config-if)#ip add 211.10.1.1 255.255.255.0
//配置串口IP地址和子网掩码
R1(config-if)#clock rate 9600      //设置串口速率为9600
R1(config-if)#no shut              //开启串口
R1(config-if)#
```

（4）在“R1”路由器上配置静态路由，添加到网段 211.10.2.0 网段的路由。

```
R1(config-if)#exit                 //退出串口模式
R1(config)#ip route 211.10.2.0 255.255.255.0 211.10.1.2
//配置静态路由
R1(config)#
```

（5）用同样的方法进入“R2”路由器的 IOS 命令行界面，更改路由器名称，配置接口 IP 地址和子网掩码，打开对应接口，并添加到网段 192.168.1.0 的静态路由。

```
Router>en                          //进入特权用户配置模式
Router#conf t                      //进入全局配置模式
Router(config)#hostname R2         //将路由器命名为R2
R2(config)#int f0/0                //进入接口配置模式
R2(config-if)#ip add 211.10.2.1 255.255.255.0
```

```
//配置接口IP地址和子网掩码
R2(config-if)#no shut                //开启接口
R2(config-if)#int s2/0               //进入串口
R2(config-if)#ip add 211.10.1.2 255.255.255.0
//配置接口IP地址和子网掩码
R2(config-if)#no shut                //开启串口
R2(config-if)#exit                   //退出串口模式
R2(config)#ip route 192.168.1.0 255.255.255.0 211.10.1.1
//配置静态路由
R2(config)#
```

（6）分别使用“PC1”“PC2”计算机访问“WWW”服务器（http://211.10.2.2）。经测试均能访问 WWW 服务器。

小贴士：

实际环境中，由于“PC1”和“PC2”计算机的 IP 地址为局域网保留地址，在实现 PAT 前不能访问外网的“WWW”服务器。

（7）在“R1”路由器上的接口配置模式下定义 NAT 的内网口和外网口。

```
R1(config)#int f0/0                  //进入接口配置模式
R1(config-if)#ip nat inside          //配置NAT内部接口
R1(config-if)#exit                   //退出接口配置模式
R1(config)#int s2/0                  //进入串口模式
R1(config-if)#ip nat outside         //配置NAT外部接口
R1(config-if)# exit
```

（8）在“R1”路由器上创建允许访问外网的标准访问控制列表及转换外网地址池，并在全局配置模式下创建 PAT。

```
R1(config)#ip access-list standard 10  //创建标准访问列表10
R1(config-std-nacl)#permit 192.168.1.0 0.0.0.255
//允许192.168.1.0网段的数据包通过路由器R1
R1(config-std-nacl)#exit
R1(config)#ip nat pool to_internet 211.10.1.1 211.10.1.1 netmask
255.255.255.0
//定义内部全局地址池to_internet
R1(config)#ip nat inside source list 10 pool to_internet overload
//为内部本地调用转换地址池to_internet
R1#
```

（9）再次使用“PC1”“PC2”计算机访问“WWW”服务器（http://211.10.2.2）。经测试均能访问 WWW 服务器，访问结果如图 3-31 和图 3-32 所示。

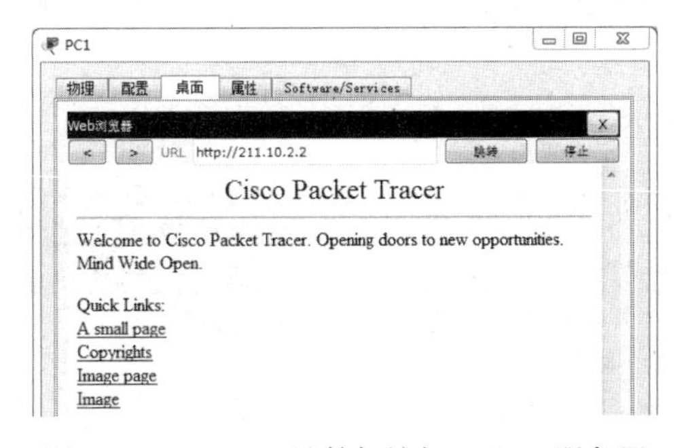

图 3-31　“PC1”计算机访问 WWW 服务器

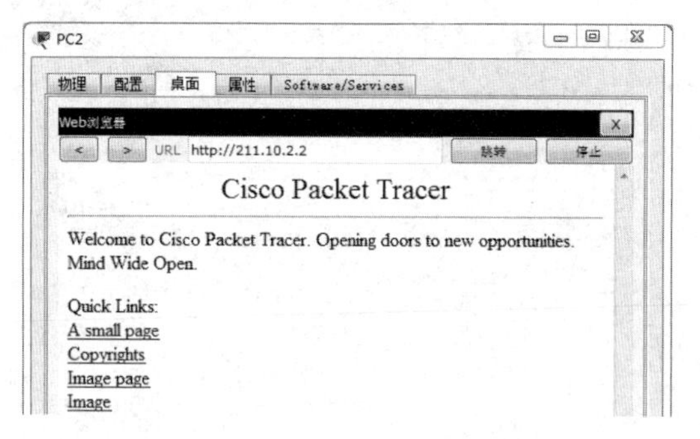

图 3-32 "PC1"计算机访问 WWW 服务器

（10）访问"WWW"服务器后，在"R1"路由器的 IOS 命令行界面中使用"show ip nat translations"或"show ip nat statistics"命令，查看接口复用信息。

```
R1#show ip nat translations          //显示接口复用信息
Pro  inside global      inside local       outside local      outside global
tcp 211.10.1.1:1028    192.168.1.3:1028   211.10.2.2:80      211.10.2.2:80
tcp 211.10.1.1:1029    192.168.1.2:1029   211.10.2.2:80      211.10.2.2:80
tcp 211.10.1.1:1030    192.168.1.2:1030   211.10.2.2:80      211.10.2.2:80
R1#
```

或

```
R1#show ip nat statistics            //显示接口复用信息
Total translations: 3 (0 static, 3 dynamic, 3 extended)
outside Interfaces: Serial2/0
inside Interfaces: FastEthernet0/0
Hits: 28  Misses: 11
Expired translations: 8
Dynamic mappings:
-- inside Source
access-list 10 pool to_internet refCount 3
 pool to_internet: netmask 255.255.255.0
      start 211.10.1.1 end 211.10.1.1
      type generic, total addresses 1 , allocated 1 (100%), misses 0
R1#
```

7. 相关命令

相关命令见表 3-37。

表 3-37 相关命令

命令	ip nat outside
功能	配置 NAT 外部接口
参数	无
模式	接口配置模式
实例	略（见本书实训）
命令	ip nat pool [pool-name] [start-ip] [end-ip] netmask [netmask]
功能	定义一个地址池，用于转换地址
参数	pool-name：地址池的名称 start-ip：地址池的起始 IP end-ip：地址池的结束 IP netmask：子网掩码

续表

命令	ip nat pool [pool-name] [start-ip] [end-ip] netmask [netmask]
模式	全局配置模式
实例	略（见本书实训）
命令	ip nat inside source list [access-list-number] pool [pool-name] overload
功能	将符合访问控制列表条件的内部本地地址转换到地址池中内部全局地址
参数	pool-name：地址池的名称 access-list-number：访问控制列表号
模式	全局配置模式
实例	略（见本书实训）
命令	ip nat inside
功能	配置 NAT 内部接口
参数	无
模式	接口配置模式
实例	略（见本书实训）

8. 实训巩固

参考如图 3-30 所示的实训拓扑图，采用动态 RIP 路由协议完成 PAT 配置。

3.13 静态 NAT 配置

预备知识

网络地址转换（Network Address Translation，NAT）是一个 IETF 标准，允许一个机构以一个地址出现在互联网上。NAT 技术使得一个私有网络可以通过互联网注册 IP 地址并连接到外部世界，位于 inside 网络和 outside 网络中的 NAT 路由器在发送数据包之前，将内部网络的 IP 地址转换成一个合法 IP 地址，反之亦然。它也可以应用到防火墙技术中，把个别 IP 地址隐藏起来不被外界发现，对内部网络设备起到保护作用。同时，它还帮助网络可以摆脱实际 IP 地址的限制，合理安排网络中的公有 IP 地址和私有 IP 地址的使用。

NAT 有 3 种类型：静态 NAT、动态 NAT 和 NAT 过载。

在静态 NAT 中，内部网络中的每台主机 IP 地址都会被永久映射成外部网络中的某个合法的 IP 地址。静态地址转换将内部本地 IP 地址与内部全局 IP 地址进行一对一的转换。如果内部网络有 E-mail 服务器或 FTP 服务器等可以为外部用户提供的服务，那么这些服务器的 IP 地址应当采用静态地址转换，以便外部用户可以访问这些服务。

动态 NAT 首先要定义合法的地址池，然后采用动态分配的方法映射到内部网络。动态 NAT 是动态一对一的映射。

NAT 过载是把内部地址映射到外部网络 IP 地址的不同接口上，从而实现多对一的映射。

1. 学习目标

（1）了解 NAT 的作用及 NAT 的类型。

（2）了解静态 NAT 的特征。

（3）掌握静态 NAT 基本的配置和调试方法。

2．应用情境

静态 NAT 将一个内部本地 IP 地址映射为一个全局或公有 IP 地址。这样的映射可确保特定的内部本地 IP 地址始终与同一个公有 IP 地址相关联。静态 NAT 可确保外部设备始终能对内部设备进行访问。例如，对外界开放的 Web 服务器和 FTP 服务器。

3．实训要求

（1）实训设备。

① 1 台 2950-24 交换机。

② 1 台 Server-PT 服务器。

③ 1 台计算机。

④ 2 台 Router-PT 路由器。

⑤ 2 条直通线，1 条交叉线，1 条串口线。

（2）实训拓扑图如图 3-33 所示。

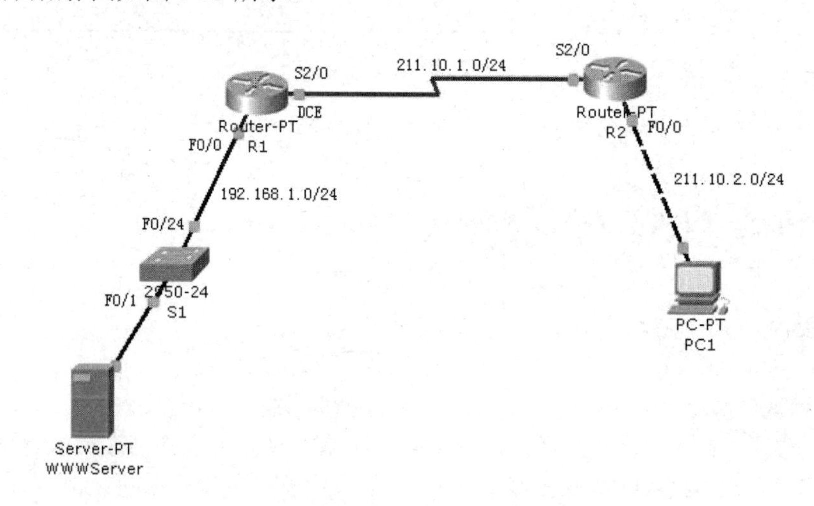

图 3-33　实训拓扑图

（3）配置要求见表 3-38～表 3-40。

表 3-38　计算机配置

设备名称	IP 地址/子网掩码	网关	接口连接
PC1	211.10.2.2/24	211.10.2.1	见图 3-33

表 3-39　路由器配置

设备名称	F0/0	S2/0	接口连接
R1	192.168.1.254/24	211.10.1.1/24	见图 3-33
R2	211.10.2.1/24	211.10.1.2/24	

表 3-40　服务器配置

设备名称	IP 地址/子网掩码	服务	网关	接口连接
WWWServer	192.168.1.1/24	WWW	192.168.1.254	见图 3-33

4．实训效果

计算机可以通过内部全局地址（211.10.1.1）访问 WWW 服务器。

5. 实训思路

（1）确定外部用户使用哪个公有 IP 地址来访问内部设备/服务器。对于静态 NAT，网络管理员倾向于使用地址范围开头或结尾的地址。

（2）将内部（私有）地址转换为公有地址。

（3）配置内部接口和外部接口。

6. 详细步骤

静态 NAT 配置

（1）根据如图 3-33 所示的实训拓扑图，添加 2 台 Router-PT 路由器、1 台 2950-24 交换机、1 台 Server-PT 服务器和 1 台计算机，按图连接设备并修改设备名称。

（2）按实训要求设置计算机的 IP 地址、子网掩码及网关。

（3）进入“R1”路由器的 IOS 命令行界面，更改路由器名称，配置接口 IP 地址和子网掩码，并打开对应接口。

```
Router>enable                              //进入特权用户配置模式
Router#conf t                              //进入全局配置模式
Router(config)#hostname R1                 //将路由器名称更改为R1
R1(config)#int f0/0                        //进入接口配置模式
R1(config-if)#ip add 192.168.1.254 255.255.255.0
//配置接口IP地址和子网掩码
R1(config-if)#no shut                      //开启接口
R1(config-if)#exit                         //退出接口配置模式
R1(config)#int s2/0                        //进入串口模式
R1(config-if)#ip add 211.10.1.1 255.255.255.0
//为串口配置IP地址和子网掩码
R1(config-if)#no shut                      //开启串口
R1(config-if)#clock rate 9600              //配置串口速率为9600
R1(config-if)#
```

（4）在“R1”路由器上配置静态路由，添加到网段 211.10.2.0 的静态路由。

```
R1(config-if)#exit                         //退出串口模式
R1(config)#ip route 211.10.2.0 255.255.255.0 211.10.1.2
//配置静态路由
R1(config)#
```

（5）用同样的方法进入“R2”路由器的 IOS 命令行界面，更改路由器名称，配置接口 IP 地址和子网掩码，打开对应接口并添加到网段 192.168.1.0 的静态路由。

```
Router>en                                  //进入特权用户配置模式
Router#conf t                              //进入全局配置模式
Router(config)#hostname R2                 //将路由器名称更改为R2
R2(config)#int f0/0                        //进入接口配置
模式
R2(config-if)#ip add 211.10.2.1 255.255.255.0
//配置接口IP地址和子网掩码
R2(config-if)#no shut                      //开启接口
R2(config-if)#int s2/0                     //进入串口模式
R2(config-if)#ip add 211.10.1.2 255.255.255.0
//为串口配置IP地址和子网掩码
R2(config-if)#no shut                      //开启串口
```

```
R2(config-if)#exit                          //退出串口模式
R2(config)#ip route 192.168.1.0 255.255.255.0 211.10.1.1
//配置静态路由
R2(config)#
```

（6）使用“PC1”计算机测试与“WWWServer”服务器的连通性，经测试为连通。

小贴士：

实际环境中，由于“WWWServer”服务器的 IP 地址为局域网保留地址，在实现 NAT 前不能访问外网的 WWW 服务。

（7）在“R1”路由器上的接口配置模式下定义 NAT 的内网口和外网口。

```
R1(config)#int f0/0                         //进入接口配置模式
R1(config-if)#ip nat inside                 //配置NAT内部接口
R1(config-if)#exit                          //退出
R1(config)#int s2/0                         //进入串口模式
R1(config-if)#ip nat outside                //配置NAT外部接口
R1(config-if)#
```

（8）在“R1”路由器上配置 NAT 静态地址转换，使访问外网地址 211.10.1.1 的地址转换为内网“WWWServer”服务器的 IP 地址 192.168.1.1。

```
R1(config-if)#exit                          //退出
R1(config)#ip nat inside source static 192.168.1.1 211.10.1.1
//配置内部本地IP地址与内部全局IP地址之间的静态转换
```

（9）在“PC1”计算机的“Web 浏览器”界面访问“R1”路由器的 S2/0 接口 IP 地址 211.10.1.1，路由器根据设置转换成“WWWServer”服务器的 IP 地址 192.168.1.1，从而访问“WWWServer”内网服务器的 WWW 服务。如图 3-34 所示。

（10）在“R1”路由器的特权用户配置模式下，使用“show ip nat translations”命令查看地址转换信息。

```
R1(config)#^Z                       //退出到特权用户配置模式
R1#show ip nat translations         //查看地址转换信息
Pro  inside global     inside local      outside local       outside global
---  211.10.1.1        192.168.1.1       ---                 ---
tcp 211.10.1.1:80      192.168.1.1:80    211.10.2.2:1025     211.10.2.2:1025
tcp 211.10.1.1:80      192.168.1.1:80    211.10.2.2:1026     211.10.2.2:1026
R1#
```

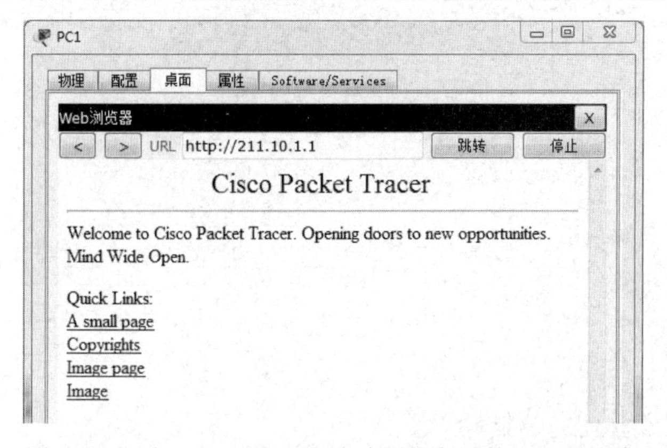

图 3-34　访问“WWWServer”内网服务器的 WWW 服务

7. 相关命令

相关命令见表 3-41。

表 3-41　相关命令

命令	ip nat inside
功能	配置 NAT 内部接口
参数	无
模式	接口配置模式
实例	略（见本书实训）
命令	ip nat outside
功能	配置 NAT 外部接口
参数	无
模式	接口配置模式
实例	略（见本书实训）
命令	ip nat inside source static [inside Local] [outside Glocal]
功能	inside Local 为内部本地地址 outside Glocal 为外部全局地址
参数	无
模式	全局配置模式
实例	略（见本书实训）

8. 实训巩固

按照如图 3-35 所示的实训巩固拓扑图，通过配置动态 RIP 协议，实现静态 NAT 功能。

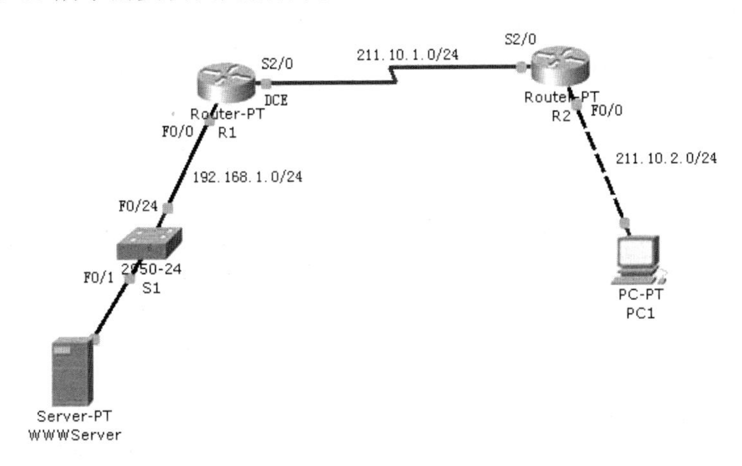

图 3-35　实训巩固拓扑图

3.14　路由重发布

预备知识

重发布是指将一种路由选择协议获悉的网络信息告知给另一种路由选择协议，以便网络中每台工作站能到达其他的任何一台工作站的过程。

重发布只能针对同一种第三层协议的路由选择进程之间进行，也就是说，OSPF、RIP、IGRP

等协议之间可以进行重发布，因为他们都属于 TCP/IP 协议栈的协议，而 AppleTalk 或者 IPX 协议栈的协议与 TCP/IP 协议栈的路由选择协议无法进行重发布。

1．学习目标

（1）了解路由重发布的概念。

（2）了解路由重发布的特征。

（3）掌握路由重发布的配置步骤。

2．应用情境

通常，一个组织或者一个跨国公司很少单独使用一种路由协议。如果一个公司同时运行了多个路由协议，或者一个公司和另外一个公司合并的时候两个公司用的路由协议并不一样，该如何处理呢？此时采取一种技术来将一个路由协议的信息发布到另外的一个路由协议，这就需要用到重发布的技术。

3．实训要求

（1）实训设备。

① 3 台 Router-PT 路由器。

② 2 台计算机。

③ 3 条交叉线，1 条串口线。

（2）实训拓扑图如图 3-36 所示。

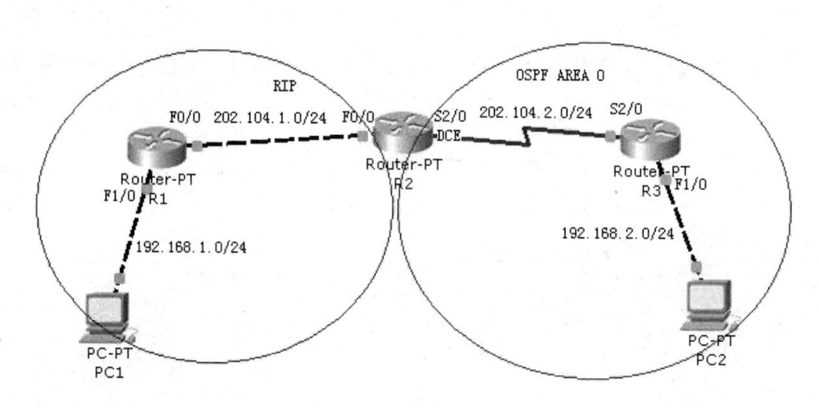

图 3-36　实训拓扑图

（3）配置要求见表 3-42 和表 3-43。

表 3-42　计算机配置

设备名称	IP 地址/子网掩码	网关	接口连接
PC1	192.168.1.1/24	192.168.1.254	见图 3-47
PC2	192.168.2.1/24	192.168.2.254	

表 3-43　路由器配置

设备名称	F0/0	F1/0	S2/0	接口连接
R1	202.104.1.1/24	192.168.1.254/24		见图 3-47
R2	202.104.1.2/24		202.104.2.1/24	
R3		192.168.2.254/24	202.104.2.2/24	

4. 实训效果

“PC1”计算机与“PC2”计算机能够互相通信。

5. 实训思路

（1）配置各路由器的路由协议。

（2）在“R2”路由器的 RIP 中重发布 OSPF，在 OSPF 中重发布 RIP。

路由重发布

6. 详细步骤

（1）根据如图 3-36 所示的实训拓扑图，添加 3 台 Router-PT 路由器和 2 台计算机，按图连接设备并修改设备名称。

（2）按实训要求设置“PC1”“PC2”计算机的 IP 地址、子网掩码及网关。

（3）进入“R1”路由器的 IOS 命令行界面，更改路由器名称，配置接口 IP 地址和子网掩码，并打开对应接口。

```
Router>enable                          //进入特权用户配置模式
Router#conf t                          //进入全局配置模式
Router(config)#hostname R1             //将路由器命名为R1
R1(config)#int F1/0                    //进入接口配置模式
R1(config-if)#ip add 192.168.1.254 255.255.255.0
//配置接口IP地址和子网掩码
R1(config-if)#no shut                  //开启接口
R1(config-if)#exit                     //退出
R1(config)#int f0/0                    //进入接口配置模式
R1(config-if)#ip add 202.104.1.1 255.255.255.0
//配置接口IP地址和子网掩码
R1(config-if)#no shut                  //开启接口
R1(config-if)#
```

（4）在“R1”路由器的全局配置模式下启用 RIP，并宣告直连网段。

```
R1(config-if)#exit                          //退出
R1(config)#router rip                       //启动RIP
R1(config-router)#network 192.168.1.0       //宣告直连网段
R1(config-router)#network 202.104.1.0       //宣告直连网段
R1(config-router)#
```

（5）进入“R2”路由器的 IOS 命令行界面，更改路由器名称，配置接口 IP 地址和子网掩码，并打开对应接口。

```
Router>en                              //进入特权用户配置模式
Router#conf t                          //进入全局配置模式
Router(config)#hostname R2             //将路由器命名为R2
R2(config)#int f0/0                    //进入接口配置模式
R2(config-if)#ip add 202.104.1.2 255.255.255.0
//配置接口IP地址和子网掩码
R2(config-if)#no shut                  //退出
R2(config-if)#int s2/0                 //进入串口模式
R2(config-if)#ip add 202.104.2.1 255.255.255.0
//配置串口IP地址和子网掩码
R2(config-if)#no shut                  //开启串口
R2(config-if)#clock rate 9600          //配置串口速率为9600
R2(config-if)#
```

（6）在“R2”路由器的全局配置模式下启用 RIP，并宣告直连网段。

```
R2(config-if)#exit                          //退出
R2(config)#router rip                       //启动RIP
R2(config-router)#network 202.104.1.0       //宣告直连网段
```

（7）在“R2”路由器的全局配置模式下启用 OSPF，并宣告直连网段。

```
R2(config-router)#exit              //退出
R2(config)#router ospf 1            //启动OSPF协议
R2(config-router)#network 202.104.2.0 0.0.0.255 area 0
//宣告直连网段
R2(config-router)
```

（8）进入“R3”路由器的 IOS 命令行界面，更改路由器名称，配置接口 IP 地址和子网掩码，并打开对应接口。

```
Router>en                           //进入特权用户配置模式
Router#conf t                       //进入全局配置模式
Router(config)#hostname R3          //将路由器命名为R3
R3(config)#int f1/0                 //进入接口配置模式
R3(config-if)#ip add 192.168.2.254 255.255.255.0
//配置接口IP地址和子网掩码
R3(config-if)#no shut               //开启接口
R3(config-if)#int s2/0              //进入串口模式
R3(config-if)#ip add 202.104.2.2 255.255.255.0
//配置接口IP地址和子网掩码
R3(config-if)#no shut               //开启串口
R3(config-if)#
```

（9）在“R3”路由器的全局配置模式下启用 OSPF，并宣告直连网段。

```
R3(config-if)#exit
R3(config)#router ospf 10           //开启OSPF
R3(config-router)#network 202.104.2.0 0.0.0.255 area 0
//宣告直连路由
R3(config-router)#network 192.168.2.0 0.0.0.255 area 0
R3(config-router)#
```

（10）分别使用“show ip route”命令查看“R1”“R2”“R3”路由器的路由表信息。

① “R1”路由器的路由表信息。

```
R1#show ip route  //显示“R1”路由器的路由表信息
Codes: C - connected, S - static, I - IGRP, R - RIP, M - mobile, B - BGP
       D - EIGRP, EX - EIGRP external, O - OSPF, IA - OSPF inter area
       N1 - OSPF NSSA external type 1, N2 - OSPF NSSA external type 2
       E1 - OSPF external type 1, E2 - OSPF external type 2, E - EGP
       i - IS-IS, L1 - IS-IS level-1, L2 - IS-IS level-2, ia - IS-IS inter area
       * - candidate default, U - per-user static route, o - ODR
       P - periodic downloaded static route

Gateway of last resort is not set


C    192.168.1.0/24 is directly connected, FastEthernet1/0
C    202.104.1.0/24 is directly connected, FastEthernet0/0
R1#
```

② “R2”路由器的路由表信息。

```
R2#show ip route  //显示“R2”路由器的路由表信息
Codes: C - connected, S - static, I - IGRP, R - RIP, M - mobile, B - BGP
       D - EIGRP, EX - EIGRP external, O - OSPF, IA - OSPF inter area
       N1 - OSPF NSSA external type 1, N2 - OSPF NSSA external type 2
       E1 - OSPF external type 1, E2 - OSPF external type 2, E - EGP
       i - IS-IS, L1 - IS-IS level-1, L2 - IS-IS level-2, ia - IS-IS inter area
       * - candidate default, U - per-user static route, o - ODR
       P - periodic downloaded static route

Gateway of last resort is not set

R    192.168.1.0/24 [120/1] via 202.104.1.1, 00:00:02, FastEthernet0/0
// R：表示通过RIP学习到的动态路由
O    192.168.2.0/24 [110/782] via 202.104.2.2, 00:10:16, Serial2/0
// O：表示通过OSPF学习到的动态路由
C    202.104.1.0/24 is directly connected, FastEthernet0/0
C    202.104.2.0/24 is directly connected, Serial2/0
R2#
```

③ “R3”路由器的路由表信息。

```
R3#show ip route  //显示“R3”路由器的路由表信息
Codes: C - connected, S - static, I - IGRP, R - RIP, M - mobile, B - BGP
       D - EIGRP, EX - EIGRP external, O - OSPF, IA - OSPF inter area
       N1 - OSPF NSSA external type 1, N2 - OSPF NSSA external type 2
       E1 - OSPF external type 1, E2 - OSPF external type 2, E - EGP
       i - IS-IS, L1 - IS-IS level-1, L2 - IS-IS level-2, ia - IS-IS inter area
       * - candidate default, U - per-user static route, o - ODR
       P - periodic downloaded static route

Gateway of last resort is not set

C    192.168.2.0/24 is directly connected, FastEthernet1/0
C    202.104.2.0/24 is directly connected, Serial2/0
R3#
```

（11）使用 Ping 命令测试“PC1”计算机与“PC2”计算机的连通性，测试结果为不连通。

（12）在“R2”路由器的 RIP 协议中重发布 OSPF 协议，在 OSPF 协议中重发布 RIP 协议。

```
R2#conf t
R2(config)#router rip
R2(config-router)#redistribute ospf 1  //在RIP协议中重发布OSPF协议
R2(config-router)#exit
R2(config)#router ospf 1
R2(config-router)#redistribute rip subnets  //在OSPF协议中重发布RIP协议
R2(config-router)#
```

（13）再次查看“R1”“R2”“R3”路由器的路由表信息。

① “R1”路由器的路由表信息。

```
R1#show ip route  //显示“R1”路由器的路由表信息
Codes: C - connected, S - static, I - IGRP, R - RIP, M - mobile, B - BGP
       D - EIGRP, EX - EIGRP external, O - OSPF, IA - OSPF inter area
```

```
       N1 - OSPF NSSA external type 1, N2 - OSPF NSSA external type 2
       E1 - OSPF external type 1, E2 - OSPF external type 2, E - EGP
       i - IS-IS, L1 - IS-IS level-1, L2 - IS-IS level-2, ia - IS-IS inter area
       * - candidate default, U - per-user static route, o - ODR
       P - periodic downloaded static route

Gateway of last resort is not set

C    192.168.1.0/24 is directly connected, FastEthernet1/0
C    202.104.1.0/24 is directly connected, FastEthernet0/0
R1#
```

② “R2”路由器的路由表信息。

```
R2#show ip route  //显示“R2”路由器的路由表信息
Codes: C - connected, S - static, I - IGRP, R - RIP, M - mobile, B - BGP
       D - EIGRP, EX - EIGRP external, O - OSPF, IA - OSPF inter area
       N1 - OSPF NSSA external type 1, N2 - OSPF NSSA external type 2
       E1 - OSPF external type 1, E2 - OSPF external type 2, E - EGP
       i - IS-IS, L1 - IS-IS level-1, L2 - IS-IS level-2, ia - IS-IS inter area
       * - candidate default, U - per-user static route, o - ODR
       P - periodic downloaded static route

Gateway of last resort is not set

R    192.168.1.0/24 [120/1] via 202.104.1.1, 00:00:18, FastEthernet0/0
O    192.168.2.0/24 [110/782] via 202.104.2.2, 00:26:19, Serial2/0
C    202.104.1.0/24 is directly connected, FastEthernet0/0
C    202.104.2.0/24 is directly connected, Serial2/0
R2#
```

③ “R3”路由器的路由表信息。

```
R3#show ip route  //显示“R3”路由器的路由表信息
Codes: C - connected, S - static, I - IGRP, R - RIP, M - mobile, B - BGP
       D - EIGRP, EX - EIGRP external, O - OSPF, IA - OSPF inter area
       N1 - OSPF NSSA external type 1, N2 - OSPF NSSA external type 2
       E1 - OSPF external type 1, E2 - OSPF external type 2, E - EGP
       i - IS-IS, L1 - IS-IS level-1, L2 - IS-IS level-2, ia - IS-IS inter area
       * - candidate default, U - per-user static route, o - ODR
       P - periodic downloaded static route
Gateway of last resort is not set

O E2 192.168.1.0/24 [110/20] via 202.104.2.1, 00:26:09, Serial2/0
// O E2表示OSPF外部类型2学习到的动态路由。
C    192.168.2.0/24 is directly connected, FastEthernet1/0
O E2 202.104.1.0/24 [110/20] via 202.104.2.1, 00:26:09, Serial2/0
C    202.104.2.0/24 is directly connected, Serial2/0
R3#
```

（14）再次测试“PC1”计算机与“PC2”计算机的连通性，测试结果为不连通。

（15）配置“R2”路由器上的 OSPF 转发默认路由。

```
R2#conf t
R2(config)#router ospf 1                              //开启OSPF
R2(config-router)#default-information originate      //OSPF转发默认路由
R2(config-router)
```

（16）配置“R2”路由器上的 RIP 转发默认路由。

```
R2(config-router)#exit
R2(config)#router rip  //开启RIP
R2(config-router)#default-information originate
R2(config-router)#
```

（17）查看“R1”路由器的路由表，此时添加了非直连路由的路由表，如下所示。

```
R1#show ip route
Codes: C - connected, S - static, I - IGRP, R - RIP, M - mobile, B - BGP
       D - EIGRP, EX - EIGRP external, O - OSPF, IA - OSPF inter area
       N1 - OSPF NSSA external type 1, N2 - OSPF NSSA external type 2
       E1 - OSPF external type 1, E2 - OSPF external type 2, E - EGP
       i - IS-IS, L1 - IS-IS level-1, L2 - IS-IS level-2, ia - IS-IS inter area
       * - candidate default, U - per-user static route, o - ODR
       P - periodic downloaded static route

Gateway of last resort is 202.104.1.2 to network 0.0.0.0

C    192.168.1.0/24 is directly connected, FastEthernet1/0
C    202.104.1.0/24 is directly connected, FastEthernet0/0
R*   0.0.0.0/0 [120/1] via 202.104.1.2, 00:00:24, FastEthernet0/0
R1#                 // R*表示通过RIP学习到的候选默认路由
```

（18）再次测试“PC1”计算机与“PC2”计算机的连通性，测试结果为连通。

7. 相关命令

相关命令见表 3-44。

表 3-44 相关命令

命令	route rip
功能	启动 RIP 进程
参数	无
模式	全局配置模式
实例	route rip
命令	router ospf 进程号
功能	启动 OSPF 进程
参数	进程号范围为 0～255
模式	全局配置模式
实例	router ospf 100
命令	network 主机地址 0.0.0.0 area area-id network 网段 反子网掩码 area area-id
功能	配置主网络和区域
参数	无
模式	全局配置模式
实例	network 202.104.2.0 0.0.0.255 area 0

续表

命令	redistribute ospf 1
功能	重发布 OSPF 路由
参数	无
模式	在路由协议模式下
实例	见本书实训
命令	redistribute rip subnets
功能	重发布 RIP
参数	无
模式	在路由协议模式下
实例	见本书实训

8. 相关知识

（1）R1(config-router)#redistribute rip subnets。

“subnets”命令强迫 OSPF 学习全部的 RIP 的子网，而不仅仅是网段。

（2）R1(config-router)#redistribute ospf 1。

“redistribute ospf 1”命令是指由 OSPF 派生的路由被重分发到 RIP 路由中。

（3）单向单点重分布。

① 当一种协议重分布到 OSPF 时，后面需要加 subnets 参数，否则只有主类地址才能够被重分布。

② 当一种协议重分布到 RIP 时，需要加 metric 的值，否则 metric 值为无限大。

③ 当一种协议重分布到 EIGRP 时，也需要加 metric 的值。

④ 当把 ISIS 重分布到其他路由协议时，运行 ISIS 的直连接口不能重分布进去，这是 ISIS 本身的问题，只能通过重分布直连解决该问题。

9. 实训巩固

参考实训，自行设计一个能够实现各台计算机通信的网络。

3.15 路由器 PPP-PAP 配置

预备知识

PPP 是提供在点到点链路上承载网络层数据包的一种链路层协议。PPP 定义了一整套的协议，包括链路控制协议（LCP）、网络层控制协议（NCP）和验证协议（PAP 和 CHAP）。PPP 由于能够提供用户验证、易于扩充和支持同异步，从而获得了较广泛的应用。

PPP 使用链路控制协议（LCP）建立、维护、测试和终止点对点链路。此外，LCP 还会协商和配置 WAN 链路上的控制选项。

1. 学习目标

（1）了解点对点的工作原理。

（2）掌握 PPP 的配置方法。

（3）掌握 PAP 验证的配置方法。

（4）掌握 PAP 验证的调试方法。

2. 应用情境

家庭拨号上网就是通过 PPP 在客户端和运营商的接入服务器之间建立通信链路。随着宽带接入技术的发展，PPP 也衍生出新的应用，典型的应用是在非对称数据用户环线（Asymmertrical Digital Subscriber Loop，ADSL）接入方式中，PPP 与其他的协议共同派生出了符合宽带接入要求的新的协议，如 PPPoE（PPP over Ethernet）、PPPoA（PPP over ATM）。

3. 实训要求

（1）实训设备。

① 2 台 Router-PT 路由器。

② 2 台计算机。

③ 2 条交叉线，1 条串口线。

（2）实训拓扑图如图 3-37 所示。

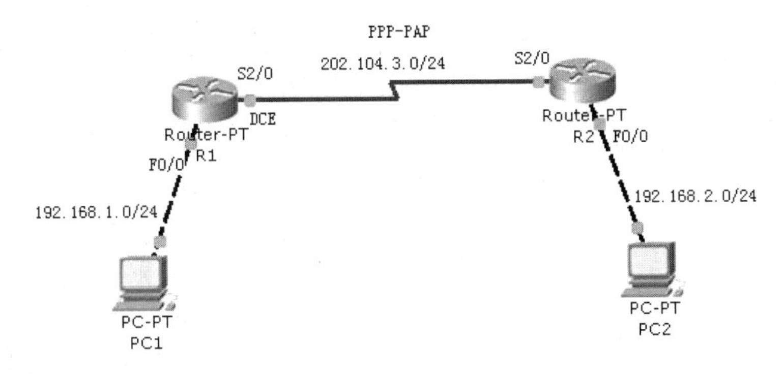

图 3-37　实训拓扑图

（3）配置要求见表 3-45 和表 3-46。

表 3-45　计算机配置

设备名称	IP 地址/子网掩码	网关	接口连接
PC1	192.168.1.2/24	192.168.1.1	见图 3-37
PC2	192.168.2.2/24	192.168.2.1	

表 3-46　路由器配置

设备名称	F0/0	S2/0	接口连接
R1	192.168.1.1/24	202.104.3.1/24	见图 3-37
R2	192.168.2.1/24	202.104.3.2/24	

4. 实训效果

配置 PPP-PAP 后，"PC1" 计算机和 "PC2" 计算机之间能够互通。

5. 实训思路

（1）配置各路由器的接口 IP，静态路由。

（2）配置 "R1" 路由器上的 PPP-PAP。

（3）配置 "R2" 路由器上的 PPP-PAP。

（4）测试“PC1”计算机与“PC2”计算机的连通性。

路由器 PPP-PAP 配置

6．详细步骤

（1）根据如图 3-37 所示的实训拓扑图，添加 2 台 Router-PT 路由器和 2 台计算机，按图连接设备并修改设备名称。

（2）按实训要求设置“PC1”“PC2”计算机的 IP 地址、子网掩码及网关。

（3）进入“R1”路由器的 IOS 命令行界面，更改路由器名称，配置接口 IP 地址和子网掩码，并打开对应接口。

```
Router>en                              //进入特权用户配置模式
Router#conf t                          //进入全局配置模式
Router(config)#hostname R1             //将路由器命名为R1
R1(config)#int f0/0                    //进入接口配置模式
R1(config-if)#ip add 192.168.1.1 255.255.255.0
//配置接口IP和子网掩码
R1(config-if)#no shut                  //开启接口
R1(config-if)#exit                     //退出
R1(config)#int s2/0                    //进入串口模式
R1(config-if)#ip add 202.104.3.1 255.255.255.0
//配置串口IP和子网掩码
R1(config-if)#no shut                  //开启串口
R1(config-if)#clock rate 9600          //配置串口速率为9600
R1(config-if)#
```

（4）在“R1”路由器的全局配置模式下，配置指向网段 192.168.2.0 的静态路由信息。

```
R1(config-if)#exit
R1(config)#ip route 192.168.2.0 255.255.255.0 202.104.3.2
//配置静态路由
R1(config)#
```

（5）进入“R2”路由器的 IOS 命令行界面，更改路由器名称，配置接口 IP 地址和子网掩码，并打开对应接口，配置指向网段“192.168.1.0”的静态路由信息。

```
Router>en                                   //进入特权用户配置模式
Router#conf t                               //进入全局配置模式
Router(config)#hostname R2                  //将路由器命名为R2
R2(config)#int f0/0                         //进入接口配置模式
R2(config-if)#ip add 192.168.2.1 255.255.255.0
//配置接口IP和子网掩码
R2(config-if)#no shut                       //开启接口
R2(config-if)#exit                          //退出
R2(config)#int s2/0                         //进入串口模式
R2(config-if)#ip add 202.104.3.2 255.255.255.0
//配置串口IP和子网掩码
R2(config-if)#no shut                       //开启串口
R2(config-if)#exit                          //退出
R2(config)#ip route 192.168.1.0 255.255.255.0 202.104.3.1
//配置静态路由
R2(config)#
```

（6）测试“PC1”计算机与“PC2”计算机的连通性，测试结果为连通。

（7）在“R1”路由器的 S2/0 接口上封装 PPP，指定认证方式为 PAP，指定连接路由器使用的用户名和密码。

```
R1(config)#int s2/0                     //进入串口模式
R1(config-if)#encapsulation ppp         //封装PPP
R1(config-if)#ppp pap sent-username R1 password cisco123
//指定PPP认证方式为PAP，指定连接路由器使用的用户名和密码
R1(config-if)#
```

（8）在“R2”路由器上 S2/0 接口上封装 PPP，并指定认证方式为 PAP。

```
R2(config)#int s2/0                               //进入串口模式
R2(config-if)#encapsulation ppp                   //封装PPP
R2(config-if)#ppp authentication pap
//指定PPP认证方式为PAP
R2(config-if)#
%LINEPROTO-5-UPDOWN: Line protocol on Interface Serial2/0, changed state to
down    //提示接口关闭，因为没有设置用户名和密码。
R2(config-if)#exit
R2(config)#username R1 password cisco123     //设置用户名和密码
R2(config)#
%LINEPROTO-5-UPDOWN: Line protocol on Interface Serial2/0, changed state to up
R2(config)#   //设置了验证的用户名和密码后，接口打开
```

小贴士：

此实训为单向验证，也可使用双方验证的方式，只需要在“R1”路由器上的 S2/0 上设置认证方式为 PAP 并设置用户名及密码，在“R2”路由器上设置 PAP 发送验证的用户名和密码即可。

（9）再次使用“PC1”计算机与“PC2”计算机测试连通性，测试结果为连通。

7. 相关命令

相关命令见表 3-47。

表 3-47　相关命令

命令	encapsulation ppp
功能	用 PPP 封装
参数	无
模式	接口配置模式
实例	略
命令	ppp authentication pap
功能	设置 PAP 认证
参数	无
模式	接口配置模式
实例	略
命令	ppp pap sent-username [name] password [password]
功能	指定 PPP 认证为 PAP，并指定连接路由器的用户名和密码
参数	[name]为用户名 [password]为密码
模式	接口配置模式
实例	略

续表

命令	username [name] password [password]
功能	设置用户名和密码
参数	[name]为用户名 [password]为密码
模式	全局配置模式
实例	略

8. 相关知识

在思科路由器中，高级数据链路控制协议（HDLC）用于串行链路的默认封装。要想把封装更改为 PPP，可使用接口配置命令“encapsulation ppp”；要想把封装更改回 HDLC，可使用接口配置命令“encapsulation hdlc”。启动 PPP 后，便可配置 PPP 压缩和负载均衡可选功能。要想在 PPP 链路上启用压缩，可使用命令“compress [predictor|stac]”。

9. 实训巩固

参考如图 3-37 所示的实训拓扑图，使用 RIP 动态路由协议，配置 PPP-PAP，实现“PC1”计算机和“PC2”计算机连通。

3.16 路由器 PPP-CHAP 配置

预备知识

点对点协议（Point to Point Protocol，PPP）主要是用来通过拨号或专线方式建立点对点连接发送数据，使其成为各种主机、网桥和路由器之间简单连接的一种共通解决方案的协议。PPP 属于链路层协议，提供全双工操作。

PPP 中提供了一整套方案来解决链路建立、维护、拆除、上层协议商、认证等问题。PPP 包含这样几个部分：链路控制协议（Link Control Protocol，LCP）、网络控制协议（Network Control Protocol，NCP）、认证协议（最常用的包括口令验证协议 PAP）和挑战握手验证协议（Challenge-Handshake Authentication Protocol，CHAP）。

一个典型的链路建立过程分为三个阶段：创建阶段、认证阶段和网络协商阶段。

1. 学习目标

（1）了解 PPP 及 CHAP 的认证方式。

（2）掌握路由器的 PPP 认证的配置方法。

（3）掌握 CHAP 验证的配置方法。

（4）掌握 CHAP 验证的调试方法。

2. 应用情境

PPP 封装支持两种不同类型的身份验证：口令验证协议（Password Authentication Protocol，PAP）和挑战握手验证协议（Challenge Handshake Authentication Protoco，CHAP）。PAP 使用明文口令，而 CHAP 则调用安全性高于 PAP 的单向哈希。

如果同时使用两种验证方式，那么在链路协商阶段将先用第一种验证方式进行验证；如果对方建议使用第二种验证方式或只是简单拒绝使用第一种方式，那么将采用第二种方式进行验证。

3．实训要求

（1）实训设备。

① 2 台 Router-PT 路由器。

② 2 台计算机。

③ 3 条交叉线，1 条串口线。

（2）实训拓扑图如图 3-38 所示。

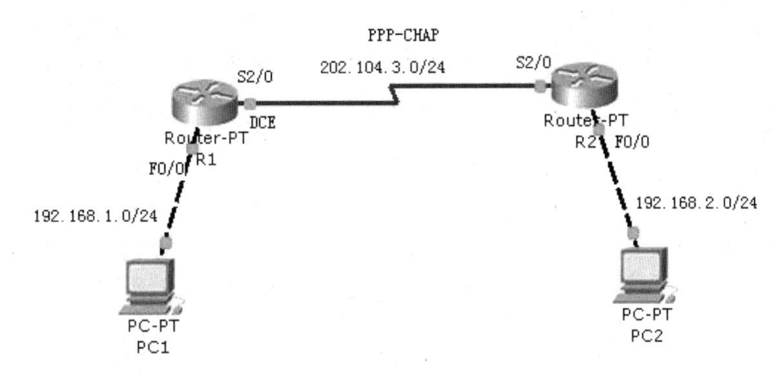

图 3-38　实训拓扑图

（3）配置要求见表 3-48 和表 3-49。

表 3-48　计算机配置

设备名称	IP 地址/子网掩码	网关	接口连接
PC1	192.168.1.2/24	192.168.1.1	见图 3-38
PC2	192.168.2.2/24	192.168.2.1	

表 3-49　路由器配置

设备名称	F0/0	S2/0	接口连接
R1	192.168.1.1/24	202.104.3.1/24	见图 3-38
R2	192.168.2.1/24	202.104.3.2/24	

4．实训效果

实现“R1”路由器和“R2”路由器的双向 CHAP 验证。

5．实训思路

（1）配置“R1”“R2”路由器的接口 IP 和静态路由。

（2）为“R1”“R2”路由器创建账户和密码。

（3）配置“R1”“R2”路由器的身份验证。

6．详细步骤

路由器 PPP-CHAP 配置

（1）根据如图 3-38 所示的实训拓扑图，添加 2 台 Router-PT 路由器和 2 台计算机，按图连接设备并修改设备名称。

（2）按实训要求设置“PC1”“PC2”计算机的 IP 地址、子网掩码及网关。

（3）进入“R1”路由器的 IOS 命令行界面，更改路由器名称，配置接口 IP 地址和子网掩码，并打开对应接口。

```
Router>enable                      //进入特权用户配置模式
Router#conf t                      //进入全局配置模式
Router(config)#hostname R1         //将路由器重命名为R1
R1(config)#int f0/0                //进入接口配置模式
R1(config-if)#ip add 192.168.1.1 255.255.255.0
//配置接口IP和子网掩码
R1(config-if)#no shut              //开启接口
R1(config-if)#exit                 //退出
R1(config)#int s2/0                //进入串口模式
R1(config-if)#ip add 202.104.3.1 255.255.255.0
//配置串口IP和子网掩码
R1(config-if)#no shut              //开启串口
R1(config-if)#clock rate 9600      //配置串口速率为9600
R1(config-if)#
```

（4）在“R1”路由器的全局配置模式下，配置指向网段 192.168.2.0 的静态路由信息。

```
R1(config-if)#exit
R1(config)#ip route 192.168.2.0 255.255.255.0 202.104.3.2
//配置静态路由
R1(config)#
```

（5）进入“R2”路由器的 IOS 命令行界面，更改路由器名称，配置接口 IP 地址和子网掩码，并打开对应接口，配置指向网段 192.168.1.0 的静态路由信息。

```
Router>enable                          //进入特权用户配置模式
Router#conf t                          //进入全局配置模式
Router(config)#hostname R2             //将路由器重命名为R2
R2(config)#int f0/0                    //进入接口配置模式
R2(config-if)#ip add 192.168.2.1 255.255.255.0
//配置接口IP和子网掩码
R2(config-if)#no shut                  //开启接口
R2(config-if)#exit                     //退出
R2(config)#int s2/0                    //进入串口模式
R2(config-if)#ip add 202.104.3.2 255.255.255.0
//配置串口IP和子网掩码
R2(config-if)#no shut                  //开启串口
R2(config-if)#exit
R2(config)#ip route 192.168.1.0 255.255.255.0 202.104.3.1
//配置静态路由
R2(config)#
```

（6）测试“PC1”计算机与“PC2”计算机的连通性，测试结果为连通。

（7）在“R1”路由器的全局配置模式下创建用于验证的用户名和密码，并进入接口 S2/0 封装 PPP，指定认证方式为 CHAP。

```
R1(config)#username R2 password cisco123  //创建账户
R1(config)#int s2/0   //进入串口模式
R1(config-if)#encapsulation ppp  //封装PPP
```

```
%LINEPROTO-5-UPDOWN: Line protocol on Interface Serial2/0, changed state to down
//R1单边封装PPP后，接口关闭
R1(config-if)#ppp authentication chap  //指定PPP验证类型为CHAP
R1(config-if)#
```

（8）在“R2”路由器全局配置模式下创建用于验证的用户名和密码，并进入接口 S2/0 封装 PPP，指定认证方式为 CHAP。

```
R2(config)#username R1 password cisco123  //创建账户
R2(config)#int s2/0  //进入串口模式
R2(config-if)#encapsulation ppp  //封装PPP
%LINEPROTO-5-UPDOWN: Line protocol on Interface Serial2/0, changed state to up
//两边路由器封装PPP后接口打开。
R2(config-if)#ppp authentication chap  //指定PPP验证类型为CHAP
R2(config-if)#
%LINEPROTO-5-UPDOWN: Line protocol on Interface Serial2/0, changed state to down
%LINEPROTO-5-UPDOWN: Line protocol on Interface Serial2/0, changed state to up
R2(config-if)#
```

（9）再次使用“PC1”计算机与“PC2”计算机测试连通性，测试结果为连通。

7. 相关命令

相关命令见表 3-50。

表 3-50 相关命令

命令	username 名称 password 口令
功能	创建账户
参数	名称：另一台路由器的名称 口令：另一台远程路由器能够验证的口令或共享密钥
模式	全局配置模式
实例	略
命令	ppp authentication {chap | chap pap | pap chap | pap }
功能	指定身份验证的类型
参数	无
模式	全局配置模式
实例	略

8. 相关知识

CHAP 验证默认使用本地路由器的名字作为建立 PPP 连接时的识别符。路由器在收到对方发送过来的询问消息后，将本地路由器的名字作为身份标识发送给对方。在收到对方发过来的身份标识之后，默认使用本地验证方法，即在配置文件中寻找是否有“username”的主机名和密码。如果有，计算 Hash 值，结果正确则验证通过；否则验证失败，连接无法建立。但如果配置了“ppp chap hostname”，那么发给对方的身份标识就不是默认的主机名了，而是“ppp chap hostname”命名指定的主机名。如果配置了“ppp chap password”，则使用该密码来计算 Hash 值。

9. 实训巩固

参考如图 3-38 所示的实训拓扑图，使用 RIP 动态路由协议，配置 PPP-CHAP，实现“PC1”计算机和“PC2”计算机连通。

第 4 章

防火墙配置

4.1　防火墙的基本配置与管理

预备知识

防火墙是网络安全的第一道防线。它在可信任的内部网络与不可信任的外部网络（如互联网）之间建立起一道屏障。防火墙是一种用于监控入站和出站网络流量的网络安全设备，可基于一组定义的安全规则来决定是否允许流量的入站和出站。防火墙既可以是纯硬件或纯软件的，也可以是硬件和软件的组合。

本书所用的思科 ASA 5505 防火墙在模块化“即插即用”的设备中，提供了高性能防火墙、SSL IPsecVPN 和丰富的网络服务。思科 ASA 5505 防火墙具有一个灵活的 8 接口 10/100 快速以太网交换机，该交换机的接口能够动态组合，创建出多达 3 个独立的 VLAN 来支持家庭、企业和互联网流量，从而改进网络分段和提高网络安全性。

1．学习目标

（1）了解防火墙的基本原理和作用。

（2）熟悉防火墙的基本配置方法。

2．应用情境

某网络公司新购买了 1 台思科 ASA 5505 防火墙，该公司的网络管理员对该防火墙的特性还在摸索过程中，正尝试对该防火墙进行一些基本配置。

3．实训要求

（1）实训设备。

① 1 台计算机。

② 1 台 ASA 5505 防火墙，其外观如图 4-1 和图 4-2 所示。

（2）实训拓扑图如图 4-3 所示。

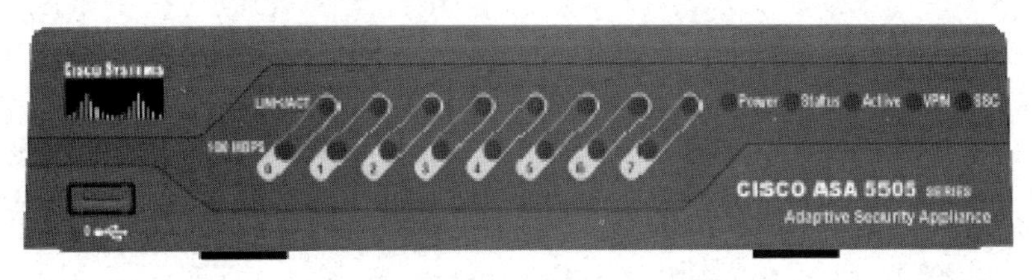

图 4-1　ASA 5505 防火墙正面

图 4-2　ASA 5505 防火墙背面

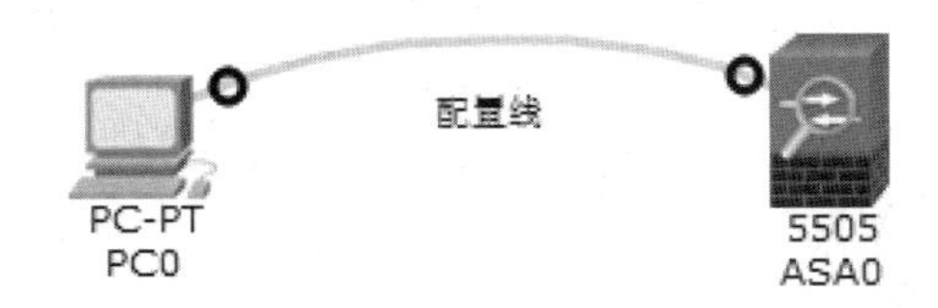

图 4-3　实训拓扑图

4．实训思路

（1）添加并连接设备。

（2）更改防火墙主机名称并配置域名。

（3）配置防火墙进入特权用户配置模式密码和 Telnet 远程登录密码。

（4）配置防火墙接口。

（5）尝试保存配置和清除配置，并重启防火墙。

5．详细步骤

防火墙的
基本配置与管理

（1）添加并连接相关设备。

（2）更改防火墙主机名称并配置域名。

单击“PC0”计算机，在打开的“PC0”窗口中选择“桌面”选项卡，打开“终端”界面后登录防火墙。防火墙与路由器一样也有 4 种模式，即用户配置模式、特权用户配置模式、全局配置模式和接口配置模式。进入这 4 种模式的命令也与路由器的一样。

```
ciscoasa>enable                          //进入特权用户配置模式
Password:                                //默认密码为空，按“Enter”键直接进入
ciscoasa#configure terminal              //进入全局配置模式
ciscoasa(config)#hostname ASA5505        //更改防火墙名称为ASA5505
ASA5505 (config)#domain-name test.com    //配置域名为test.com
ASA5505(config)#
```

（3）配置防火墙进入特权用户配置模式密码和 Telnet 远程登录密码。

```
ASA5505(config)#passwd a123456                //设置Telnet远程管理密码
ASA5505(config)#enable password b123456       //设置进入特权用户配置模式密码
ASA5505(config)#
```

（4）配置防火墙接口。

```
ASA5505(config)#int VLAN 1                              //进入VLAN 1
ASA5505(config-if)#nameif inside                        //配置接口名称为inside
ASA5505(config-if)#security-level 100                   //配置接口安全级别为最高级别100，其安全级别的数值范围为0-100
ASA5505(config-if)#ip add 192.168.1.1 255.255.255.0
                                                        //配置接口IP地址和子网掩码
ASA5505(config-if)#no shutdown                          //开启接口
ASA5505(config-if)#int e0/1                             //进入E0/1接口
ASA5505(config-if)#switchport access VLAN 1 //将此接口划入VLAN 2
ASA5505(config-if)#no shutdown                          //开启接口
ASA5505(config-if)#int VLAN 2    //参考VLAN 1配置方法配置VALN 2，以下说明省略
ASA5505(config-if)#nameif outside
ASA5505(config-if)#security-level 0
ASA5505(config-if)#ip address 172.16.1.1 255.255.255.0
ASA5505(config-if)#no shutdown
ASA5505(config-if)#int e0/0
ASA5505(config-if)#switchport access VLAN 2
ASA5505(config-if)#no shutdown
ASA5505(config-if)#
```

（5）尝试保存配置和清除配置，并重启防火墙。

```
ASA5505(config-if)#^Z                 //在接口配置模式下按“Ctrl+Z”组合键
ASA5505#                              //直接退出到特权用户配置模式
ASA5505#write memory                  //如果要保存配置，则输入此命令
Building configuration...
Cryptochecksum: 5e8a58f5 1265716d 35fa4d40 35ae2d9f
732  bytes copied in 2.342 secs (312 bytes/sec)
[OK]
ASA5505#reload        //如果要重启防火墙，则可用此命令，注意在重启前要保存好配置
Proceed with reload? [confirm]  //如果确认要清除，输入“y”，否则输入“n”
```

小贴士：

除了用“write memory”命令保存防火墙配置，还能用“copy running-config startup-config”命令来保存，并且此命令有更多参数选择。

可以使用“write erase”命令清除防火墙配置。

6. 相关知识

防火墙接口通常有两种名称，物理名称和逻辑名称。

防火墙接口的物理名称与路由器名称类似。例如，Ethernet 0/0、Ethernet 0/1 可以简写为E0/0、E0/1，通常用来配置接口的传输速率、IP 地址等。Cisco ASA 5510 及其以上型号的防火墙还有专门的管理接口，如 management 0/0。

防火墙接口的逻辑名称用于大多数的配置命令。例如，配置 ACL 时需要用到逻辑名称。逻辑名称可用来描述安全区域。例如，通常用 inside 表示防火墙连接的内部区域（安全性高），用 outside 表示防火墙连接的外部区域（安全性低）。

防火墙与路由器的功能有着本质的不同，防火墙的目的是保护网络的安全，所以它的各个

接口代表着不同的安全区域。防火墙的每个接口都有一个安全级别，范围为 0～100，数值越大表示安全级别越高。当配置接口的名称为 inside 时，其安全级别自动设置为 100；当配置接口名称为 outside 时，其安全级别自动设置为 0。

不同安全级别的接口之间互相访问时，遵从以下默认规则。

（1）允许出站（Outbound）连接，即允许从高安全级别接口到低安全级别接口的流量通过。

（2）禁止入站（Inbound）连接，即禁止从低安全级别接口到高安全级别接口的流量通过。

7．注意事项

思科 ASA 5505 防火墙不支持在物理接口上直接进行接口配置，必须通过 VLAN 接口来配置。

8．实训巩固

（1）配置防火墙名称为 ASA 66。

（2）使用“show clock”命令查看防火墙时间。

（3）修改“VLAN 1”名称为“inside”。

4.2　配置防火墙远程管理接入功能

预备知识

思科防火墙主要支持 3 种远程管理接入方式：Telnet、SSH 和 ASDM。

因为使用 Telnet 进行远程管理网络是不安全的，所以通常禁止从外部接口使用 Telnet 接入网络，只允许在内部网络中使用 Telnet。

使用 SSH 可以安全地对 ASA 防火墙进行远程管理。配置 SSH 的命令格式与配置 Telnet 的命令格式类似，SSH 可以配置从外部接口接入。其中，Telnet 和 SSH 都提供了对防火墙的命令行界面（CLI）方式的接入，而 ASDM 提供的则是一种基于 HTTPS 的图形化界面（GUI）管理控制台。

Cisco Packet Tracer 软件暂时不支持 ASDM 功能配置。

1．学习目标

（1）了解 3 种远程管理接入的相关概念。

（2）掌握防火墙 3 种主要的远程管理接入方式的配置方法。

2．应用情境

防火墙开启远程管理后，可远程管理防火墙。

3．实训要求

（1）实训设备。

① 1 台 ASA 5505 防火墙。

② 1 台计算机。

③ 1 条配置线和 2 条直通线。

（2）实训拓扑图如图 4-4 所示。

（3）配置要求见表 4-1～表 4-3。

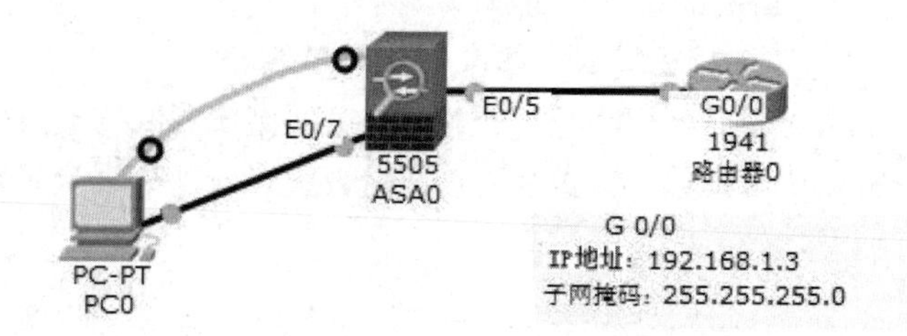

图 4-4　实训拓扑图

表 4-1　计算机配置

设备名称	IP 地址	子网掩码
PC0	192.168.1.2	255.255.255.0

表 4-2　防火墙配置

设备名称	VLAN 1 接口管理	密码
ASAO	IP 地址：192.168.1.1 子网掩码：255.255.255.0	telnet 远程管理 账号：test，密码：123456

表 4-3　路由器配置

设备名称	VLAN 1 接口管理
路由器 0	IP 地址：192.168.1.3，子网掩码：255.255.255.0

4．实训效果

（1）能够在计算机上通过 Telnet 远程登录防火墙。

（2）能够在路由器上通过 SSH 远程登录防火墙。

5．实训思路

（1）添加并连接设备。

（2）创建登录账号，配置防火墙 Telnet 远程登录，验证配置情况。

（3）配置防火墙 SSH 远程登录，验证配置情况。

（4）配置防火墙 ASDM 远程登录。

6．详细步骤

配置防火墙远程管理接入功能

（1）添加并连接设备。

（2）创建登录账号，配置防火墙 Telnet 远程登录，验证配置情况。

① 设置“PC0”计算机的 IP 地址为“192.168.1.2”，子网掩码为“255.255.255.0”。

② 单击“PC0”计算机，在打开的“PC0”窗口中选择“桌面”选项卡，单击“终端”图标，打开“终端配置”界面，单击“确定”按钮，如图 4-5 所示。

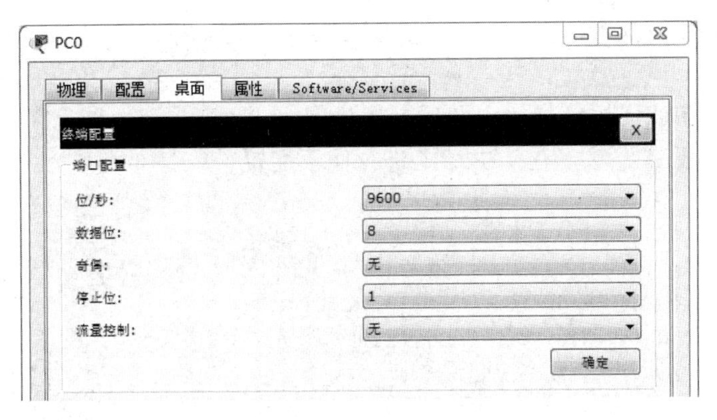

图 4-5　“终端配置”界面

③ 登录防火墙并创建账号，进行 Telnet 远程登录配置。

```
ciscoasa>en
Password:                               //防火墙默认密码为空
ciscoasa#conf t
ciscoasa(config)#username test password 123456
                                        //创建名为test，密码为123456的用户
ciscoasa(config)#telnet 192.168.1.2 255.255.255.0 inside
//允许192.168.1.2的计算机远程登录防火墙
WARNING: IP address <192.168.1.2> and netmask <255.255.255.0> inconsistent
//由于防火墙的许可存在限制，会出现这种警告，无须理会
ciscoasa(config)#aaa authentication telnet console local //允许登录
ciscoasa(config)#^Z                     //按“Ctrl+Z”组合键返回特权用户配置模式
ciscoasa#
%SYS-5-CONFIG_I: Configured from console by console

ciscoasa#write memory                   //保存上述配置
Building configuration...
Cryptochecksum: 2e773a7d 7e142962 3a11031d 483c41d9

801 bytes copied in 1.733 secs (462 bytes/sec)
[OK]
ciscoasa#
```

④ 在“PC0”计算机的“命令行提示符”界面，通过登录防火墙验证配置情况。

```
Packet Tracer PC Command Line 1.0
C:\>telnet 192.168.1.1                  //使用telnet命令登录防火墙
Trying 192.168.1.1 ...Open
User Access Verification

Username: test                          //输入用户名“test”

Password:                               //输入密码“123456”
ciscoasa>en
Password:                               //防火墙默认密码为空，直接按“Enter”键即可
ciscoasa#conf t
ciscoasa(config)#exit
ciscoasa#exit                           //退出防火墙
```

```
[Connection to 192.168.1.1 closed by foreign host]
C:\>
```

（3）配置防火墙 SSH 远程登录，验证配置情况。

① 参考 Telnet 配置方法，在防火墙上进行如下配置。

```
ciscoasa#conf t
ciscoasa(config)#crypto key generate rsa modulus 1024
     //指定RSA系数的大小，这个值越大，产生RSA的时间越长，推荐使用数值1024
ciscoasa(config)#ssh 0.0.0.0 0.0.0.0 inside
//“0.0.0.0 0.0.0.0”表示任何外部主机都能通过SSH访问outside接口
//可以指定具体的主机或网络来进行访问
//“outside”也可以改为“inside”，即表示内部通过SSH访问防火墙
ciscoasa(config)#ssh timeout 30          //设置超时时间,单位为分钟
ciscoasa(config)#exit
ciscoasa#show ssh                        //查看SSH配置信息
ciscoasa#show crypto key mypubkey rsa    //查看产生的RSA密钥值
ciscoasa#conf t
ciscoasa(config)#aaa authentication ssh console loCAL   //允许登录
ciscoasa(config)#exit
ciscoasa#write memory                    //保存配置
```

② 通过 SSH 登录测试，验证配置是否成功。在真实的环境中，可以用 SecureCRT 通信软件进行 SSH 登录本实训使用路由器进行登录验证。将“PC0”计算机的配置线转接到“路由器 0”的 Console 接口上，为路由器接口配置 IP 地址和子网掩码。

```
Router>
Router>en
Router#conf t
Enter configuration commands, one per line.  End with CNTL/Z.
Router(config)#int g0/0                 //进入所连接的接口
Router(config-if)#ip address 192.168.1.3 255.255.255.0
                                        //配置IP地址和子网掩码
Router(config-if)#no shutdown           //开启接口
Router(config-if)#
%LINK-5-CHANGED: Interface GigabitEthernet0/0, changed state to up
%LINEPROTO-5-UPDOWN: Line protocol on Interface GigabitEthernet0/0, changed
state to up
Router(config-if)#^Z                    //按“Ctrl+Z”组合键返回
Router#
%SYS-5-CONFIG_I: Configured from console by console
Router#wr                               //保存配置
Building configuration...
[OK]
```

③ 配置好路由器的 IP 地址和子网掩码后，即可进行登录测试。

```
Router#ssh -l test 192.168.1.1
Open
Password:          //输入密码“123456”，输入时界面不会显示密码
ciscoasa>en
Password:
ciscoasa#          //至此，表示已成功登录防火墙
```

（4）配置防火墙 ASDM 远程登录。

因为 Cisco Packet Tracer 7.0 软件无法开启 HTTP 服务，所以 ASDM 配置只讲解相关的操

作步骤。具体操作请在真实防火墙中进行。

① 进入 WebVPN 模式。

② 新建一个用户和密码。

③ 进入管理接口。

④ 添加 IP 地址和子网掩码。

⑤ 为管理接口设置名称。

⑥ 开启接口。

⑦ 退出管理接口。

⑧ 开启 HTTP 服务。

⑨ 在管理接口设置可管理的 IP 地址。

通过以上配置后，使用浏览器登录防火墙，即可进行 ASDM 远程管理。

7．相关知识

使用 Telnet 进行远程设备维护时，由于密码和通信都是明文的，容易受到 Sniffer 侦听，所以建议采用 SSH 替代 Telnet。SSH 服务使用 TCP 22 接口。客户端软件发起连接请求后从服务器接受公钥，并协商加密方法，成功连接后所有的通信都是加密的。

8．注意事项

（1）由于 Cisco Packet Tracer 软件中的 ASA 5505 防火墙默认的是 License 权限限制，可能会出现部分操作异常的情况。较好的解决办法是将软件更新到 7.1 版本及其以上。

（2）思科 ASA 5505 防火墙默认情况是将 E0/1，E0/2，E0/3，E0/4，E0/5，E0/6，E0/7 接口都划分到 inside 安全区域，将 E0/0 接口划分到 outside 安全区域。

9．实训巩固

根据所学内容，在思科 ASA 5505 防火墙创建一个名称为“test”，密码为“123456”的账号，并配置 Telnet 和 SSH 两种方式登录防火墙。

4.3　防火墙无客户端 SSL VPN 配置

预备知识

无客户端 SSL VPN 是一种允许使用 Web 浏览器访问内部网络资源的技术。该技术不需要特定的 VPN 客户端，远程用户只需要用支持 SSL 的 Web 浏览器，即可访问内部网络上启用了 HTTP 或 HTTPS 的 Web 服务器。思科 ASA 5505 防火墙支持该技术。

SSL VPN 技术可以通过三种方式配置：无客户端 SSL VPN、瘦客户端 SSL VPN（接口转发）和胖客户端 SSL VPN（SVC 隧道模式）。每种方式都有其优势和独特的资源访问权限，在本知识点中仅讲解无客户端 SSL VPN 的配置方法。

1．学习目标

（1）了解 SSL VPN 技术。

（2）掌握无客户端 SSL VPN 的配置方法。

（3）掌握书签和组策略的配置方法。

2．应用情境

某公司部分员工经常出差，出差时需要访问公司内部网络。网络管理员为了保障数据传输的安全性，想在不需要安装额外软件的情况下，使用浏览器即可进入公司内部网络，因此决定在防火墙启用无客户端 SSL VPN。

3．实训要求

（1）实训设备。

① 2 台计算机。

② 1 台 2950-24 交换机。

③ 1 台 ASA 5505 防火墙和 1 台服务器。

（2）实训拓扑图如图 4-6 所示。

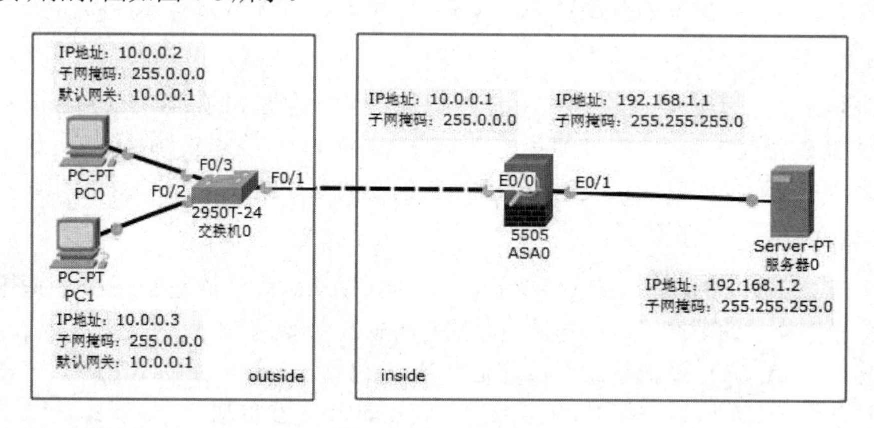

图 4-6　实训拓扑图

（3）配置要求见表 4-4 所示（无须配置 2950T-24 交换机）。

表 4-4　计算机和服务器配置

设备名称	IP 地址	子网掩码	默认网关
PC0	10.0.0.2	255.0.0.0	10.0.0.1
PC1	10.0.0.3	255.0.0.0	10.0.0.1
服务器 0	192.168.1.2	255.255.255.0	不设置

4．实训效果

（1）可使用无客户端 SSL VPN 访问服务器。

（2）根据不同账户类型显示不同的书签和组策略。

5．实训思路

（1）添加并连接设备，配置计算机与服务器的 IP 信息。

（2）在防火墙上创建两个账户，配置接口 IP 地址，启动防火墙 Web 服务。

（3）添加书签。

（4）为用户配置组策略。

（5）测试配置效果。

防火墙无客户端 SSL、VPN 配置

6．详细步骤

（1）添加并连接设备，配置计算机与服务器的 IP 信息。

（2）在防火墙上创建两个账户，配置接口 IP 地址，启动防火墙 Web 服务。

① 单击“ASA0”防火墙，打开“ASA0”窗口，选择“CLI”选项卡，在“ASA 命令行”界面中输入以下命令。

```
ciscoasa>en
Password:
ciscoasa#conf t
ciscoasa(config)#username test1 password 123456
ciscoasa(config)#username test2 password 123456
ciscoasa(config)#int VLAN 2
ciscoasa(config-if)#ip address 10.0.0.1 255.0.0.0
ciscoasa(config-if)#no shutdown
ciscoasa(config-if)#exit
ciscoasa(config)#Webvpn
ciscoasa(config-Webvpn)#enable outside
INFO: WebVPN and DTLS are enabled on 'outside'.
ciscoasa(config-Webvpn)#exit
ciscoasa(config)#exit
ciscoasa#write memory
Building configuration...
Cryptochecksum: 5e0e1419 0ead7927 36c74a02 08f65b64

848 bytes copied in 1.997 secs (424 bytes/sec)
[OK]
ciscoasa#
```

② 配置结束后，单击“PC0”计算机，在打开的“PC0”窗口中选择“桌面”选项卡，单击“Web 浏览器”图标，在打开“Web 浏览器”界面的“URL”地址栏中输入“https://10.0.0.1/”，然后单击“跳转”按钮，出现如图 4-7 所示的“认证”对话框，输入用户名和密码，即可认证成功，如图 4-8 所示。

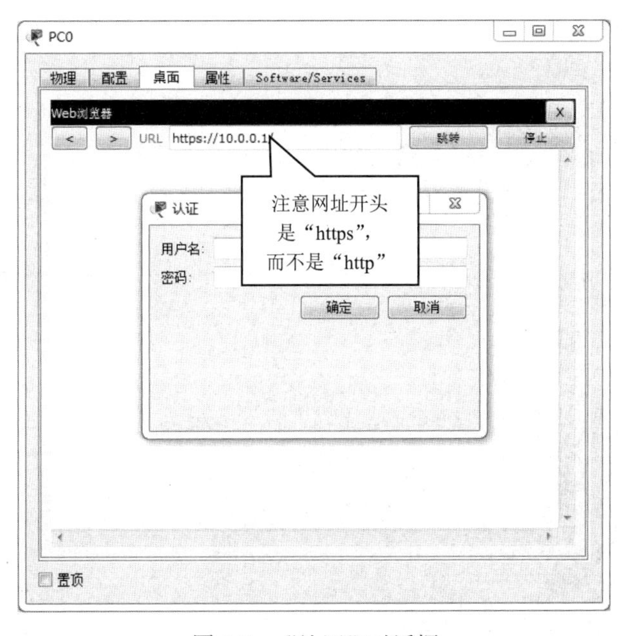

图 4-7　“认证”对话框

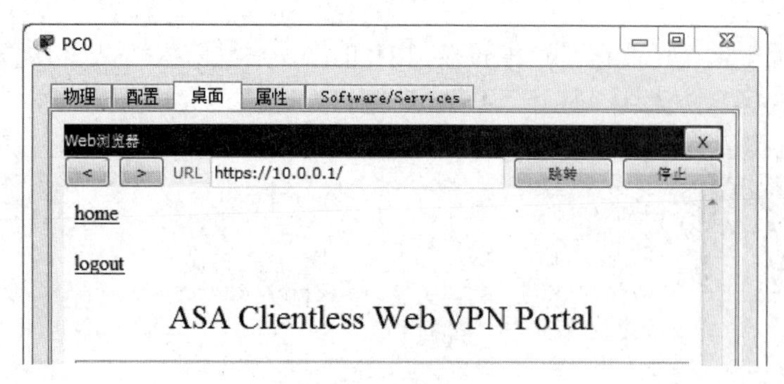

图 4-8　认证成功

（3）添加书签。

返回工作区，单击“ASA0”防火墙，在打开的“ASA0”窗口中选择“配置”选项卡，单击“书签管理器”选项在窗口右侧输入书签标题和相应的 URL。本实训以“bookmark1”为书签标题，以“http://192.168.1.2”为 URL，最后单击“添加”按钮即可保存书签，如图 4-9 所示。

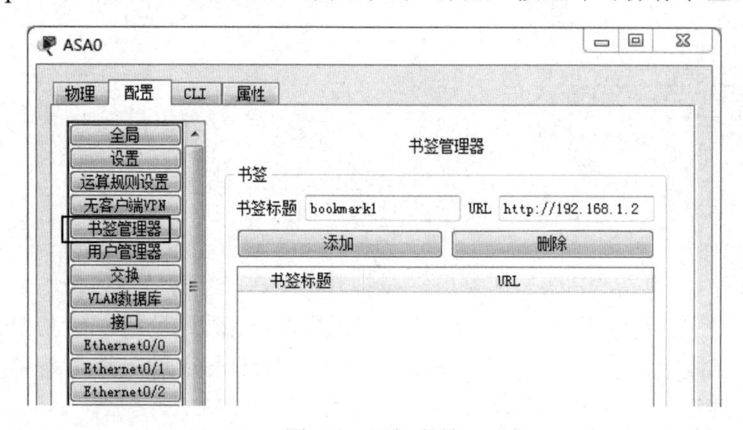

图 4-9　添加书签

（4）为用户配置组策略。

单击“用户管理器”选项，在“用户名”下拉菜单中选择“test1”选项，在“书签”下拉菜单中选择“bookmarkl”选项，在“配置名称”文本框中输入“policy1”，在“组策略”文本框中输入“profile1”，单击“设置”按钮即可保存配置，如图 4-10 所示。

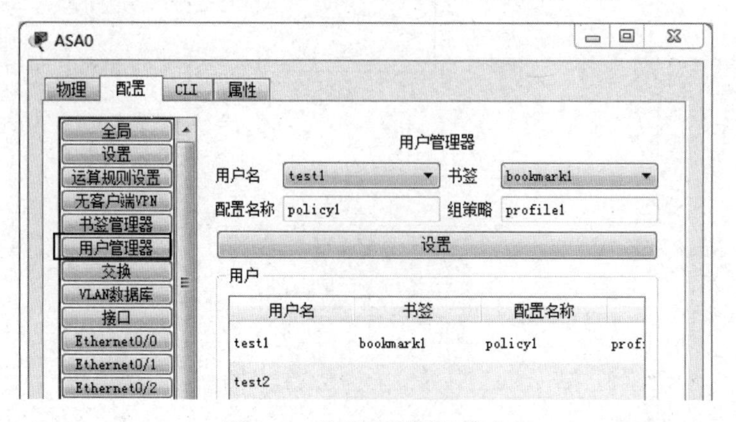

图 4-10　为用户配置组策略

（5）测试配置效果。

在“PC0”和“PC1”窗口中分别用“test1”和“test2”账户浏览“https://10.0.0.1”网站。发现在“PC0”窗口用“test1”账户所登录的页面中多了“bookmark1”链接，如图 4-11 所示。至此，已成功配置防火墙无客户端 SSL VPN。

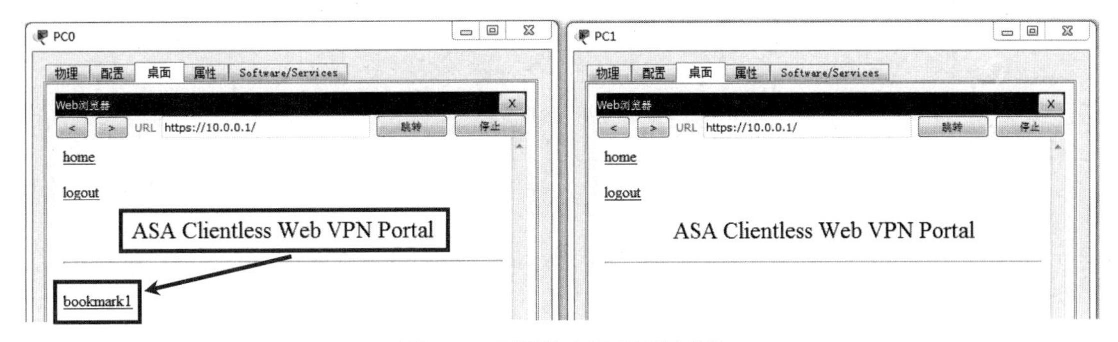

图 4-11　不同账户显示不同书签

7．相关知识

配置 SSL VPN 技术的 3 种方式。

（1）无客户端 SSL VPN。远程客户端只需要启用 SSL 的 Web 浏览器即可访问公司 LAN 启用了 HTTP 或 HTTPS 的 Web 服务器，还可以使用通用互联网文件系统（CIFS）访问 Windows 文件。

（2）瘦客户端 SSL VPN（接口转发）。远程客户端必须下载一个基于 Java 的小程序，以便安全访问使用静态接口号的 TCP 应用程序。SSL VPN 方法不适用于使用动态接口分配的应用程序，如多个 FTP 应用程序。

（3）胖客户端 SSL VPN（SVC 隧道模式）。SSL VPN 客户端将小型客户端下载到远程工作站，并允许访问内部企业网络上的资源。SVC 可以永久下载到远程工作站，也可以在安全会话结束后删除。

8．注意事项

（1）为使知识点通俗易懂，本实训通过相应菜单配置了书签和组策略。请读者在通过菜单进行配置的过程中，参考窗口下方所执行的命令，为日后进阶更高业务水平做准备，如图 4-12 所示。

（2）在本知识点的实训中，网站前缀使用了“https”，读者要注意“https”和“http”的区别。HTTP 协议传输的数据都是未加密的，也就是明文的，因此使用 HTTP 协议传输隐私信息是不安全的。为了保证这些隐私数据能够加密传输，网景公司设计了 SSL（Secure Sockets Layer）协议用于对 HTTP 协议传输的数据进行加密，从而 HTTPS 就诞生了。简单来说，HTTPS 协议是由 HTTP+SSL 协议所构建的可进行加密传输、身份认证的网络协议，要比 HTTP 协议更安全。

9．实训巩固

在上述实训的基础上，再增加两个账户，为每个账户配置两个书签。

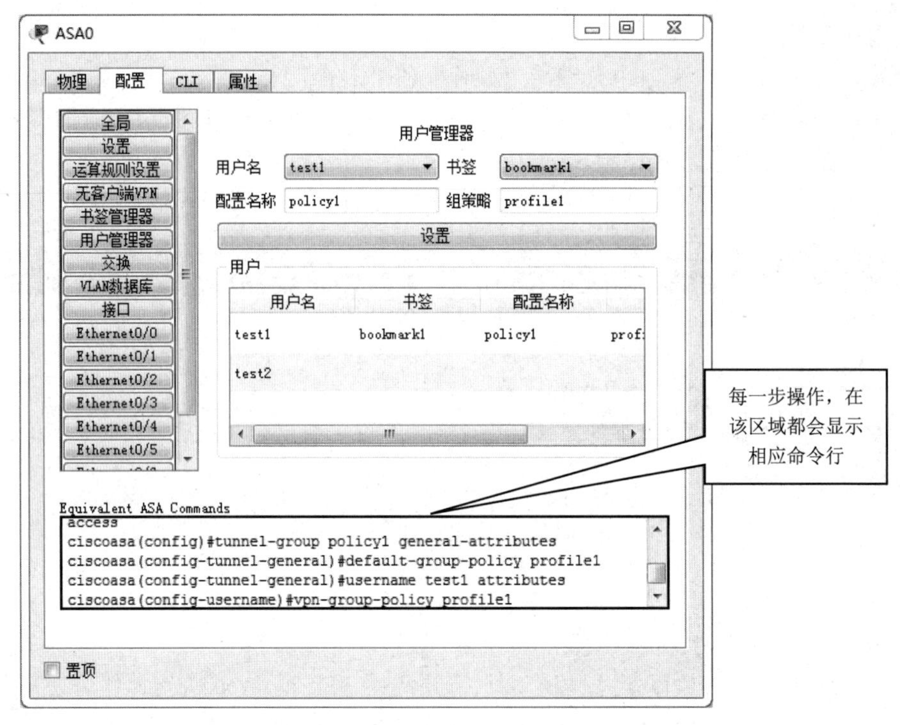

图 4-12　用菜单配置所执行的命令

4.4　防火墙安全区域配置

预备知识

安全区域（Security Zone）是防火墙的一个非常重要的概念。安全区域是一个或多个接口的集合，是防火墙区别于路由器的主要特性。

防火墙通过安全区域来划分网络、标识报文流动的路线，只有当报文在不同的安全区域进行流动时，才会触发安全检查。防火墙通过接口来连接网络，将接口划分到安全区域后，通过接口就能把安全区域和网络关联起来。通常说某个安全区域，即表示该安全区域中接口所连接的网络。通过把接口划分到不同的安全区域，就可以在防火墙上划分出不同的网络。

ASA 5505 防火墙除了内置的 inside 和 outside 两个安全区域，通常在实际应用中也会增加 dmz 区域。dmz 是英文“demilitarized zone”的缩写，中文名称为“隔离区”，也称“非军事化区”。dmz 是位于企业内部网络和外部网络之间的一个网络区域，是一个非安全系统与安全系统之间的缓冲区，通常用来放置一些必须公开的服务，如 Web 服务器、FTP 服务器等。

1. 学习目标

（1）了解安全区域的基本概念。

（2）掌握安全区域的配置方法。

2. 应用情境

某公司为了保证相关业务的安全，重新对公司网络进行了规划，将内部办公网络、互联网和内网服务器区分别划分为 inside、outside 和 dmz 安全区域。

3. 实训要求

（1）实训设备。

① 3 台 1941 路由器。

② 1 台 ASA 5505 防火墙。

③ 3 条直通线。

（2）实训拓扑图如图 4-13 所示。

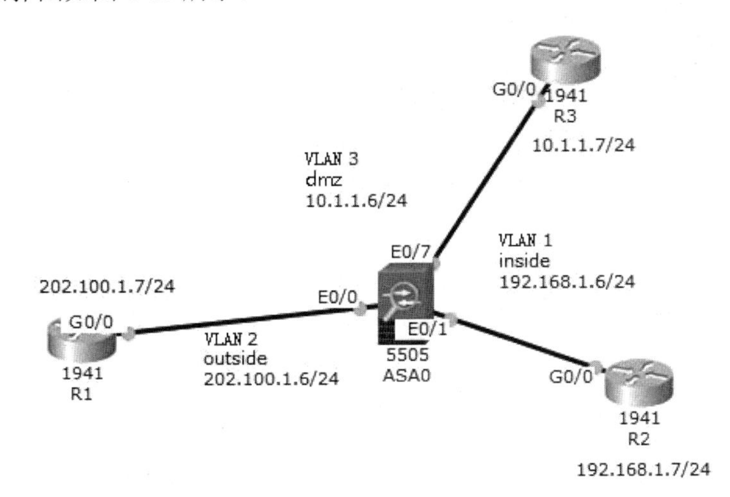

图 4-13　实训拓扑图

（3）配置要求见表 4-5 和表 4-6。

表 4-5　路由器配置

设备名称	G0/0 接口 IP 地址/子网掩码	连接接口
R1	202.100.1.7/24	防火墙的 E0/0
R2	192.168.1.7/24	防火墙的 E0/1
R3	10.1.1.7/24	防火墙的 E0/7

表 4-6　防火墙配置

VLAN	安全区域名称	IP 地址/子网掩码	接口
VLAN 1	inside	192.168.1.6/24	E0/1 至 E0/6
VLAN 2	outside	202.100.1.6/24	E0/0
VLAN 3	dmz	10.1.1.6/24	E0/7

4. 实训效果

（1）将 3 个路由器分别划分为 inside（内网），outside（外网），dmz（服务器区）安全区域。

（2）路由器之间能互相进行 Telnet 远程登录。

5. 实训思路

（1）添加各种设备，并按如图 4-13 的实训拓扑图用线缆连接设备。

（2）配置防火墙相关参数。

（3）配置路由器相关信息。

（4）为各路由器分别添加路由和 Telnet 用户。

（5）通过 Telnet 远程登录测试各路由器之间的连通性。

防火墙安全区域配置

6. 详细步骤

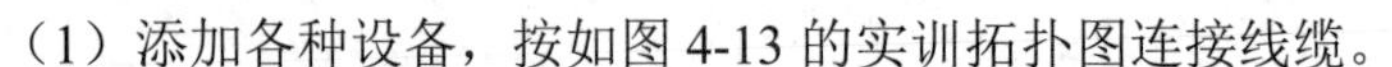

（1）添加各种设备，按如图 4-13 的实训拓扑图连接线缆。

（2）配置防火墙相关参数。单击“ASA0”防火墙，在打开的“ASA0”窗口中选择“CLI”选项卡，在“ASA 命令行”界面中输入以下命令。

① 查看防火墙当前配置。

```
ciscoasa>en
Password:                            //防火墙默认密码为空
ciscoasa#show running-config         //查看当前配置信息
……                                   //此处省略无关内容
interface VLAN1
nameif inside
security-level 100
ip address 192.168.1.1 255.255.255.0
! interface VLAN2
nameif outside
security-level 0 ip address dhcp
!
/此处省略无关内容
```

查看当前配置后，发现防火墙已配置 VLAN1 和 VLAN2 安全区域（inside 和 outside）及安全级别，VLAN1 的 IP 地址配置不符合题目要求，需要进行修改。

② 查看防火墙 VLAN 详细信息。

```
ciscoasa#show switch VLAN
VLAN Name       Status      Ports
---- -------------------------------- --------- -----------------------
inside           down      Et0/1, Et0/2, Et0/3, Et0/4 Et0/5, Et0/6, Et0/7
outside          down      Et0/0
ciscoasa#
```

通过查看 VLAN 详细信息发现，还没有 dmz 的 VLAN。

③ 修改防火墙 VLAN 1 信息（inside）。

```
ciscoasa#conf t
ciscoasa(config)#int VLAN 1
ciscoasa(config-if)#no ip address 192.168.1.1 255.255.255.0
WARNING: DHCPD bindings cleared on interface 'inside', address pool removed
ciscoasa(config-if)#ip address 192.168.1.6 255.255.255.0
ciscoasa(config-if)#
```

④ 修改防火墙 VLAN 2 信息（outside）。

```
ciscoasa(config-if)#int VLAN 2
ciscoasa(config-if)#ip address 202.100.1.6 255.255.255.0
ciscoasa(config-if)#
```

⑤ 添加防火墙 VLAN 3 信息（dmz）。

```
ciscoasa(config-if)#int VLAN 3
ciscoasa(config-if)#no forward interface VLAN 1
ciscoasa(config-if)#nameif dmz
```

```
INFO: Security level for "dmz" set to 0 by default.
ciscoasa(config-if)#security-level 50
ciscoasa(config-if)#ip address 10.1.1.6 255.255.255.0
ciscoasa(config-if)#no shut
ciscoasa(config-if)#exit
ciscoasa(config)#int e0/7
ciscoasa(config-if)#switchport access VLAN 3
ciscoasa(config-if)#^Z
ciscoasa#
%SYS-5-CONFIG_I: Configured from console by console

ciscoasa#show switch VLAN

VLAN Name Status Ports
---- -------------------------------- --------- -----------------------
1 inside down Et0/1, Et0/2, Et0/3, Et0/4
Et0/5, Et0/6
2 outside down Et0/0
3 dmz down Et0/7
ciscoasa#
```

（3）配置路由器相关信息。

① 配置“R1”路由器。单击“R1”路由器，在打开的“R1”窗口中选择“CLI”选项卡，在“IOS 命令行”界面中输入以下命令。

```
Router>en
Router#conf t
Enter configuration commands, one per line. End with CNTL/Z.
Router(config)#hostname R1
R1(config)#int g0/0
R1(config-if)#ip address 202.100.1.7 255.255.255.0
R1(config-if)#no shut
R1(config-if)#
%LINK-5-CHANGED: Interface GigabitEthernet0/0, changed state to up

%LINEPROTO-5-UPDOWN: Line protocol on Interface GigabitEthernet0/0, changed
state to up

R1(config-if)#
```

② 配置“R2”路由器。单击“R2”路由器，在打开的“R2”窗口中选择“CLI”选项卡，在“IOS 命令行”界面中输入以下命令。

```
Router>
Router>en
Router#conf t
Enter configuration commands, one per line. End with CNTL/Z.
Router(config)#hostname R2
R2(config)#int g0/0
R2(config-if)#ip address 192.168.1.7 255.255.255.0
R2(config-if)#no shut
```

```
R2(config-if)#
%LINK-5-CHANGED: Interface GigabitEthernet0/0, changed state to up

%LINEPROTO-5-UPDOWN: Line protocol on Interface GigabitEthernet0/0, changed
state to up

R2(config-if)#
```

③ 配置“R3”路由器。单击“R3”路由器，在打开的“R3”窗口中选择“CLI”选项卡，在“IOS 命令行”界面中输入以下命令。

```
Router>en
Router#conf t
Enter configuration commands, one per line. End with CNTL/Z.
Router(config)#hostname R3
R3(config)#int g0/0
R3(config-if)#ip address 10.1.1.7 255.255.255.0
R3(config-if)#no shut

R3(config-if)#
%LINK-5-CHANGED: Interface GigabitEthernet0/0, changed state to up

%LINEPROTO-5-UPDOWN: Line protocol on Interface GigabitEthernet0/0, changed
state to up

R3(config-if)#
```

（4）为各路由器分别添加路由和 Telnet 用户。

① 为“R1”路由器添加路由和 Telnet 用户。单击“R1”路由器，在打开的“R1”窗口中选择“CLI”选项卡，在“IOS 命令行”界面中输入以下命令。

```
R1#
R1#conf t
Enter configuration commands, one per line. End with CNTL/Z.
R1(config)#ip route 0.0.0.0 0.0.0.0 202.100.1.6
R1(config)#line vty 0 4
R1(config-line)#password 12345678
R1(config-line)#login
R1(config-line)#^Z
R1#
```

② 为“R2”路由器添加路由和 Telnet 用户。单击“R2”路由器，在打开的“R2”窗口中选择“CLI”选项卡，在“IOS 命令行”界面中输入以下命令。

```
R2>
R2>en
R2#conf t
Enter configuration commands, one per line. End with CNTL/Z.
R2(config)#ip route 0.0.0.0 0.0.0.0 192.168.1.6
R2(config)#line vty 0 4
R2(config-line)#password 12345678
R2(config-line)#login
```

③ 为“R3”路由器添加路由和 Telnet 用户。单击“R3”路由器，在打开的“R3”窗口中选择“CLI”选项卡，在“IOS 命令行”界面中输入以下命令。

```
R3>
R3>en
R3#conf t
Enter configuration commands, one per line. End with CNTL/Z.
R3(config)#ip route 0.0.0.0 0.0.0.0 10.1.1.6
R3(config)#line vty 0 4
R3(config-line)#password 12345678
R3(config-line)#login
R3(config-line)#^Z
R3#
```

（5）通过 Telnet 进行远程登录，测试各路由器之间的连通性。

① 在“R1”路由器上测试。单击“R1”路由器，在打开的“R1”窗口中选择“CLI”选项卡，在“IOS 命令行”界面中输入以下命令。

```
R1>
R1>telnet 192.168.1.7
Trying 192.168.1.7 ...
% Connection timed out; remote host not responding        //从R1登录R2失败
R1>telnet 10.1.1.7
Trying 10.1.1.7 ...
% Connection timed out; remote host not responding        //从R1登录R3失败
R1>
```

② 在“R2”路由器上测试。单击“R2”路由器，在打开的“R2”窗口中选择“CLI”选项卡，在“IOS 命令行”界面中输入以下命令。

```
R2#telnet 202.100.1.7
Trying 202.100.1.7 ...Open

User Access Verification

Password:
R1>exit                                                  //从R2登录R1成功

[Connection to 202.100.1.7 closed by foreign host]
R2#telnet 10.1.1.7
Trying 10.1.1.7 ...Open


User Access Verification

Password:
R3>exit                                                  //从R2登录R3成功
```

③ 在“R3”路由器上测试。单击“R3”路由器，在打开的“R3”窗口中选择“CLI”选项卡，在“IOS 命令行”界面中输入以下命令。

```
R3#telnet 192.168.1.7
Trying 192.168.1.7 ...
% Connection timed out; remote host not responding        //从R3登录R2成功
```

```
R3#telnet 202.100.1.7
Trying 202.100.1.7 ...Open


User Access Verification

Password:
R1>
R1>exit                                                    //从R3登录R1成功

[Connection to 202.100.1.7 closed by foreign host]
```

通过 Telnet 远程登录测试各路由器之间的连通性，可以得出防火墙默认的访问规则。防火墙允许从高安全级别接口到低安全级别接口的流量通过，禁止从低安全级别接口到高安全级别接口的流量通过。

7．相关知识

dmz 的安全级别介于 inside 和 outside 之间。在实际应用中，通常需要配置访问规则和 IP 地址转换来允许 outside 访问 dmz。

8．注意事项

本实训各路由器之间不能用 Ping 命令来测试连通性，因为有返回信息才算 Ping 通。

9．实训巩固

应用情境：小张拿着如图 4-14 所示的实训巩固拓扑图来找小李，向他请教安全区域的基本原理和配置方法。

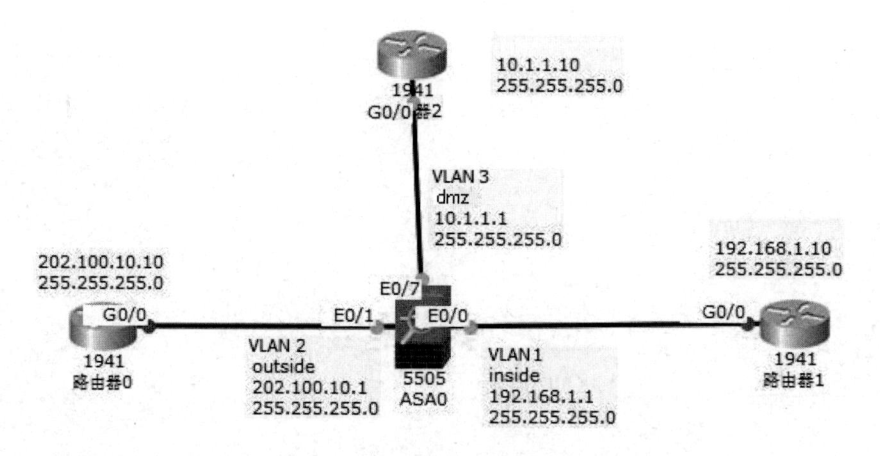

图 4-14　实训巩固拓扑图

4.5　防火墙 DHCP、NAT 和 ACL 配置

预备知识

关于 NAT 知识点，请自行复习“3.13 静态 NAT 配置”节内容。

1．学习目标

（1）了解防火墙的 NAT 和 ACL 的基本原理。

（2）掌握防火墙 DHCP 的配置方法。

（3）掌握防火墙的 NAT 和 ACL 的配置方法。

2．应用情境

某公司的一些员工无法上网，原因是这些员工设置了错误的 IP 地址、网关和 DNS 服务器。网络管理员决定在防火墙上创建 DHCP 服务，一次性解决该问题。在配置过程中，将原来在路由器的 NAT 和 ACL 配置，也迁移到防火墙。

3．实训要求

（1）实训设备。

① 1 台外网服务器。

② 1 台计算机。

③ 1 台 1941 路由器。

④ 1 台 ASA 5505 防火墙。

⑤ 1 台 2960-24TT 交换机。

（2）实训拓扑图如图 4-15 所示。

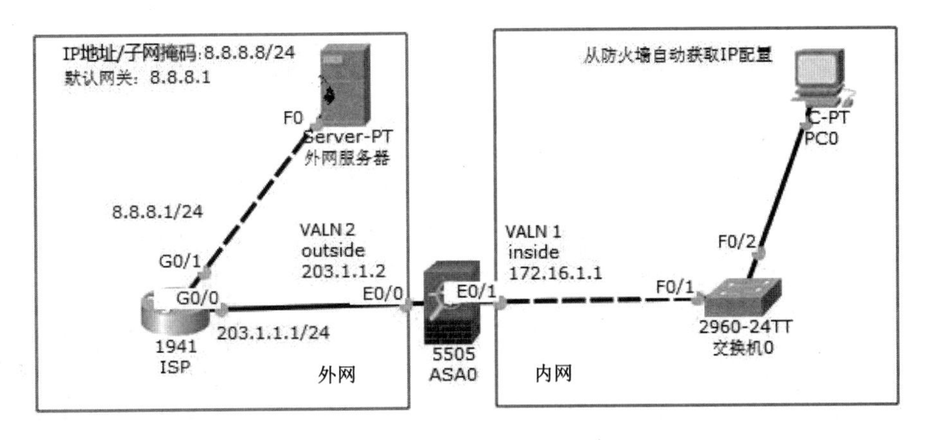

图 4-15　实训拓扑图

（3）配置要求见表 4-7～表 4-9（计算机为自动获取 IP 信息；交换机使用默认配置）。

表 4-7　外网服务器配置

设备接口	IP 地址/子网掩码	默认网关	连接接口
F0	8.8.8.8/24	8.8.8.1	ISP 路由器的 G0/1 接口

表 4-8　ISP 路由器配置

设备接口	IP 地址/子网掩码	连接接口
G0/0 接口	203.1.1.1/24	防火墙的 E0/0
G0/1 接口	8.8.8.1/24	外网服务器

表 4-9　防火墙配置

VLAN	安全区域名称	IP 地址/子网掩码	接口
VLAN 1	inside	172.16.1.1/24	E0/1 至 E0/6
VLAN 2	outside	203.1.1.2/24	E0/0

4. 实训效果

（1）内网的“PC0”计算机可以 Ping 通外网的“外网服务器”。

（2）在内网的“PC0”计算机的 Web 浏览器中输入“http://www.phei.com.cn”网址，能打开外网的“外网服务器”的网站。

5. 实训思路

（1）添加各种设备，按如图 4-15 所示的实训拓扑图用线缆连接设备。
（2）配置防火墙安全区域。
（3）配置路由器名称和接口 IP 地址。
（4）测试“外网服务器”到路由器的连通性。
（5）配置防火墙 DHCP 服务，让内网计算机能够自动获取 IP 信息。
（6）配置防火墙默认路由。
（7）配置路由器 OSPF。
（8）配置防火墙的 NAT 和 ACL。
（9）配置“外网服务器”的 IP 地址。
（10）测试“PC0”计算机到“外网服务器”设备的连通性。
（11）设置防火墙允许浏览网站的规则。
（12）测试从内网浏览外网服务器的网站。

防火墙 DHCP、NAT 和 ACL 配置

6. 详细步骤

（1）添加各种设备，按如图 4-15 所示的实训拓扑图用线缆连接设备。

（2）配置防火墙安全区域。单击“ASA0”防火墙，在打开的“ASA0”窗口中选择“CLI”选项卡，在“ASA 命令行”界面中配置防火墙 inside 和 outside 安全区域。

① 利用“show running-config”命令，查看防火墙默认配置（详细操作请看上一节内容）。

② 撤销部分原有配置。

```
ciscoasa(config)#no dhcpd address 192.168.1.5-192.168.1.36 inside
                                                //撤销原有DHCP
ciscoasa(config)#no dhcpd enable inside        //禁用DHCP分配
ciscoasa(config)#int VLAN 1                     //进入VLAN 1
ciscoasa(config-if)#no ip address 192.168.1.1 255.255.255.0
                                                //删除默认IP信息
```

小贴士：

首先撤销原有 DHCP 并禁用 DHCP 分配，然后再删除“VLAN 1”的默认 IP 信息。注意操作步骤，否则会造成异常。

③ 配置 inside 和 outside 安全区域。

```
ciscoasa(config-if)#ip address 172.16.1.1 255.255.255.0
ciscoasa(config-if)#nameif inside
ciscoasa(config-if)#security-level 100
```

```
ciscoasa(config-if)#exit
ciscoasa(config)#int VLAN 2
ciscoasa(config-if)#ip address 203.1.1.2 255.255.255.0
ciscoasa(config-if)#nameif outside
ciscoasa(config-if)#security-level 0
ciscoasa(config-if)#^Z
ciscoasa#
```

④ 将接口划入相应区域。

```
ciscoasa#conf t
ciscoasa(config)#int e0/0
ciscoasa(config-if)#switchport access VLAN 2
ciscoasa(config-if)#no shut
ciscoasa(config-if)#exit
ciscoasa(config)#int e0/1
ciscoasa(config-if)#switchport access VLAN 1
ciscoasa(config-if)#no shut
ciscoasa(config-if)#exit
ciscoasa(config)#^Z
ciscoasa#
```

（3）配置路由器名称和接口 IP 地址。单击“ISP”路由器，在打开的“ISP”窗口中选择“CLI”选项卡，在“IOS 命令行”界面中对路由器进行相关配置。

① 修改路由器名称为 ISP。

```
Router>en
Router#conf t
Enter configuration commands, one per line. End with CNTL/Z.
Router(config)#hos
Router(config)#hostname ISP
ISP(config)#
```

② 配置连接设备的两个接口 IP 地址。

```
ISP(config)#int g0/0
ISP(config-if)#ip address 203.1.1.1 255.255.255.0
ISP(config-if)#no shut
ISP(config-if)#
%LINK-5-CHANGED: Interface GigabitEthernet0/0, changed state to up
%LINEPROTO-5-UPDOWN: Line protocol on Interface GigabitEthernet0/0, changed
state to up
ISP(config-if)#int g0/1
ISP(config-if)#ip address 8.8.8.1 255.255.255.0
ISP(config-if)#no shut
%LINK-5-CHANGED: Interface GigabitEthernet0/1, changed state to up
%LINEPROTO-5-UPDOWN: Line protocol on Interface GigabitEthernet0/1, changed
state to up
ISP(config-if)#
```

（4）测试外网服务器到路由器的连通性。根据返回信息，服务器到路由器是连通的。

（5）配置防火墙 DHCP 服务，让内网终端能够自动获取 IP 地址。单击“ASA0”防火墙，在打开的“ASA0”窗口中选择“CLI”选项卡，在“ASA 命令行”界面对防火墙进行相关配置。

① 设置 IP 地址分配范围为“172.16.1.5～172.16.1.6”。

```
ciscoasa#conf t
ciscoasa(config)#dhcpd address 172.16.1.5-172.16.1.6 inside
ciscoasa(config)#dhcpd dns 8.8.8.8 interface inside
ciscoasa(config)#dhcpd enable inside
ciscoasa(config)#
```

② 单击“PC0”计算机，打开“PC0”窗口，选择“桌面”选项卡中的“IP 配置”图标，在“IP 配置”选区中单击“DHCP”单选按钮即可看到 IP 配置信息，如图 4-16 所示。此时，“PC0”计算机能够 Ping 通“172.16.1.1”的网关。

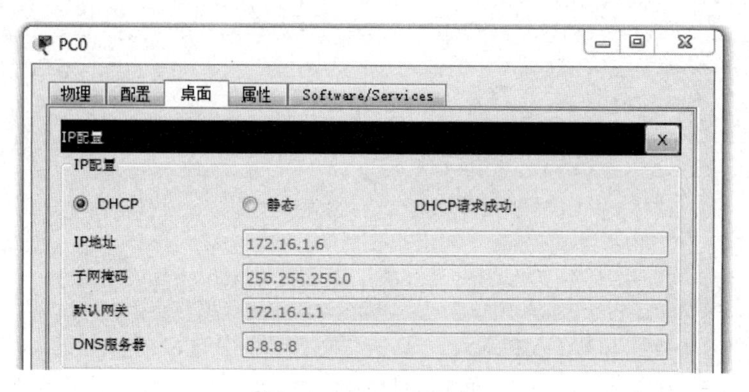

图 4-16　IP 配置信息

（6）配置防火墙默认路由。单击“ASA0”防火墙，在打开的“ASA0”窗口中选择“CLI”选项卡，在“ASA 命令行”界面中输入以下命令。

```
ciscoasa(config)#route outside 0.0.0.0 0.0.0.0 203.1.1.1
```

（7）配置路由器。单击“ISP”路由器，在打开的“ISP”窗口中选择“CLI”选项卡，在“IOS 命令行”界面中输入以下命令。

```
ISP(config-if)#exit
ISP(config)#router ospf 1
ISP(config-router)#network 203.1.1.0 0.0.0.255 area 0
ISP(config-router)#network 8.8.8.8 0.0.0.255 area 0
ISP(config-router)#
```

（8）配置防火墙的 NAT 和 ACL。单击“ASA0”防火墙，在打开的“ASA0”窗口中选择“CLI”选项卡，在“ASA 命令行”界面中输入以下命令。

```
ciscoasa(config)#object network LAN
ciscoasa(config-network-object)#subnet 172.16.1.0 255.255.255.0
ciscoasa(config-network-object)#nat (inside,outside) dynamic interface
ciscoasa(config-network-object)#^Z
ciscoasa#
ciscoasa#conf t
ciscoasa(config)#access-list 119 extended permit tcp any any
ciscoasa(config)#access-list 119 extended permit icmp any any
ciscoasa(config)#access-group 119 in interface outside
ciscoasa(config)#
```

（9）配置“外网服务器”的 IP 地址。

（10）测试“PC0”计算机到“外网服务器”服务器的连通性。根据返回信息，“PC0”计算机能够 Ping 通“外网服务器”服务器。

（11）设置防火墙允许浏览网站通过的规则。

① 单击“外网服务器”设备，在打开的“外网服务器”窗口中选择“服务”选项卡，单击“DNS”选项，在“DNS 服务”选区中单击“开启”单选按钮，设置相应参数，如图 4-17 所示。

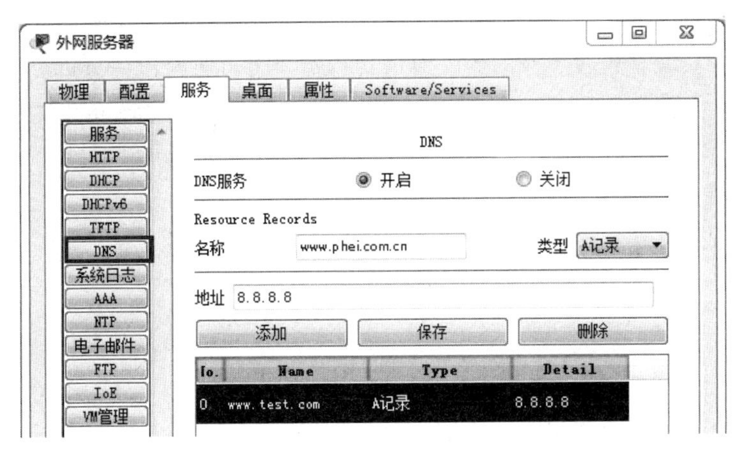

图 4-17　设置 DNS

② 在防火墙中设置允许 IP 协议通过的规则。单击“ASA0”防火墙，选择“CLI”选项卡，执行以下命令。

```
ciscoasa(config)#access-list 119 permit ip any any    //允许网站通过
```

（12）测试从内网打开外网服务器的网站。打开内网“PC0”计算机的 Web 浏览器，在浏览器中输入“http://www.phei.com.cn”网址，打开外网服务器的网站，如图 4-18 所示。根据测试结果，已按要求成功配置。

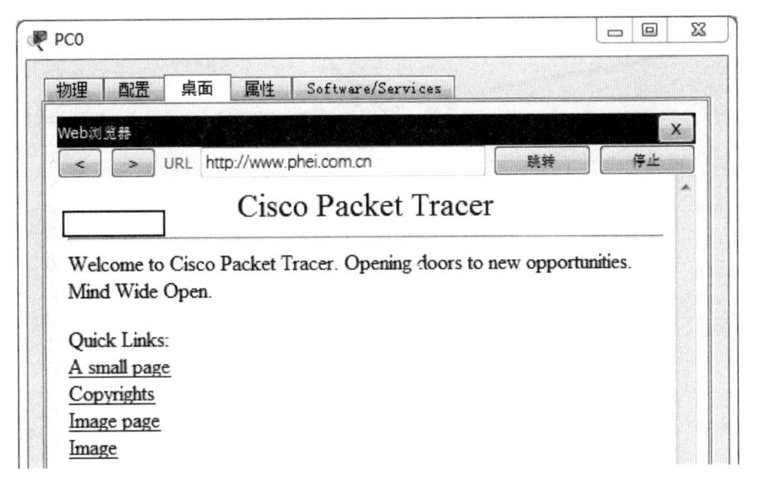

图 4-18　成功浏览网站

7. 相关知识

（1）NAT 的主要作用是解决 IP 地址数量紧缺的情况。当大量的内部主机只能使用少量的合法的外部 IP 地址，就可以使用 NAT 把内部地址转化成外部地址。NAT 还可以防止外部主机攻击内部主机（或服务器）。

（2）NAT 也有一定的局限性。

① NAT 违反了 IP 地址结构模型的设计原则。IP 地址结构模型的基础是每个 IP 地址均标识了一个网络的连接。互联网的软件设计就是建立在这个前提，而 NAT 可能使得很多主机共用一个 IP 地址，如 10.0.0.1。

② NAT 使得 IP 协议从面向无连接变成面向连接。NAT 必须维护专用 IP 地址与公用 IP 地址及接口号的映射关系。在 TCP/IP 协议体系中，如果一个路由器出现故障，并不会影响到 TCP 协议的执行。因为只要几秒收不到应答，发送进程就会进行超时重传处理。

③ NAT 违反了基本的网络分层结构模型的设计原则。因为在传统的网络分层结构模型中，第 N 层无法修改第 N+1 层的报头内容，NAT 破坏了这种各层独立的原则。

8. 注意事项

不同品牌和型号的防火墙，配置原理基本相同。具体配置时，可下载官方的对应型号配置手册进行配置。

9. 实训巩固

应用情境：在本实训配置的基础上，让外网的用户能够正常浏览 dmz 区的服务器上的网站，可参考如图 4-19 所示的实训巩固拓扑图。

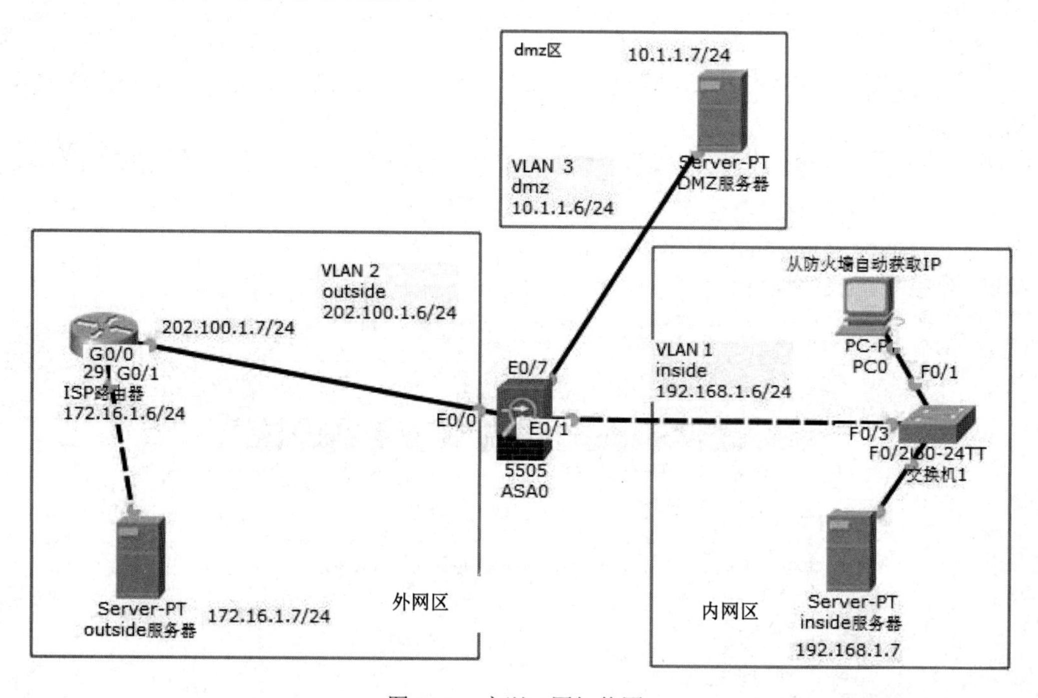

图 4-19　实训巩固拓扑图

第 5 章

物联网配置

5.1 物联网的基本配置

预备知识

物联网（Internet of Things，IoT）可以理解为物物相连的互联网。

物联网通过智能感知识别技术与普适计算等通信感知技术，广泛应用在网络融合中，也因此被称为继计算机、互联网之后世界信息产业发展的第三次浪潮。物联网是互联网的应用拓展，与其说物联网是网络，不如说物联网是互联网的业务和应用。因此，应用创新是物联网发展的核心，以用户体验为核心的创新是物联网发展的灵魂。

随着物联网技术的进步，许多家庭电器内嵌了网络模块，实现了万物互联。通过手机 App 就能随时随地遥控家里的空调、热水器和洗衣机等电器。随着天猫精灵、百度小度和腾讯听听等智能音响的出现，更进一步地推动了智能家居的普及。现如今，物联网是一个热门的技术领域，全球涌现出许多利用该技术的新公司和新产品。物联网的配置已经成为网络技术人员的必修课程。

在 Cisco Packet Tracer 软件中，物联网相关组件被分为 4 类，分别为智能硬件设备、电路板、执行器和传感器。智能硬件设备具有网络模块，能够通过物联网家庭网关或注册服务器联网实现物联网设备的远程监控和配置，而其他组件不具有网络模块，要通过连接单片机或单板机的数字或模拟接口上进行联网，用编程语言 JavaScript、Python 和可视化编程语言进行操控，使之能实现物联网设备的远程控制和管理。

1．学习目标

（1）认识物联网设备。

（2）掌握家庭网关的配置方法。

（3）掌握智能设备风扇联网的配置方法。

（4）掌握通过智能手机遥控风扇等智能设备的方法。

2．应用情境

小王在淘宝网上购买了一台智能风扇，想要实现用智能手机遥控智能风扇的功能。

3．实训要求

（1）实训设备。

① 1 台智能手机。

② 1 台智能风扇。

③ 1 台 DLC100 家庭网关（外观如图 5-1 所示）。

（2）实训拓扑图如图 5-2 所示。

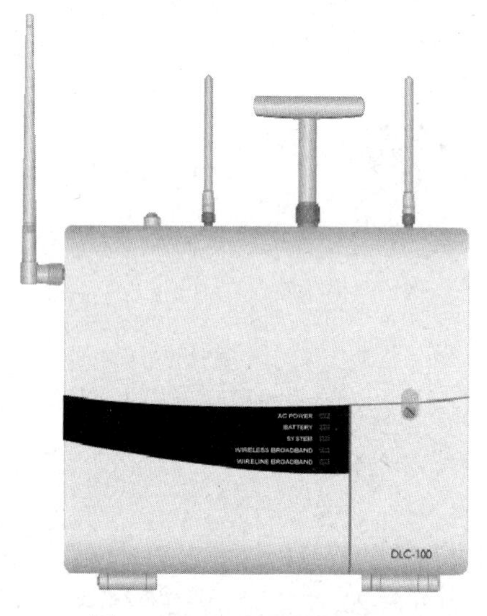

图 5-1　DLC100 家庭网关

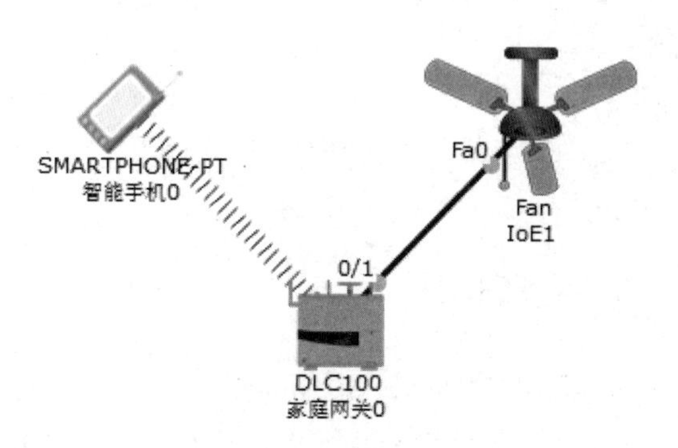

图 5-2　实训拓扑图

（3）配置要求。

① 配置“智能手机 0”设备和“IoE1”智能风扇的 DHCP。

② 设置“家庭网关 0”设备的无线 SSID 为“test”，密码为“12345678”。

4．实训效果

能够通过智能手机遥控智能风扇。

5．实训思路

（1）添加并连接相关设备。

（2）配置家庭网关。

（3）配置智能风扇。

（4）设置智能手机联网。

（5）测试效果。

物联网的基本配置

6．详细步骤

（1）添加并连接相关设备。

① 添加家庭网关。家族网关在“网络设备”类别下的“无线设备”中。单击“Home Gateway”图标后，在工作区相应位置单击后即可进行摆放，如图 5-3 所示。

② 添加智能手机。智能手机在“终端设备”类别下的“无线设备”中。单击“Smart Device”图标后，在工作区相应位置单击后即可进行摆放，如图 5-4 所示。

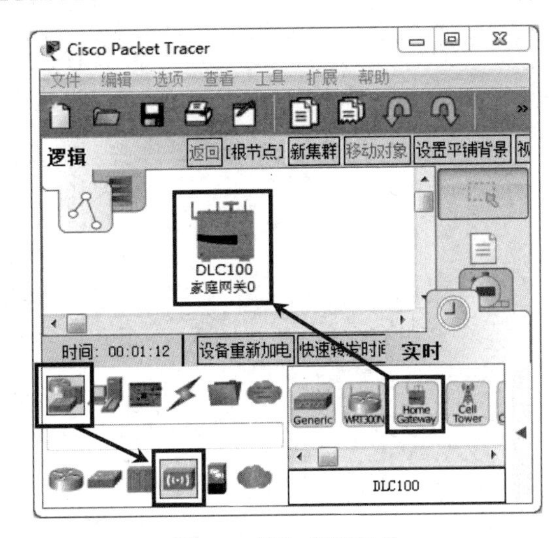

图 5-3　添加家庭网关

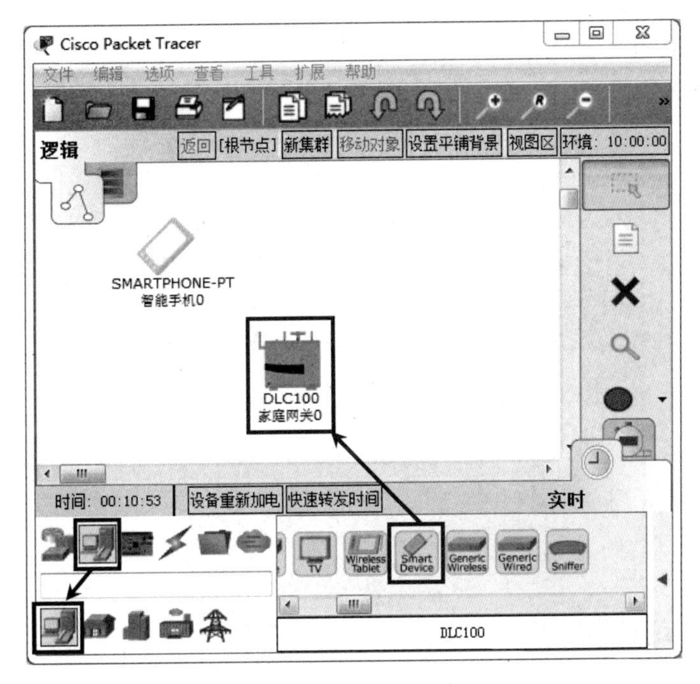

图 5-4　添加智能手机

③ 添加智能风扇。智能风扇在“终端设备”类别下的“家庭”中。单击“Fan”图标后，在工作区相应位置单击后即可进行摆放，如图 5-5 所示。利用直通线将风扇和家庭网关相连接。

（2）配置家庭网关。单击工作区中的“家庭网关 0”设备，在打开的“家庭网关 0”窗口中选择“配置”选项卡，单击“无线”选项，在窗口右侧区域中设置 SSID 为“test”，认证为“WPA-PSK”，密码为“12345678”，如图 5-6 所示。

（3）配置风扇。

① 单击工作区中的“IoE0”智能风扇。在打开的“IoE0”窗口中选择“配置”选项卡，单击“全局”选项，在“IoE 服务器”选区中选中“家庭网关”单选按钮，如图 5-7 所示。

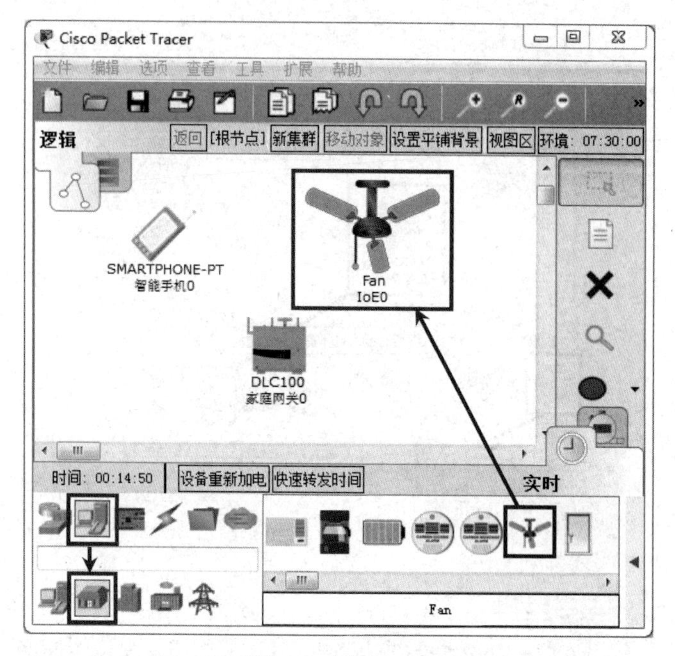

图 5-5　添加风扇

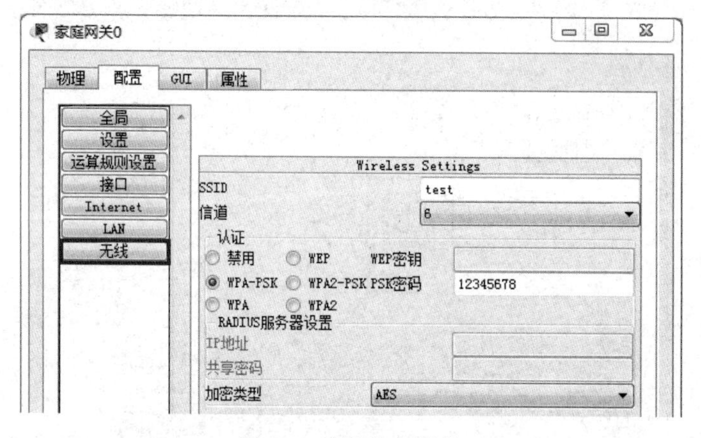

图 5-6　配置家庭网关

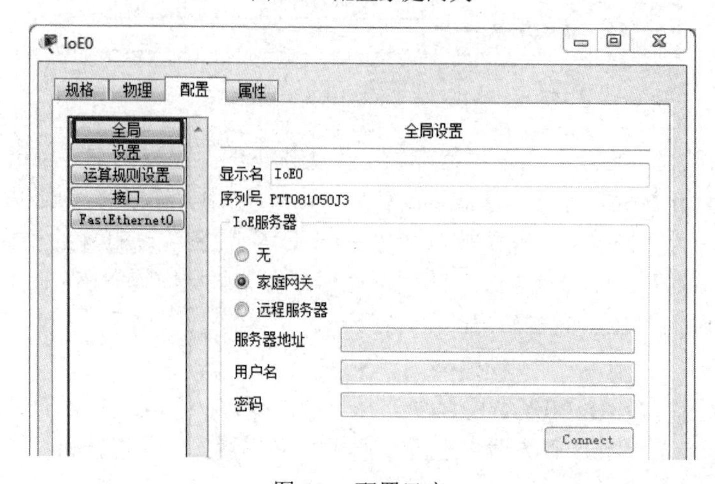

图 5-7　配置风扇

② 单击“FastEthernet0”选项，在“IP 配置”选区中，选中“DHCP”单选按钮，智能风扇即可自动获取 IP 信息，如图 5-8 所示。

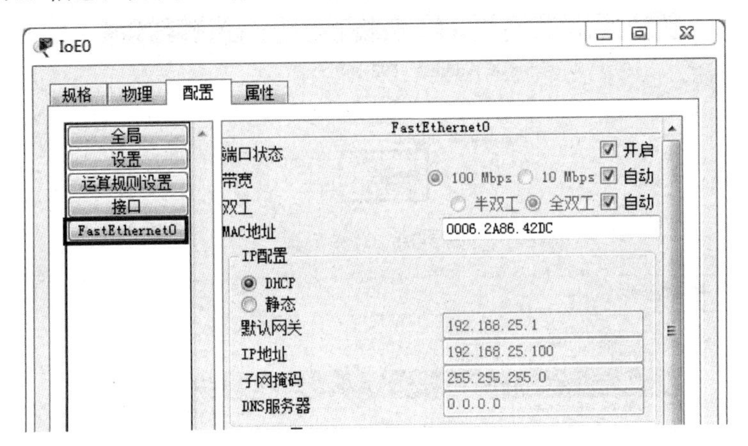

图 5-8　配置风扇 IP 信息

（4）设置智能手机联网。

单击“智能手机 0”设备，在打开的“智能手机 0”窗口中选择“配置”选项卡，单击“Wireless0”选项，在窗口右侧区域中设置 SSID 为“test”，认证为“WPA-PSK”，密码为“12345678”。在“IP 配置”选区中，选中“DHCP”单选按钮，智能手机即可自动获取 IP 信息，如图 5-9 所示。

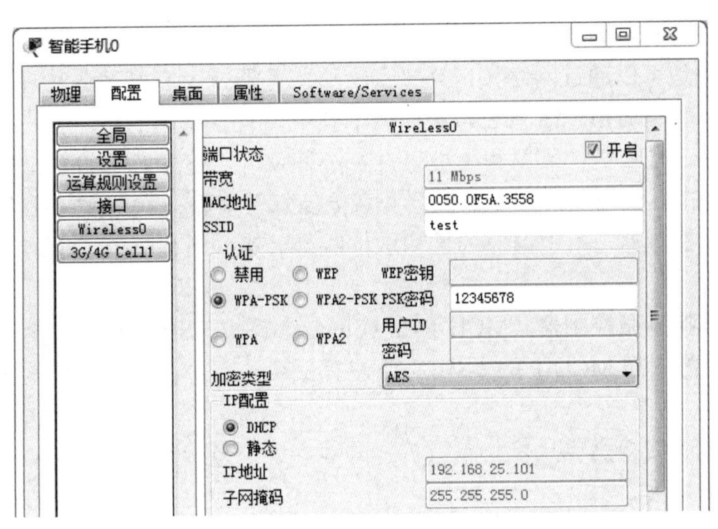

图 5-9　配置智能手机联网

（5）测试效果。

① 单击“智能手机 0”设备，在打开的“智能手机 0”窗口中选择“桌面”选项卡，单击“IoE 监视器”图标，打开“IoE 监视器”登录界面，无须更改相关信息，直接单击“Login”按钮，如图 5-10 所示。

② 成功登录后，可以看到连接的“IoE0”设备，单击圆点左侧的小三角形可展示详细信息，如图 5-11 所示。依次单击“Low”、“High”和“Off”按钮，可调节工作区智能风扇的风力级数及关闭智能风扇。

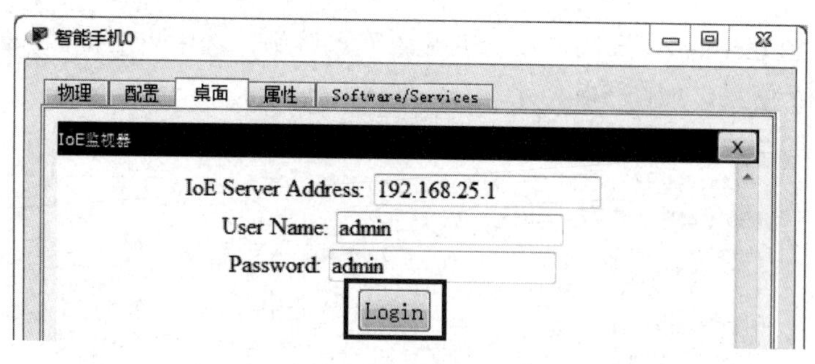

图 5-10　登录界面

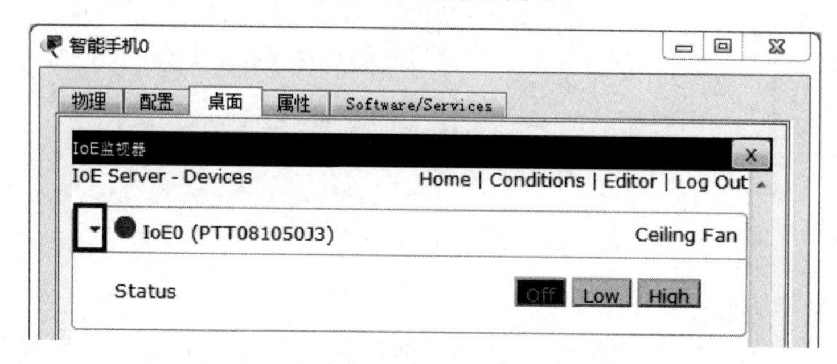

图 5-11　控制“IoE0”智能风扇

7. 相关知识

在 Cisco Packet Tracer 软件中，常用的物联网设备包括家庭网关、IoE 注册服务器、智能硬件设备、组件和物联网定制线缆。

（1）智能硬件是可以通过网络接口连接到注册服务器或家庭网关的物理对象。它们分为 4 个子类别：家庭，智慧城市，工业公司和电网。其中，有家庭用的门、窗户、空调、加湿器、台灯、草坪喷洒器、咖啡机、风扇和火炉等设备；有应用于智慧城市的气压探测器、火警报警器、太阳能板、RFID 识别卡、环境监测器和智能街灯等设备；有应用于工业公司的信号发射器、温控器、移动探测器、下水道监控器和水位监测器等；还有应用于电网的电表、电池和风力发电机等设备。

（2）组件是连接到微控制器（MCU-PT）或单台计算机（SBC-PT）的物理对象。它们通常没有网络接口，只能依靠 MCU-PT 或 SBC-PT 进行网络访问。它是仅通过模拟或数字插槽进行通信的简单设备。

（3）物联网定制线缆是单片机与单板机上的数字或模拟接口（D0、D1、A0 或 A1 等）与组件或组件之间的连线。

8. 注意事项

（1）单片机与单板机默认没有网络模块，若需要安装，应先关闭电源。

（2）Cisco Packet Tracer 软件更侧重于传感技术、执行器技术及网络通信技术的应用，对数据库技术、云计算技术和中间件技术等信息处理与服务的物联网核心技术涉及较少。

9. 实训巩固

应用情景：小李购买了一台智能台灯，想通过配置相关设备，实现智能手机遥控智能台灯，可参考如图 5-12 所示的实训巩固拓扑图。

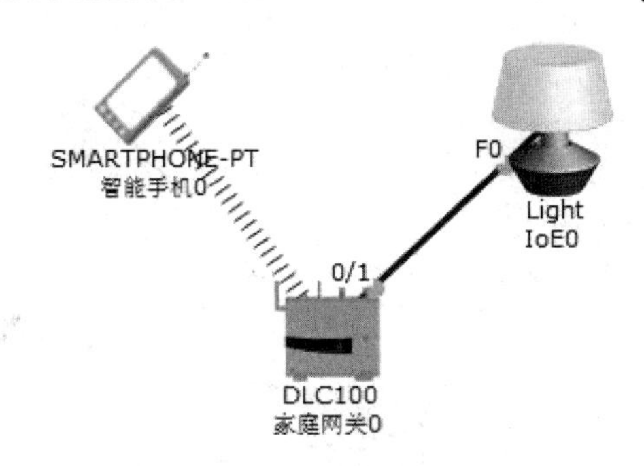

图 5-12　实训巩固拓扑图

5.2　户外草坪喷头控制

预备知识

物联网技术结合农业诞生了物联网智能灌溉系统，这不仅提高了灌溉精准度，同时也减轻了人力劳动，实现了远程控制，提高了农业生产的效率。物联网智能化农业灌溉是指不需要人为对其控制，系统能够自动感知农作物何时需要灌溉及需要灌溉的水量。物联网智能化灌溉系统可以根据农作物的数据采集结果，自动开启灌溉系统。

目前，物联网灌溉技术是我国从传统农业向现代化农业转型的重要技术，这项技术帮助农业生产实现了向远程化、精细化、自动化和虚拟化的转型。物联网智能化灌溉系统提高了灌溉的综合管理水平，将原本最需要人的经验才可以进行生产的农业，转变成了科技化生产模式，不仅解决了人为操作的盲目性与随意性，而且提高了全面管理水平，实现了一个人对上万亩地的管理。

1. 学习目标

（1）了解草坪洒水器和水位监测器设备功能。

（2）掌握草坪洒水器和水位监测器的配置方法。

2. 应用情境

小陈是公园里的绿化管理员，他想通过智能手机控制公园里的草坪洒水器，并及时了解水位监测器数值，于是小陈就开展了户外草坪喷头控制实验。

3. 实训要求

（1）实训设备。

① 3 个 Lawn Sprinkler 草坪洒水器。

② 1 台 Water Level Monitor 水位监测器。

③ 1 台 2960-24TT 交换机。

④ 1 台 DLC100 家庭网关。

⑤ 1 台 SMARTPHONE-PT 智能手机。

（2）实训拓扑图如图 5-13 所示。

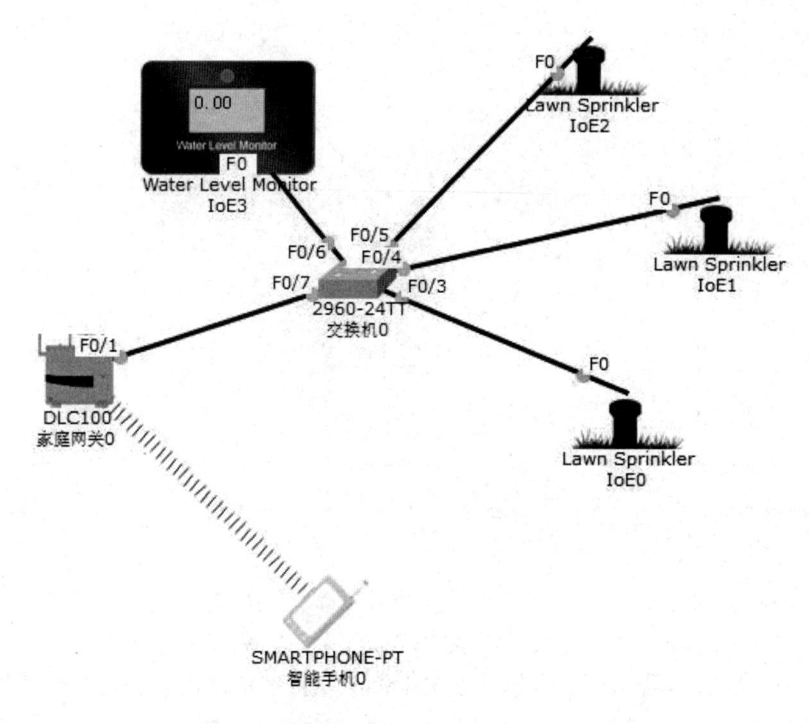

图 5-13　实训拓扑图

（3）设备配置要求。

① 设置“家庭网关 0”的无线 SSID 为“test”，密码为“12345678”。

② 设置“IoE0”“IoE1”“IoE2”草坪洒水器和“IoE3”水位监测器的 IoE 服务器为家庭网关，IP 配置为 DHCP。

③ 设置“智能手机 0”的无线 SSID 为“test”，认证为“WPA-PSK”，密码为“12345678”。

4．实训效果

① 通过智能手机可以远程遥控草坪洒水器。

② 通过智能手机可以查看水位监测器数值。

5．实训思路

（1）添加并连接设备。

（2）配置各设备参数。

（3）测试效果。

6．详细步骤

户外草坪喷头控制

（1）添加设备并连接。

① 添加家庭网关和智能手机。参考“5.1 物联网的基本配置”小节内容，这里不再赘述。

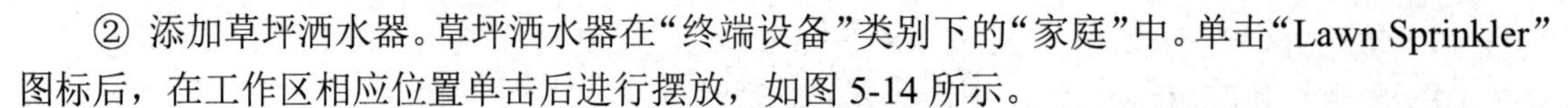

② 添加草坪洒水器。草坪洒水器在“终端设备”类别下的“家庭”中。单击“Lawn Sprinkler”图标后，在工作区相应位置单击后进行摆放，如图 5-14 所示。

③ 添加水位监测器。草坪洒水器在“终端设备”类别下的“家庭”中。单击“Water Level Monitor”图标后，在工作区相应位置单击进行摆放，如图 5-15 所示，然后按如图 5-13 所示的

实训拓扑图连接各设备。

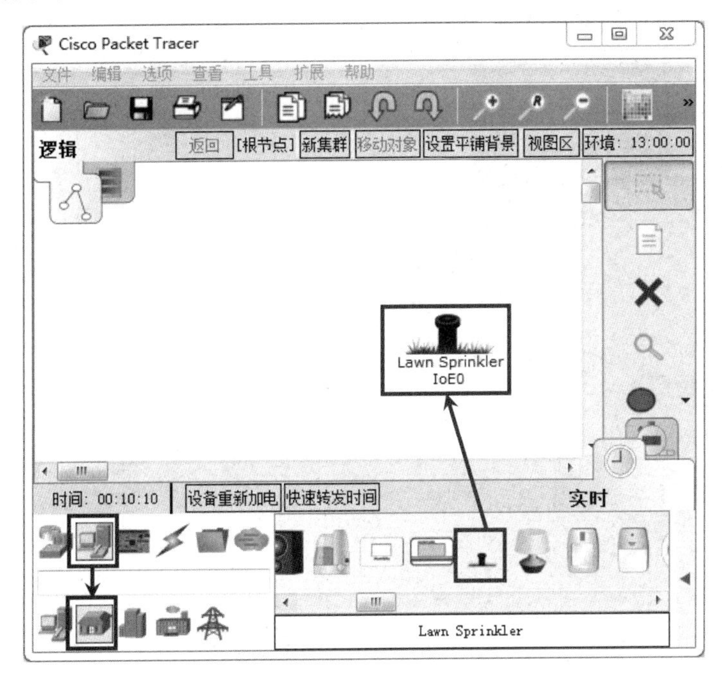

图 5-14　添加草坪洒水器

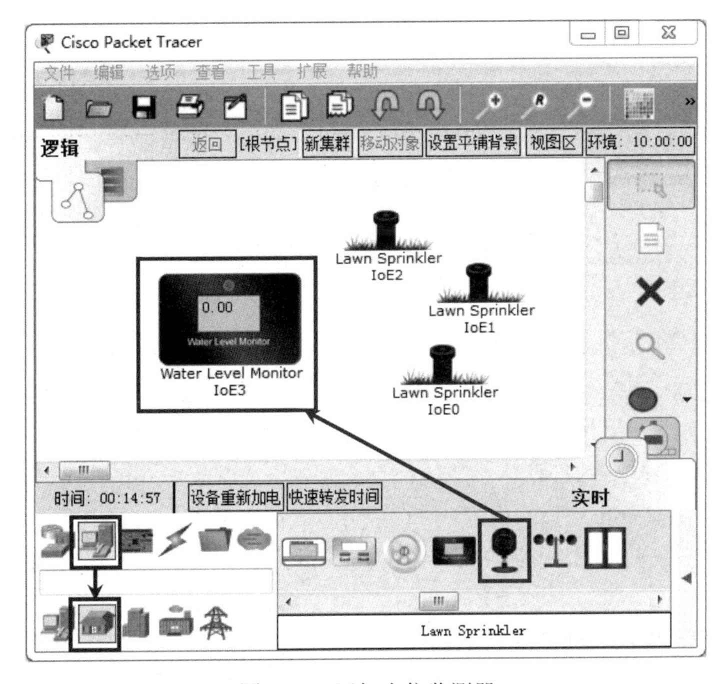

图 5-15　添加水位监测器

（2）配置各设备参数。请参考“5.1 物联网的基本配置”小节内容。

（3）测试效果。打开“智能手机 0”的“IoE 监视器”界面，可以打开或关闭草坪洒水器，也可以查看水位监测器当前数值。注意观察开关草坪洒水器时的水位监测器数值变化，如图 5-16 所示。

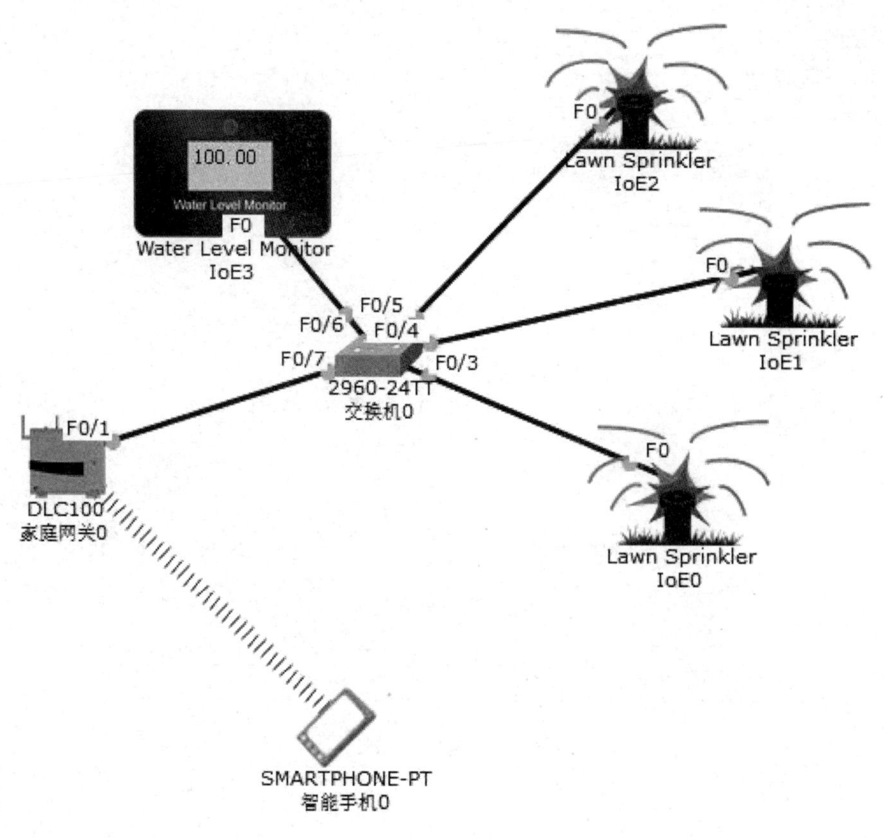

图 5-16　最终效果图

小贴士：

长按键盘上的“Alt”键，用鼠标单击工作区中的草坪洒水器，可以打开或关闭草坪洒水器。

7．相关知识

（1）在 Cisco Packet Tracer 软件安装目录中，思科提供了 52 个物联网相关实验。这些实验对了解物联网的工作方式，尤其是对了解网络通信相关原理，具有很高的借鉴意义。例如，Cisco Packet Tracer 软件安装在 C 盘，则该目录地址为“C:\Program Files\Cisco Packet Tracer 7.0\saves\7.0”。其中，“IoE”里的内容是通过网络集成多个智能设备的示例，“IoE_Devices”里的内容是对所有预先打包的智能物品和组件的基本介绍。“remote_control_car.pkt”文件是远程控制汽车实例，如图 5-17 所示，感兴趣的读者可自行研究。

（2）在 MCU-PT 和 SBC-PT 这两种面板中，思科都提供了一个名为“程序设计”的 IoE 编程编辑器。它允许对面板进行 Javascript 或 Python 编程，程序设计界面如图 5-18 所示。

（3）Cisco Packet Tracer 7.0 软件版本引入了温度、气体、压力和光照等动态环境管理，使物联网设备仿真更加真实。在 Cisco Packet Tracer 软件中，许多设备会影响或响应环境。例如，消防喷淋器会升高容器中的水位和湿度，汽车会在打开时会增加各种气体和提高环境温度，当环境中的烟雾增加到某一点时，可以使用烟雾探测器来触发警报等。

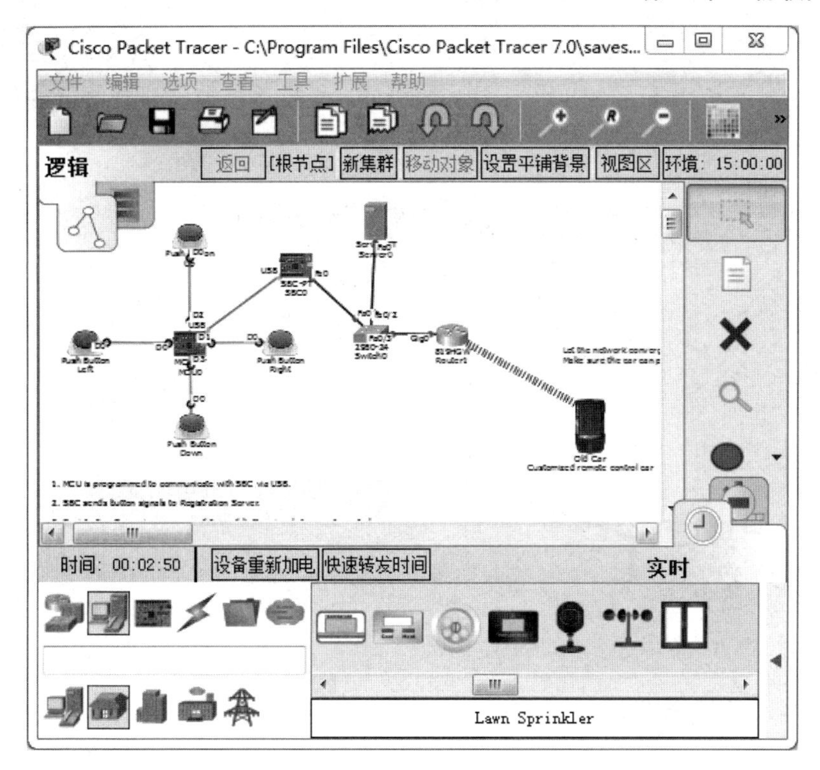

图 5-17　远程控制汽车实例

图 5-18　程序设计界面

8．实训巩固

应用情景：小张是气象局的工作人员，他想通过智能手机监测风探测器的信息。实现过程可参考如图 5-19 所示的实训巩固拓扑图。

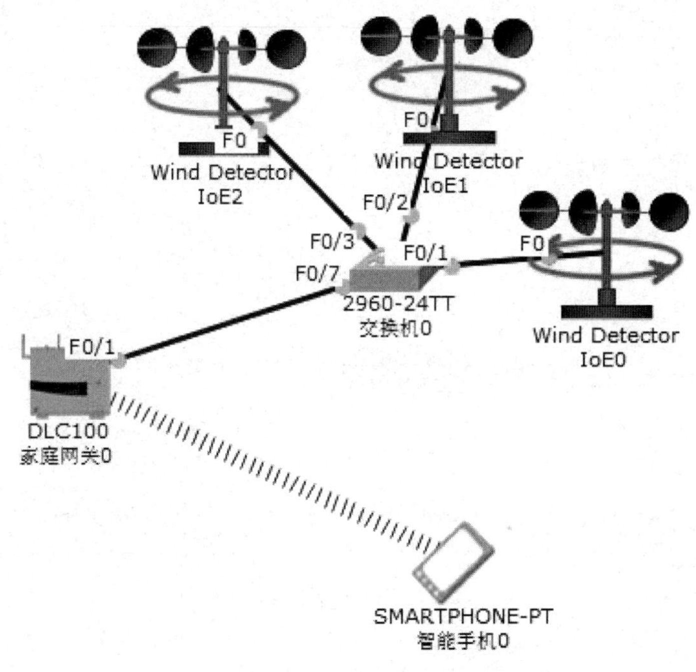

图 5-19　实训巩固拓扑图

5.3　智能家居联网控制

预备知识

智能家居是以住宅为平台，利用综合布线技术、网络通信技术、安全防范技术、自动控制技术和音视频技术等将家居生活有关的设备进行集成。它能构建高效的住宅设施与家庭日程事务的管理系统，提升家居的安全性、便利性、舒适性、艺术性，实现环保节能的居住环境。

智能家居是在互联网影响下的物联化实际应用。智能家居通过物联网技术将家中的各种设备（如音视频设备、照明系统、窗帘控制、空调控制、安防系统、数字影院系统、影音服务器、影柜系统和网络家电等）连接到一起，提供家电控制、照明控制、电话远程控制、室内外遥控、防盗报警、环境监测、暖通控制、红外转发和可编程定时控制等多种功能。与普通家居相比，智能家居不仅具有传统的居住功能，还提供了全方位的信息交互功能，甚至为各种能源费用节约资金。

微软公司创始人的家庭是全球第一个使用智能家居的家庭，他的“未来屋”至今已有三十多年的历史。近几年随着无线网络技术的普及，无线智能家居逐渐取代了有线产品，智能家居控制系统也逐渐走进了大众视野。

1．学习目标

（1）了解智能门锁和智能摄像头设备功能。

（2）掌握智能门锁和智能摄像配置方法。

2．应用情境

小陈家里进行了装修，为了照顾好老人和小孩，家里安装了智能门锁和智能摄像头。

3．实训要求

（1）实训设备。

① 1 个 Door 门锁。

② 1 个 Webcam 摄像头。

③ 1 台 2960-24 交换机。

④ 1 台 Server-PT 服务器。

⑤ 1 台 Access Point-PT 接入点。

⑥ 1 台 SMARTPHONE-PT 智能手机。

（2）实训拓扑图如图 5-20 所示。

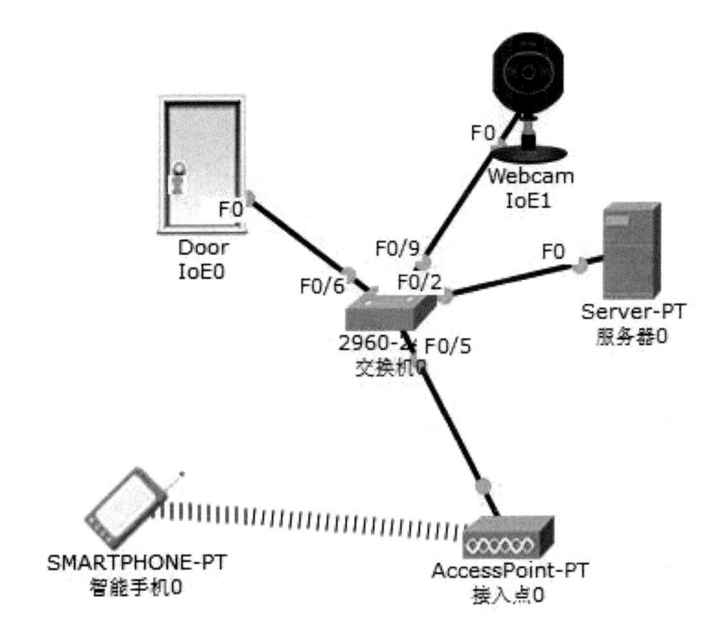

图 5-20　实训拓扑图

（3）相关设备配置要求。

① 设置“接入点 0”设备的无线 SSID 为“test”，密码为“12345678”。

② 设置“IoE0”“IoE1”“接入点 0”设备的 IoE 服务器为“服务器 0”，IP 配置为 DHCP。

③ 设置“智能手机 0”的无线 SSID 为“test”，认证为“WPA-PSK”，密码为“12345678”。

4．实训效果

（1）通过智能手机可以远程控制门锁开关。

（2）通过智能手机可以查看摄像头画面。

5. 实训思路

（1）添加并连接各种设备。

（2）配置各设备参数。

（3）测试效果。

6. 详细步骤

（1）添加并连接各种设备。

① 添加“智能手机 0”“接入点 0”“服务器 0”设备，请自行参考上一节内容。

② 添加门锁。门锁在“终端设备”类别下的“家庭”中，单击“Door”图标后，在工作区相应位置处单击进行摆放，如图 5-21 所示。

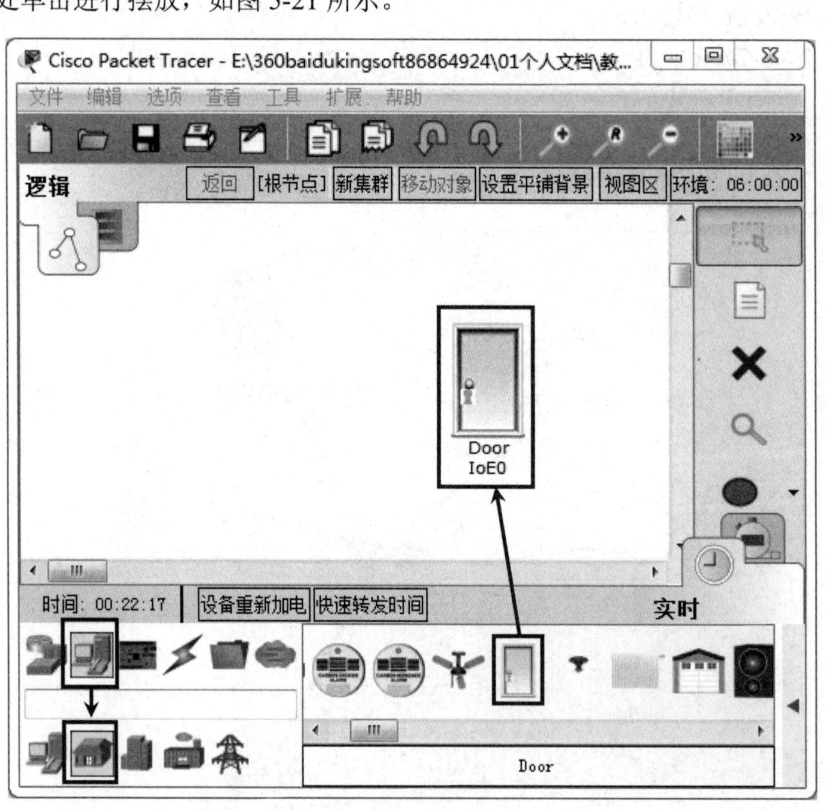

图 5-21　添加门锁

③ 添加摄像头。摄像头在“终端设备”类别下的“家庭”中，单击“Webcam”图标后，在工作区相应位置处单击进行摆放，如图 5-22 所示。

④ 添加接入点。摄像头在“网络设备”类别下的“无线设备”中，单击左侧第一个“Generic”图标后，在工作区相应位置处单击进行摆放，如图 5-23 所示，根据实训拓扑图连接各设备。

（2）配置服务器。

① 单击“服务器 0”设备，选择“配置”选项卡，单击“FastEthernet0”选项，配置服务器 IP 地址为“10.1.1.1”，子网掩码为“255.255.255.0”，如图 5-24 所示。

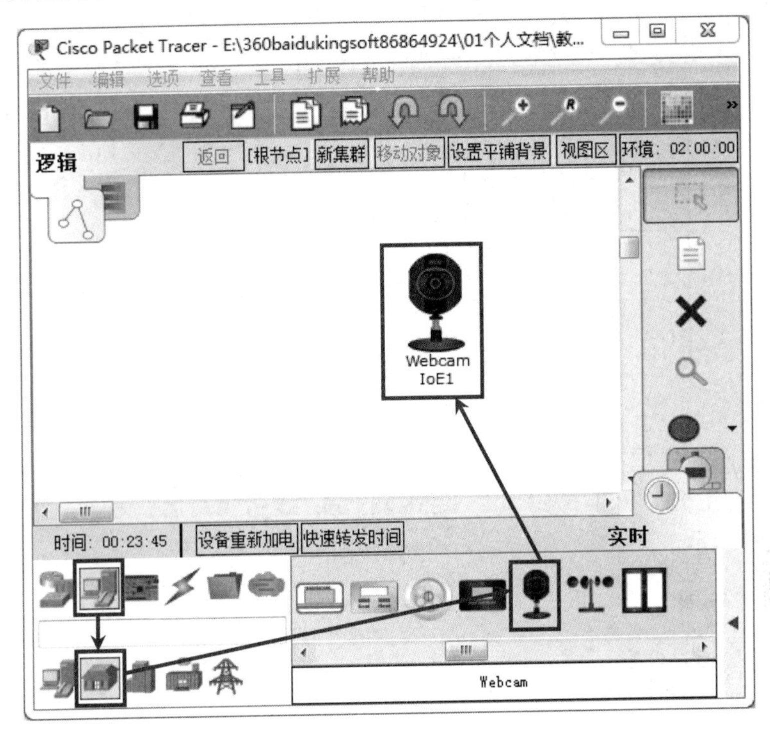

图 5-22　添加摄像头

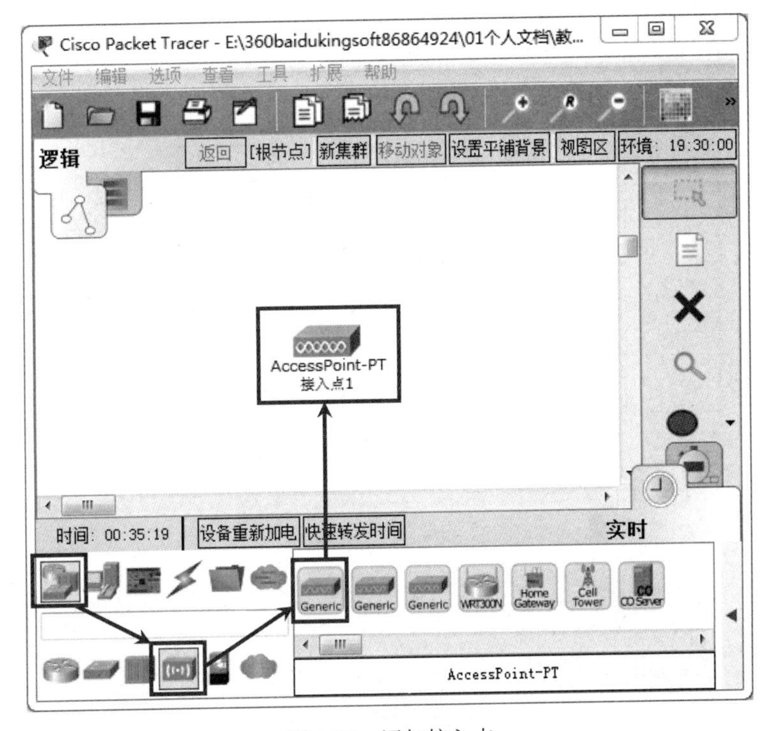

图 5-23　添加接入点

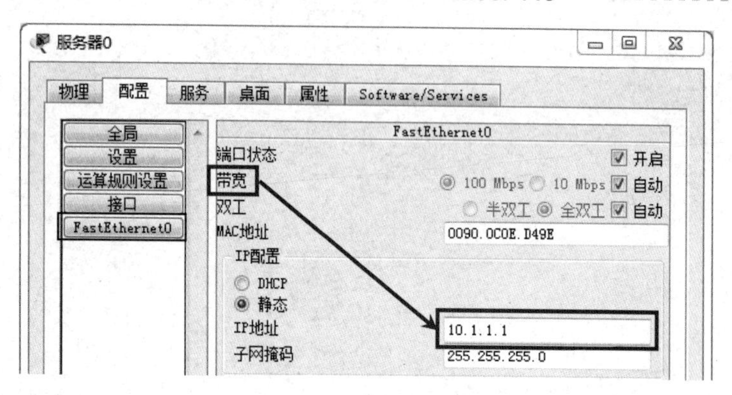

图 5-24　服务器 IP 配置

② 选择“服务”选项卡，单击“DHCP”选项，设置 DHCP 参数（默认网关为 10.1.1.254，起始 IP 地址为 10.1.1.0，子网掩码为 255.255.255.0），单击“添加”按钮，然后单击“保存”按钮，如图 5-25 所示。

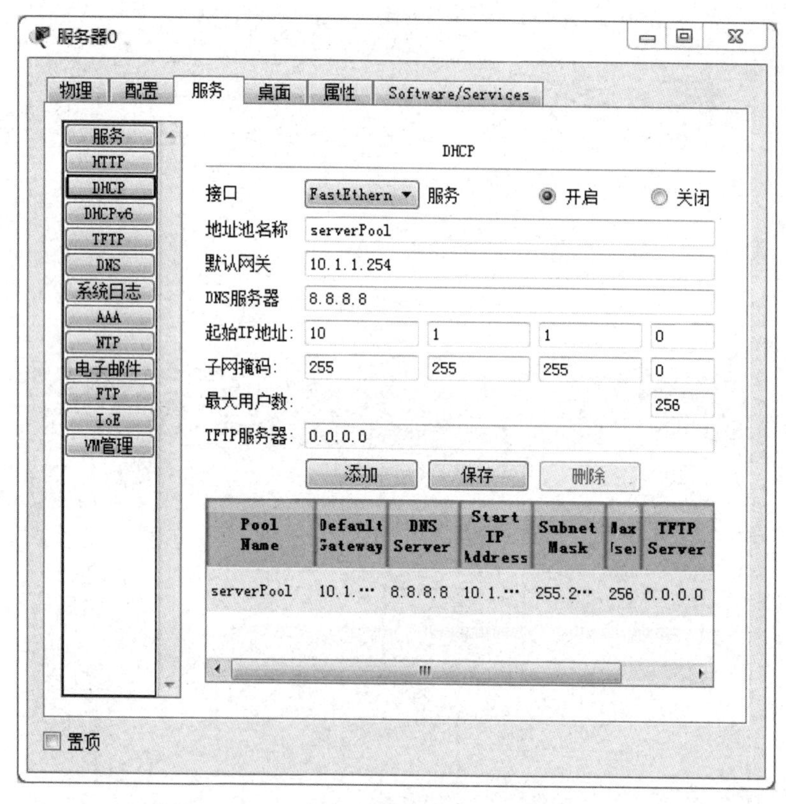

图 5-25　设置 DHCP

③ 在“服务”选项卡中，单击“IoE”选项，选中“开启”单选按钮，开启注册服务，如图 5-26 所示。

④ 在“桌面”选项卡中，单击“Web 浏览器”图标，浏览“http://10.1.1.1/”网址，单击“Sign up now”链接，进入相应界面创建账号（用户名“test”，密码“12345678”），如图 5-27 和图 5-28 所示。

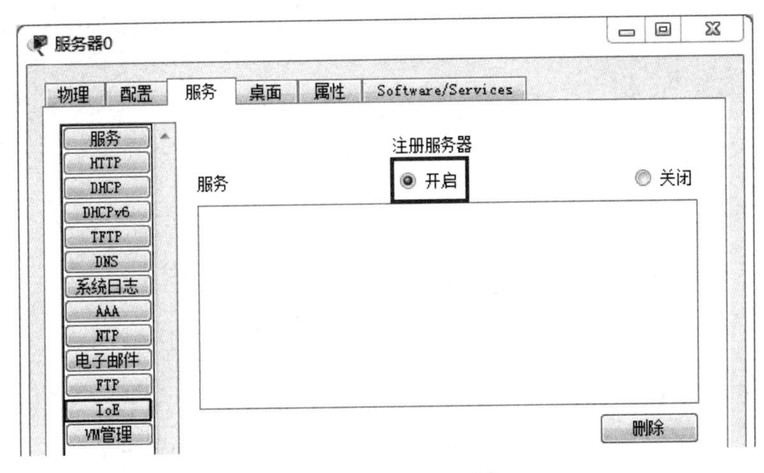

图 5-26　开启注册服务

图 5-27　登录页面

图 5-28　注册页面

⑤ 单击“服务”选项卡，单击“IoE”选项，发现在服务器中已成功注册账号，如图 5-29 所示。

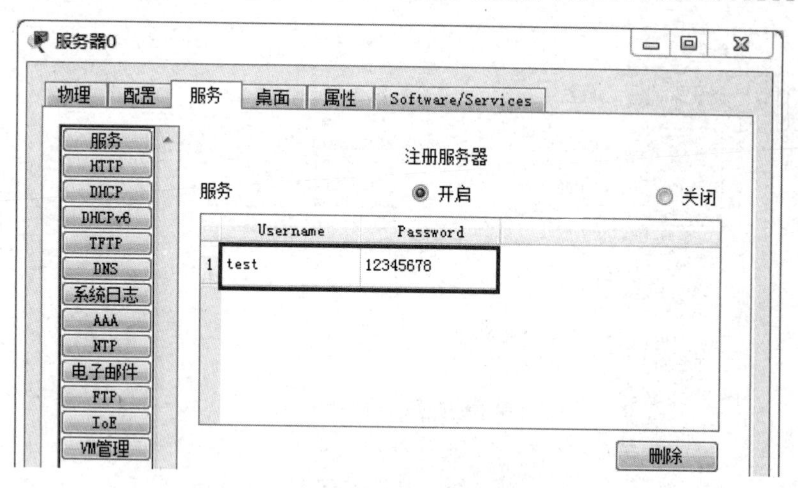

图 5-29　用户注册信息

（3）配置门锁。

① 单击“IoE0”设备，选择“配置”选项卡，单击“FastEthernet0”选项，将 IP 配置为“DHCP”，门锁即可自动获取 IP 信息。

② 单击“配置”选项，选中“IoE 服务器”选区中“远程服务器”单选按钮，并配置远程服务器的参数（服务器地址为“10.1.1.1”，用户名为“test”，密码为“12345678”）。单击“Connect”按钮进行联网，待按钮变为“Refresh”时，即表示联网成功，如图 5-30 所示。

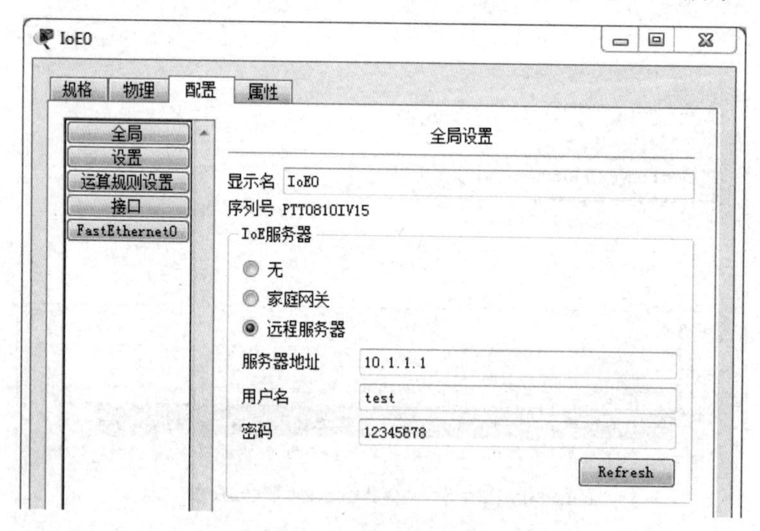

图 5-30　配置远程服务器

（4）配置摄像头（参考配置门锁的方法进行配置）。

（5）测试效果。打开“智能手机 0”设备的“IoE 监视器”界面，输入网址“http://10.1.1.1”、用户名“test”和密码“12345678”，登录后即可看到“IoE0”和“IoE1”设备的信息。

① 当单击“IoE0”下的“Lock”按钮时，门锁中的绿色变为红色；当单击“Unlock”按钮时，门锁中的红色变为绿色。至此，表示已成功配置门锁。

② 当单击“IoE1”下的红色按钮，开启了摄像头，在工作区的摄像头出现了红灯，表示摄像头正在工作，通过“Image”里的人不停走动模拟摄像头拍到的画面。至此，表示摄像头也已成功配置如图 5-31 所示。

图 5-31　IoE 监视器

小贴士：

当 Door 门锁把手位置为绿色时，表示门没有锁，为红色时表示门锁了。可长按键盘上的“Alt”键，单击打开或关闭它。

7. 相关知识

（1）智能门锁应用的发展空间无限，目前市场仍处在发展阶段，智能门锁主要应用在高档住宅与酒店等领域，随着智能门锁的价格逐渐平民化，也开始走进了平常百姓家，智能门锁应用市场的发展极具潜力。此外，智能门锁与智能家居系统进行了集成，支持物联网装置之间的互动与远程操控等功能，并可搭配 App 来进行智能门锁的设置与操控，大幅度简化了智能门锁操作的复杂性，让人们的生活变得更为便利。

（2）网络能到达的地方，都存在网络安全问题。目前智能门锁从芯片到程序设计，再到网络传输，大多数品牌都进行了严格的数据加密技术，但还是防不胜防。国外曾有一家酒店，为了提升旅客入驻体验，将所有房间的传统锁都换成了智能锁，不承想被黑客获取了网络漏洞，智能锁成了黑客要挟酒店的工具，最终酒店不得不将智能锁换回传统锁。所谓安全，都是相对的安全，没有绝对的安全。门锁作为进入家庭的最后一道防护屏障，安全性不容忽视。

8. 实训巩固

应用情境：小陈家里安装了智能门锁和智能摄像头后，觉得非常满意，后续又想为家里装修增加智能窗户和智能台灯，实现过程参考如图 5-32 所示的实训巩固拓扑图。

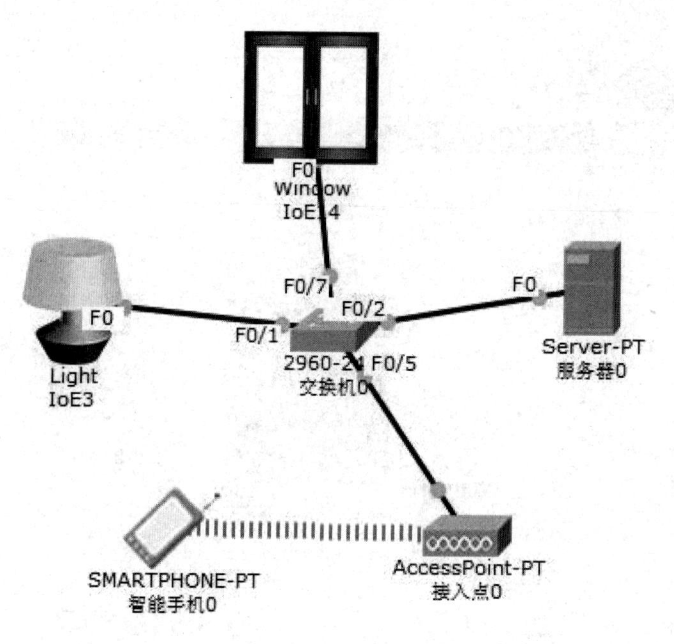

图 5-32　实训巩固拓扑图

反侵权盗版声明